应用型人才培养“十三五”规划教材

工程制图基础与CAD

朱 平 欧阳志 主 编
刘 靖 副主编

化学工业出版社
·北京·

内 容 提 要

本书采用最新制图标准编写，以模块划分内容，主要讲述工程识图基本知识、工程形体投影图的绘制、工程形体轴测图的绘制、工程形体的表达，每个模块结合专业设定了一系列任务，配有必须掌握的知识点和任务分析，循序渐进，使学生在完成任务的过程中掌握必备的制图基本理论和 AutoCAD 2018 的绘图技能。

本书可作为应用型本科、高职高专院校工程类专业工程制图与 CAD 课程的教材。

图书在版编目（CIP）数据

工程制图基础与CAD / 朱平，欧阳志主编. —北京：化学工业出版社，2019.11（2024.11重印）
ISBN 978-7-122-35711-3

Ⅰ.①工… Ⅱ.①朱… ②欧… Ⅲ.①工程制图-AutoCAD软件 Ⅳ.①TB237

中国版本图书馆CIP数据核字（2019）第237667号

责任编辑：李仙华　　装帧设计：史利平
责任校对：刘　颖

出版发行：化学工业出版社（北京市东城区青年湖南街13号　邮政编码100011）
印　　刷：北京云浩印刷有限责任公司
装　　订：三河市振勇印装有限公司
787mm×1092mm　1/16　印张 12¾　字数 326 千字　2024年11月北京第1版第3次印刷

购书咨询：010-64518888　　售后服务：010-64518899
网　　址：http://www.cip.com.cn
凡购买本书，如有缺损质量问题，本社销售中心负责调换。

定　　价：42.00元

随着我国经济的快速发展，需要越来越多的技能型人才投入祖国的建设，这对高职教育提出了更高的要求。高职所培养的学生是面向生产一线的应用型人才，工程类专业学生毕业将走向施工员、造价员、监理员等工作岗位，无论哪个岗位都要求具备较强的工程图识读和绘制能力。

工程制图与CAD课程作为与学生对口就业直接相关的专业技术基础课，是学生走入校园接触的第一门专业基础课程，也是学生识读工程施工图的基础，学生对这门课程掌握的程度将直接影响后续专业课的学习，乃至以后的顶岗能力。传统的以教师讲授为主、弱化技能操作的教学方法，严重制约了学生职业能力培养，加之受学科教育的影响，制图课安排了大量的制图理论，而现有教材的教学内容与专业联系不多，学生不知道为什么要学习这些理论知识，这些理论知识与专业有什么联系，学习目标不明确，学习兴趣不高，造成学生学完制图课进入后续专业课学习时，不能很好地将学过的制图知识应用于实践，基础制图知识与专业识图之间脱节，教学效果不理想。

在课程设置上，许多高校“工程制图”与“工程CAD”课程都是采用分离式教学，两门课程分成两个学期开设，甚至有时还会间隔一个学期。这样容易导致学生不能将工程制图和工程CAD有效结合，忽视了CAD绘图和手工绘图一样也要具备扎实的工程制图理论基础，只是使用的工具不同而已。学生上机画图时，可能因淡忘有关制图规范，所画工程图不符合国家制图标准，而且CAD教学一般是单一命令的练习，没有进行综合训练，专业针对性不强，学生应用CAD绘制工程图样的能力差。

为了更好地与后续专业课接轨，提升学生识读和绘制工程施工图的能力，增强学生的就业竞争力，编者根据我国现阶段高职教育改革特点，按照国家示范性职业院校课程建设的要求，结合笔者多年从事工程制图与CAD课程的教学经验及教学改革的实践，编写了这本工程制图与CAD相融合的任务驱动训练模式教材。本教材在教学内容上，以“必需、够用、实用”为原则精选教学内容，将“工程制图”和“工程CAD”的课程内容融合，以工程制图内容为主线，结合CAD教学，完成一个手工绘图任务，接着就用CAD绘制这个任务，这样既巩固了所学的制图内容，又将所学内容运用到CAD绘图中，让学生学会标准手工绘图的同时也能标准地绘制CAD图。在教学方法上，采用“任务驱动”教学法，强调学生在真实情境中的任务驱动下，探究完成任务或解决问题。教师在学习活动中扮演了情境的制造者、资源的提供者、活动组织者及方法指导者等角色，以学生为主体，以能力培养为目标，帮助学生明确学习目的，培养学生自主学习，提高分析、解决问题的能力。

本书采用最新《铁路工程制图标准》（TB/T 10058—2015），以模块划分教材内容，每个模块都结合专业设定了一系列任务，配有必须掌握的知识点和任务分析，循序渐进，使学生在完成任务的过程中掌握必备的制图基本理论和 AutoCAD 2018 的绘图技能。

本教材由湖南高速铁路职业技术学院朱平、欧阳志担任主编，刘靖担任副主编，全书由朱平统稿。模块一由朱平编写，模块二任务一～六由欧阳志编写，模块二任务七、任务八由张长科编写，模块三由罗美莲编写，模块四由刘靖编写，附录由欧阳志编写。在编写过程中，陈雅蓉、唐新、李建平老师对本教材提出了许多宝贵的意见，在此致以诚挚的谢意。

由于时间仓促，编者水平有限，书中难免存在不妥之处，敬请读者批评指正。

编 者

2019 年 10 月

目录

模块一 工程识图基本知识

知识目标

了解常用制图工具、仪器的使用和保养方法

掌握用制图工具、仪器绘制工程图样的方法

掌握《CAD 工程制图规则》（GB/T 18229—2000）的主要规定

掌握《铁路工程制图标准》（TB/T 10058—2015）的主要规定

掌握几何作图的方法

能力目标

能合理利用制图工具、仪器绘制简单工程图样

能理解制图标准对于工程制图的重要性

能查阅和运用相关标准

能分析和正确识读、绘制简单工程图样

任务一 绘制 A3 图框

任务提出

如图 1-1 所示，掌握制图的相关标准，准确绘制出适合学生使用的图框。

任务分析

图 1-2 所示的 A3 图框为工程图纸的必要组成部分，也是绘制工程图之前需要准备的首要步骤。本图采用了 A3 横式图幅，绘制时应注意符合工程制图的标准，线型、线宽运用准确，字体工整，图中图框线用粗实线，标题栏外轮廓线用中粗实线，标题栏内部分格线用的是细实线等，同时也要注意字体字号的要求，书写的规范性，图名、院校名用 10 号工程字，其他用 7 号工程字。所以要正确识读和绘制该图样，首先应掌握工程制图标准中有关图纸

幅面、图线、字体等内容的基本规定，掌握制图工具和仪器的正确使用方法。

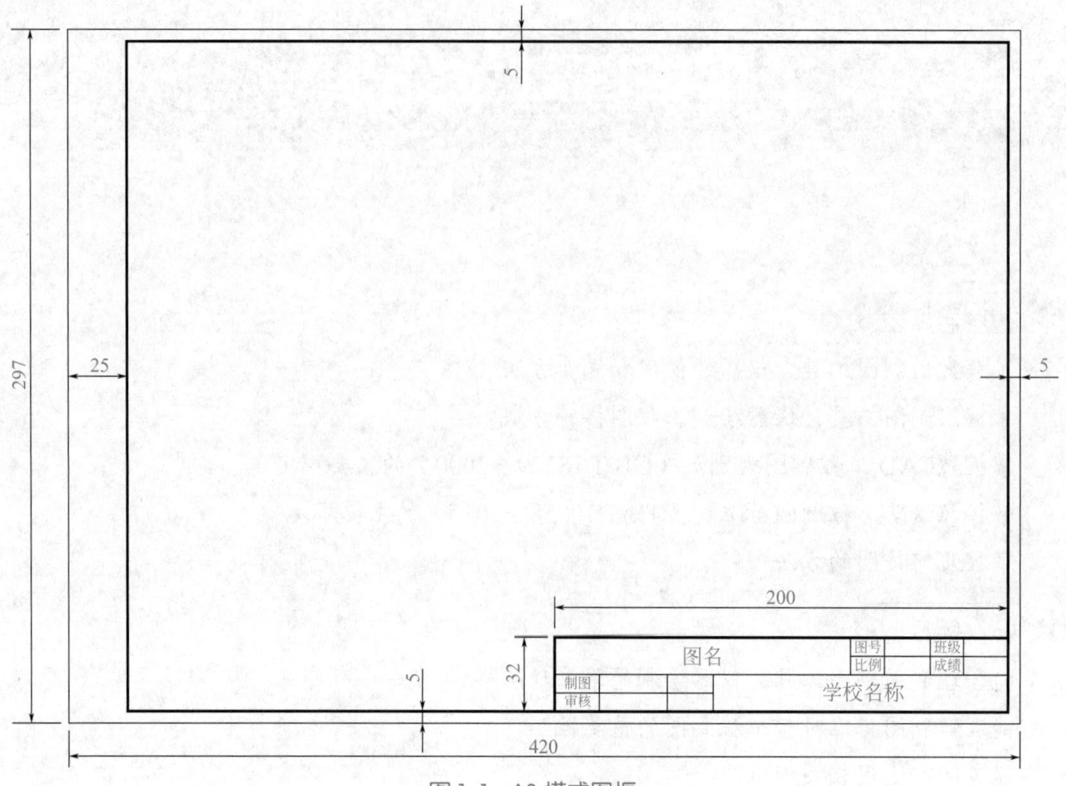

图 1-1 A3 横式图框

图 1-2 A3 横式图框（任务完成图）

必备知识

一、制图工具及仪器

1. 图板

如图 1-3 所示，图板是铺放图纸用的。要求板面平整光滑，工作边（图板左侧边）平直，需要用专用的透明胶带固定图纸，不要用图钉、小刀等损伤板面，并避免墨汁污染板面。

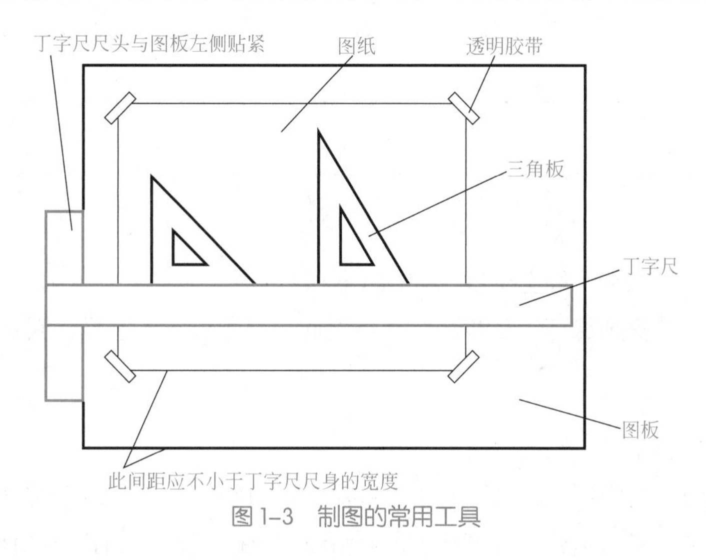

图 1-3　制图的常用工具

2. 丁字尺

如图 1-4 所示，丁字尺由尺头和尺身两部分垂直相交构成，尺身的上边缘为工作边。丁字尺用于画水平线，并与三角板配合画线。要求尺身与尺头垂直，尺身平直，刻度准确。

使用丁字尺作图时，必须保证尺头与图板左边贴紧。用丁字尺画水平线的手法，如图 1-4 所示。

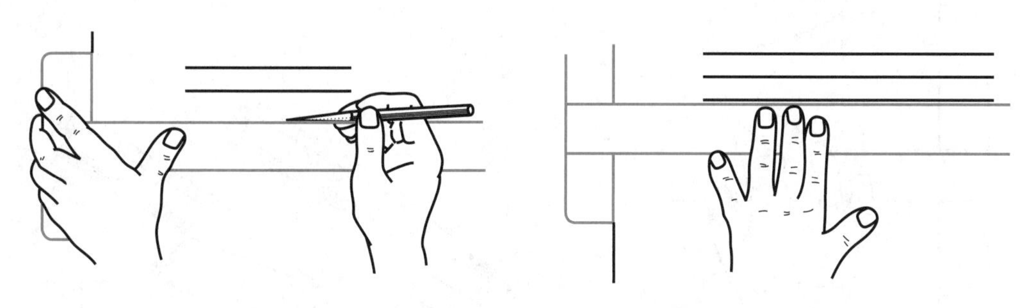

(a) 左手移动丁字尺尺头至需要位置，保持尺头与图板左边贴紧，左手拇指按住尺身，右手画线

(b) 当画线位置距丁字尺尺头较远时，需移动左手固定尺身

图 1-4　用丁字尺画水平线

3. 三角板

三角板用于画直线。一副三角板有两块，如图 1-3 所示。三角板与丁字尺配合，可以画出各种特殊角度的直线，如图 1-5 所示。

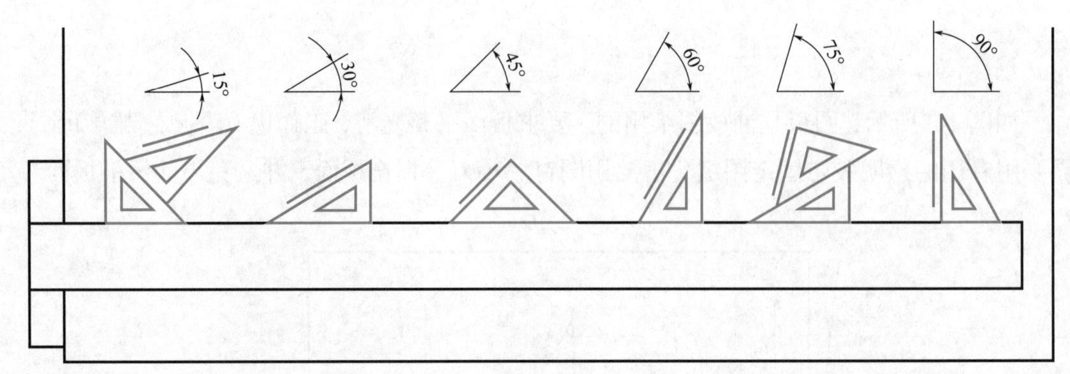

图 1–5　画 15°、30°、45°、60°、75°、90° 角斜线

画铅垂线时应注意从下往上画线，如图 1-6 所示。

用三角板作图，必须保证三角板与三角板之间、三角板与丁字尺之间靠紧。

4. 绘图笔

绘图笔有绘图铅笔和绘图墨水笔。

绘图铅笔为满足绘图需要，铅笔的铅芯有不同的硬度，用硬度符号表示。如“HB”表示中等硬度，“B”表示稍软，而“H”表示稍硬，“2B”更软，“2H”则更硬。软铅芯适合画粗线，硬铅芯用于画细线。根据不同的用途，木杆铅笔及圆规铅芯需要的硬度及形状如图 1-7 所示。

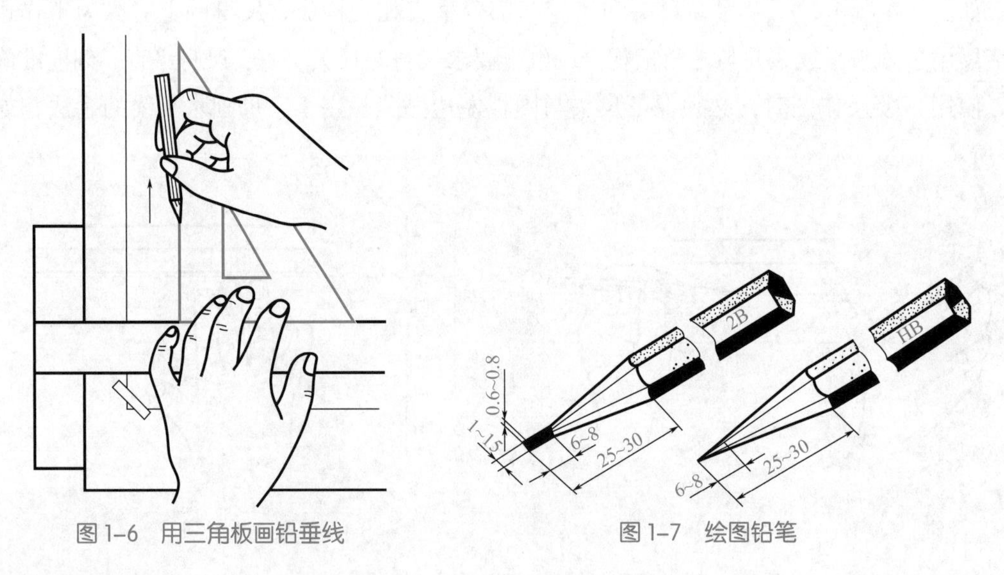

图 1–6　用三角板画铅垂线　　　　图 1–7　绘图铅笔

木杆铅笔的削法是：先用小刀削去木杆，露出一段铅芯，然后用细砂纸磨成需要的形状。在整个绘图过程中，各类铅芯要经常修磨，以保证图线质量。

绘图也可以使用自动铅笔。注意应购买符合线宽标准的绘图自动铅笔，并选用符合硬度要求的铅芯。

绘图墨水笔又叫针管笔，用于画墨线。

使用绘图墨水笔时，应使笔杆垂直于纸面，并注意用力适当，速度均匀。下水不畅时，可竖直握笔上下抖动，带动引水通针通畅针管。较长时间不用时，应用水清洗干净。清洗时，一般不必取出通针，以防弯折。

5. 圆规及分规

圆规是画圆或圆弧的主要工具。常见的是三用圆规（图 1-8），定圆心的一条腿应选用有钢针的一端放在圆心处，并按需要适当调节长度；另一条腿的端部则按需要装上有铅芯的插腿、有墨线笔头的插腿或有钢针的插腿，分别用来绘制铅笔线的圆、墨线圆或当作分规用。

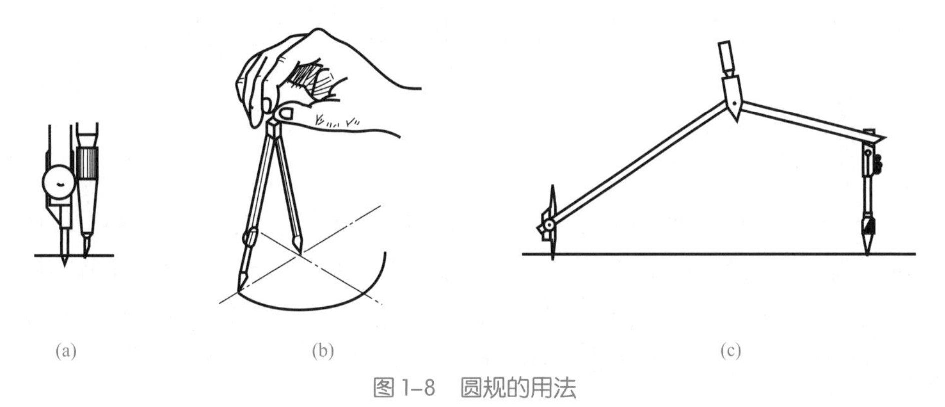

图 1-8　圆规的用法

分规的形状与圆规相似，但两腿都装有钢针，可用它量取线段长度，也可用它等分直线段或圆弧。

6. 模板

制图模板上刻有常用的图形、符号及字体格子等，可以提高作图效率。模板的种类很多，如图 1-9 所示为建筑模板。

7. 其他用品

绘图橡皮——用于擦除铅笔线；

擦图片——用于保护有用的图线不被擦除，同时提供一些常用图形符号，供绘图使用；

小刀和砂纸——用于削、磨铅笔；

刀片——用于刮除墨线和污迹；

透明胶带——用于固定图纸。

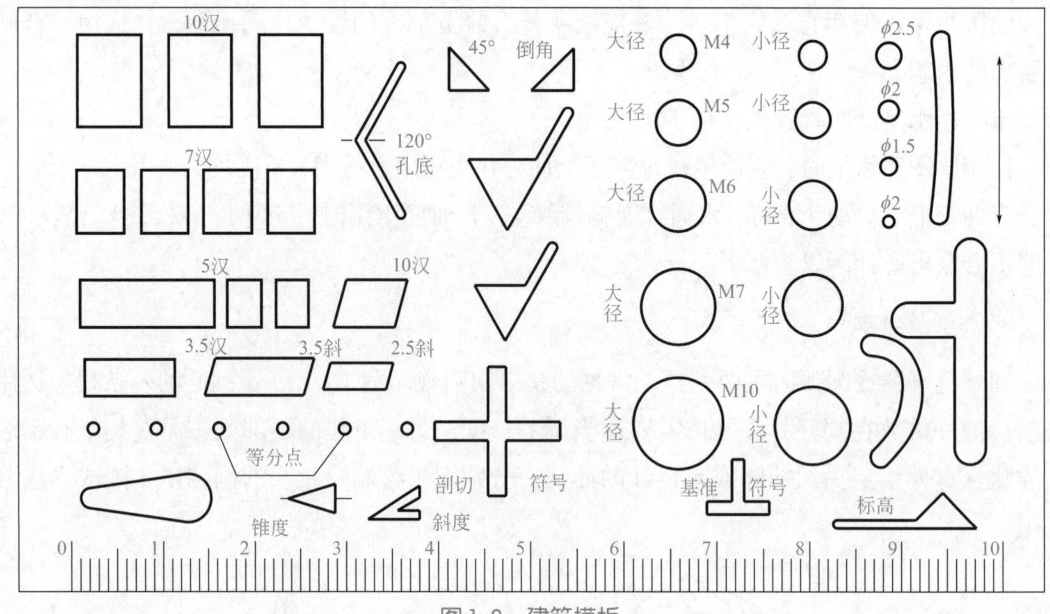

图 1–9 建筑模板

二、制图基本标准

工程图样是生产施工过程中的重要技术资料和主要依据，要完整、清晰、准确地绘制出工程图样，除了细致耐心和认真负责的工作态度外，还必须遵守《CAD 工程制图规则》（GB/T 18229—2000）、《铁路工程制图标准》（TB/T 10058—2015）中的各项规定，本书中选取了制图标准中的一部分规定，有需要的可以查阅完整的标准。

1. 图幅、图框

图幅，即图纸的大小，为了便于装订和保管图纸，国标对图幅及图框的尺寸作了统一的规定，如表 1-1 和图 1-10 所示。

表 1–1 图幅及图框尺寸 mm

尺寸代号	图幅代号				
	A0	A1	A2	A3	A4
$b \times l$	841 × 1189	594 × 841	420 × 594	297 × 420	210 × 297
a	25				
c	10			5	

表 1-1 中 b 为幅面短边尺寸，l 为幅面长边尺寸，c 为图框线与幅面线间宽度，a 为图框线与装订边间宽度。

当表 1-1 中的图幅不能满足使用要求时，图纸的短边尺寸不应加长，可将 A0 ～ A3 号图纸的长边加长后使用。加长后的尺寸应符合相关制图标准的规定。A4 图幅不应加长。

制图时，图纸以短边作为垂直边为横式，以短边作为水平边为立式，A0 ～ A3 图纸宜横式使用，必要时也可以立式使用。

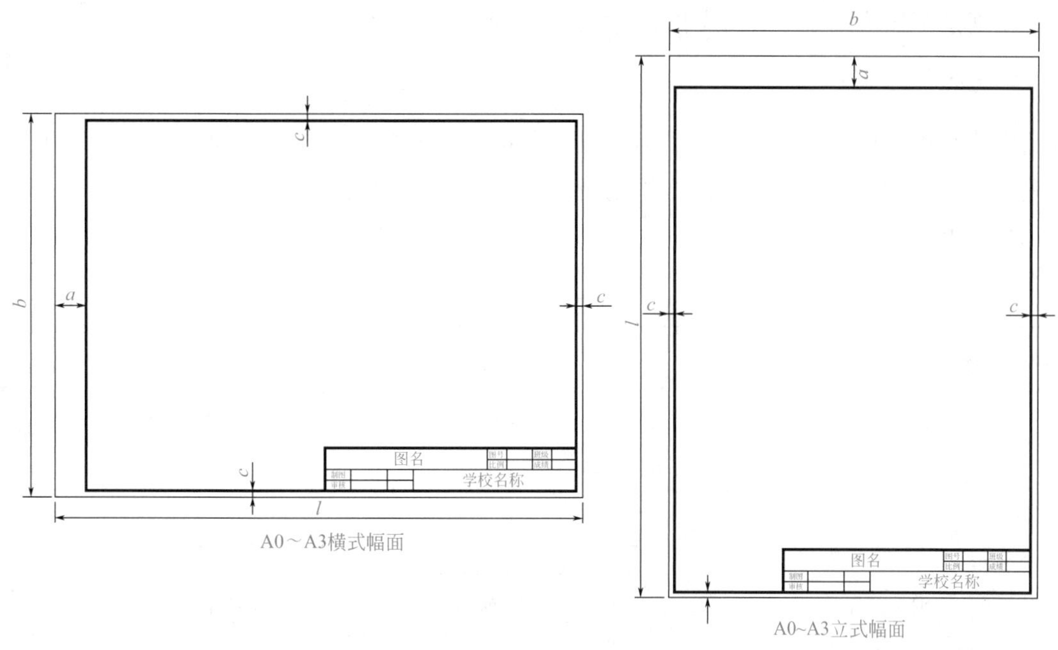

图 1-10　图幅格式

图框是图样的边界，图框线的宽度应符合表 1-2 的规定。

表 1-2　图框线、标题栏线的宽度　mm

图幅代号	图框线	标题栏外框线对中标志	标题栏分格线幅面线
A0、A1	b	$0.5b$	$0.25b$
A2、A3、A4	b	$0.7b$	$0.35b$

2. 标题栏、会签栏

标题栏、会签栏是用来标明图纸名称和审核签字的区域，通常标题栏的外框用中粗实线，内部线用细实线。标题栏在图纸中的位置如图 1-10 所示。标题栏应根据工程的需要选择标题栏的尺寸、格式。图 1-11 所示为学生作业用标题栏。会签栏一般由各专业人员填写，学生目前不须画出会签栏，如有需要，可以自行查阅。

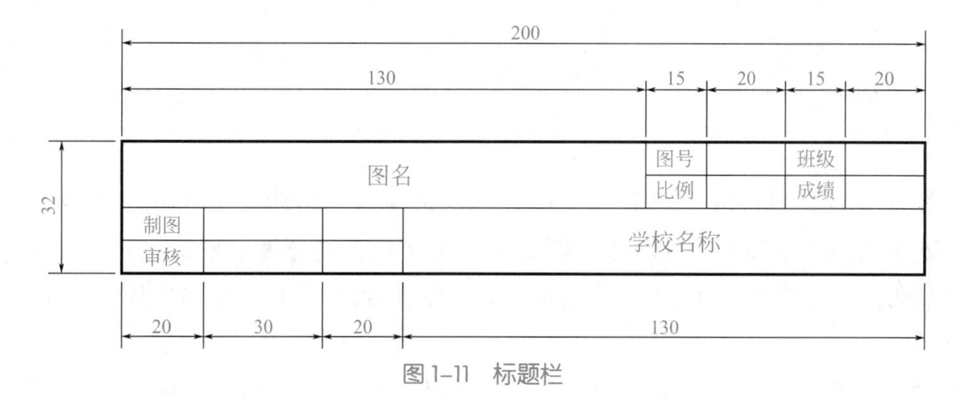

图 1-11　标题栏

注：图名、学校名称为 10 号工程字；其余均为 7 号工程字。

图框是图样的边界，图框线和标题栏线的宽度应符合表 1-2 的规定。

3. 图线

图线是构成任何工程图样的基本元素，主要包括线宽和线型两个方面。任何工程图样都是采用不同的线型与线宽的图线绘制而成的。工程制图中的各类图线名称、线型、线宽及用途如表 1-3 所示。

表 1-3 图线名称、线型、线宽及用途

名称		线型	线宽	一般用途
实线	粗		b	主要可见轮廓线
	中粗		$0.7b$	可见轮廓线
	中		$0.5b$	可见轮廓线、尺寸线、变更云线
	细		$0.25b$	图例填充线、家具线
虚线	粗		b	见各有关专业制图标准
	中粗		$0.7b$	不可见轮廓线
	中		$0.5b$	不可见轮廓线、图例线
	细		$0.25b$	图例填充线、家具线
单点长画线	粗		b	见各有关专业制图标准
	中		$0.5b$	见各有关专业制图标准
	细		$0.25b$	中心线、对称线、轴线等
双点长画线	粗		b	见各有关专业制图标准
	中		$0.5b$	见各有关专业制图标准
	细		$0.25b$	假想轮廓线、成型前原始轮廓线
折断线	细		$0.25b$	断开界线
波浪线	细		$0.25b$	断开界线

图线的宽度，每种线型一般都有四种不同的宽度。粗线：中粗线：中线：细线 = b : $0.7b$: $0.5b$: $0.25b$。字母 b 为基本线宽，具体的图线宽度应根据图形的复杂程度及作图比例大小，从表 1-4 的线宽组中选取。同一张图纸内，相同比例的图样，应选择相同的线宽组。

同时，图线的绘制应注意图线交接的基本原则，如表 1-5 所示。

表 1–4　图线线宽组

线宽类别	线宽系列 /mm				
b	1.4	1.0	0.7	0.5	0.35
0.7*b*	1.0	0.7	0.5	0.35	0.25
0.5*b*	0.7	0.5	0.35	0.25	0.18
0.25*b*	0.35	0.25	0.18	0.15	0.13

表 1–5　图线绘制基本原则

图线情况	基本原则
图线相交	虚线、点画线和实线相交或自身相交时，应以线段相交，而不以点或者间隔部位相交
绘制延长线	虚线、点画线为实线的延长线时，不得与实线相连，应断开
点画线	① 在较小的图形中，绘制点画线有困难时，可用细实线代替 ② 点画线首末两端不应为点 ③ 绘制圆的对称中心线时，首末两端宜超出图形外 2 ～ 3mm
图线与文字	除特殊情况外，图线不得与文字、重要符号重叠，不可避免时，应先保证文字、符号的清晰

4. 字体

图样中，应有文字来对它的基本信息、技术要求等作出说明，工程中称所用字体为工程字，主要包括汉字和字母、数字。其中，字体的高度也称之为字号，常用的字号有 14 号、10 号、7 号、5 号、3.5 号字等。如表 1-6 所示。

表 1–6　长仿宋体字的高宽关系　mm

字高（即字号）	20	14	10	7	5	3.5
字宽	14	10	7	5	3.5	2.5

字体中的汉字应采用简化汉字，字体用长仿宋体，最小字号不宜小于 3.5 号，学生平时练习时，应先利用模板画好字格，按顺序书写。长仿宋体的书写方法为：横平竖直、笔锋满格、字体工整。如图 1-12 所示。

工程制图标准
设计平立侧剖施结
姓名审核路桥铁道城轨

笔画　点　横　竖　撇　捺　挑　折　钩
形状
运笔

图 1–12　汉字示例

注：当汉字同阿拉伯数字、拉丁字母或罗马数字等并列书写时应比它们大一号或二号。

字体中的数字和字母有直体与斜体两种，斜体字头应向右倾斜，角度为 75°，如图 1-13 所示。

ABCDEFGHIJKLMNOPQRSTUVWXYZ

abcdefghijklmnopqrstuvwxyz

abcdefghijklmnopqrstuvwxyz

1234567890Ø±%nΩ&#mm m km kg t °

图 1-13 字母、数字示例

任务实施

工程图样的绘制，首先应做好前期的准备工作，熟悉好要绘制的内容，养成良好的作图习惯，按照正确的作图步骤和方法，高效率高质量地绘制图样。作为首次动手绘图，本书以任务一为例，绘图过程可以参考如下步骤。

（1）准备工作。准备好绘图工具、仪器，熟悉所绘内容，将有关资料或图纸放在手边，方便查阅。

（2）根据所买的图纸，裁好图纸使其符合 A3 图幅要求。如图 1-14 所示。

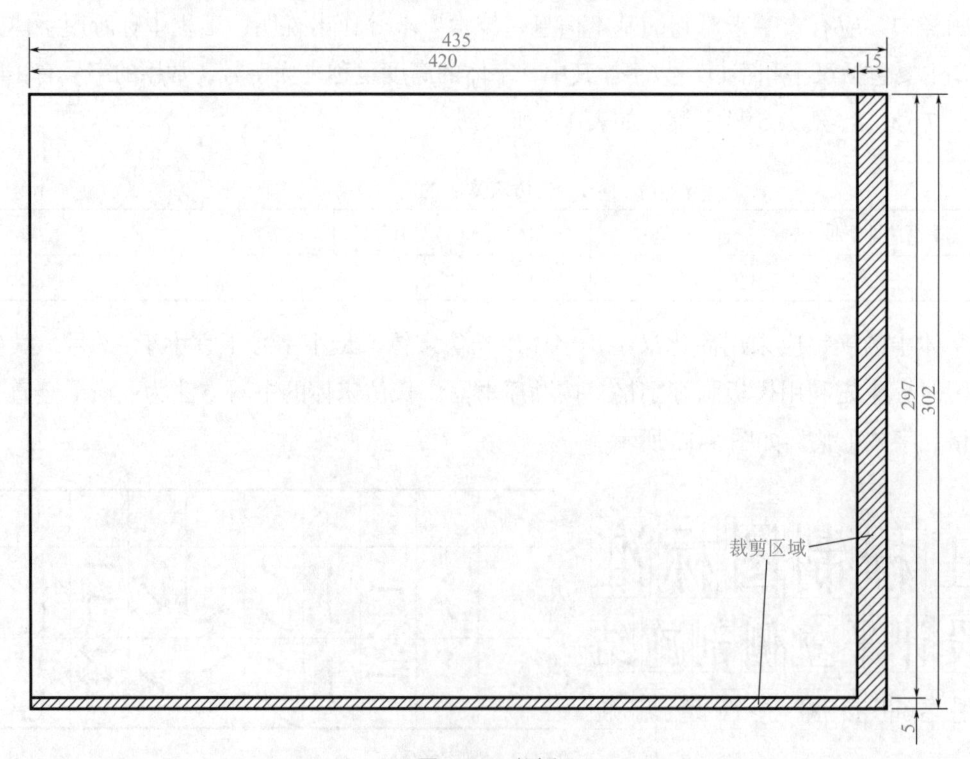

图 1-14 裁纸

（3）固定图纸，绘制图框线。在正式下笔绘图前，先要利用透明胶带固定好图纸，先在图纸上用 H 型号的铅笔打好底稿，准确无误后方可加粗。画线时，水平线一般用丁字尺画线；竖直线一般用三角板结合丁字尺的一条直角边画线，如图 1-15 所示为任务一的图框。

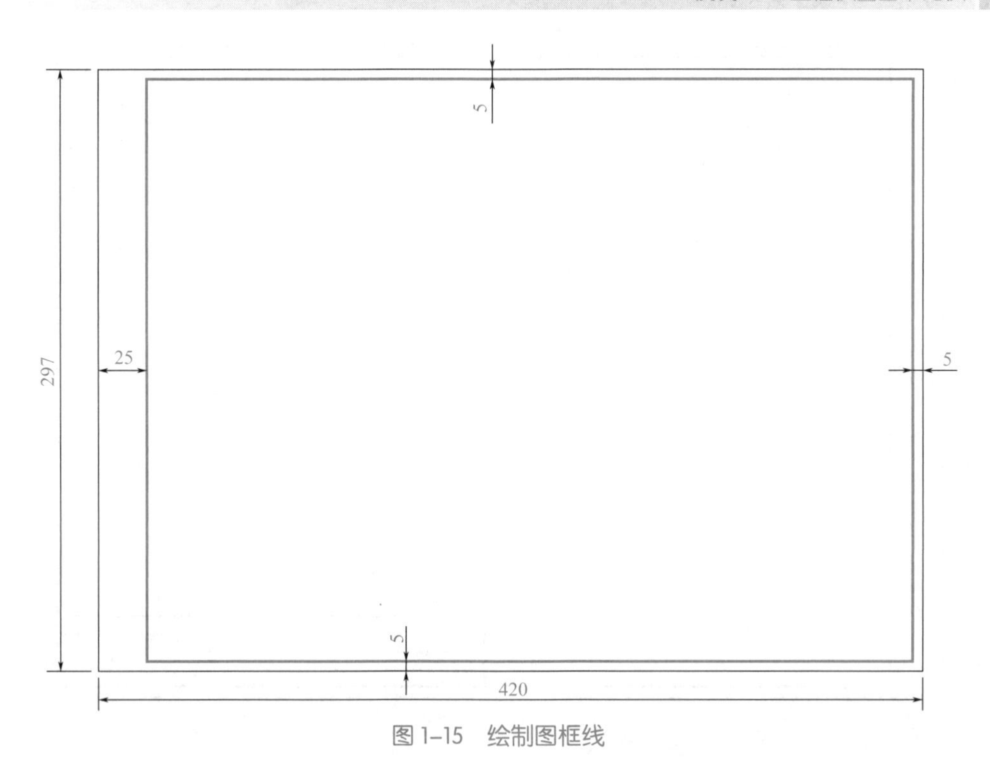

图 1–15　绘制图框线

（4）绘制标题栏。如图 1-16 所示，根据图 1-11 的标题栏尺寸，绘制出标题栏。

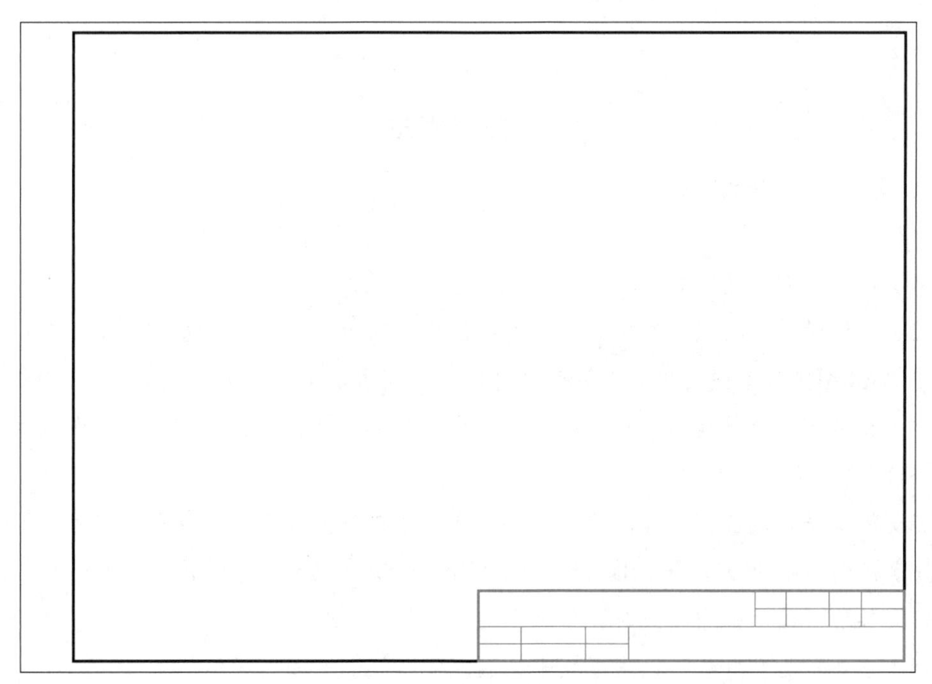

图 1–16　绘制标题栏

（5）书写标题栏文字。绘制完标题栏后，应先检查图形有无错误，检查无误后，按照图形要求加粗描深图线，并按照要求，书写好标题栏里面的信息。如图 1-17 所示。

（6）修饰图样。利用绘图工具，对图形进行修饰，使图纸更加整洁、美观。

图 1-17 书写标题栏文字

能力训练题

一、基础知识掌握训练

1. 判断正误（对的在括号里打“√”，错的在括号里打“×”）

（1）图幅，即为图纸的大小。（ ）

（2）制图时，图纸以短边作为垂直边为横式，以短边作为水平边为立式。（ ）

（3）A4 图纸宜横式使用，必要时也可以立式使用。（ ）

（4）标题栏、会签栏用来标明图纸名称和审核签字的区域，通常外框用细实线，内部线用中粗实线。（ ）

（5）图线是构成任何工程图样的基本元素，主要包括线宽和线型两个方面。（ ）

（6）粗线：中粗线：中线：细线 =b：0.7b：0.5b：0.25b。字母 b 为基本线宽。（ ）

（7）绘制圆的对称中心线时，首末两端不宜超出图形。（ ）

（8）主要可见轮廓线可以用虚线来绘制。（ ）

（9）除特殊情况外，图线不得与文字、重要符号重叠，不可避免时，应先保证图线的清晰。（ ）

2. 选择正确的答案（有一个或多个正确答案）

（1）工程字应采用简化汉字，一般采用（ ）。

A. 宋体　　B. 楷体　　C. 仿宋体　　D. 长仿宋体

（2）断开界线可以采用（　　）绘制。

A. 波浪线　　B. 虚线　　C. 单点长画线　　D. 折断线

（3）中心线一般采用（　　）绘制。

A. 单点长画线　　B. 虚线　　C. 实线　　D. 双点长画线

（4）基本线宽 b=0.7mm，那么标题栏的外框线应该为（　　）mm。

A. 0.7　　B. 1　　C. 0.5　　D. 0.35

（5）A3 图幅的尺寸为（　　）mm。

A. 210×297　　B. 420×297　　C. 420×210　　D. 420×594

二、识图与绘图能力训练

练习以下工程字体。

工 程 识 图 基 础 铁 路 道 桥 梁 隧 洞

桥 墩 帽 钢 筋 混 凝 土 水 泥 台 阶 柱 梁 板 基 础

设 计 平 立 剖 面 图 比 例 班 级 设 姓 名 审 核 签 字 施 构 结 轨

ABCDEFGHIJKLMNOPQRSTUVWXYZ1234567890

任务二 CAD 绘制 A3 图框

任务提出

熟悉 AutoCAD 2018 的基本工作界面，按国标要求设置好绘图环境，绘制图 1-18 的 A3 图框并保存在电脑 D 盘根目录下以自己名字命名的文件夹中。

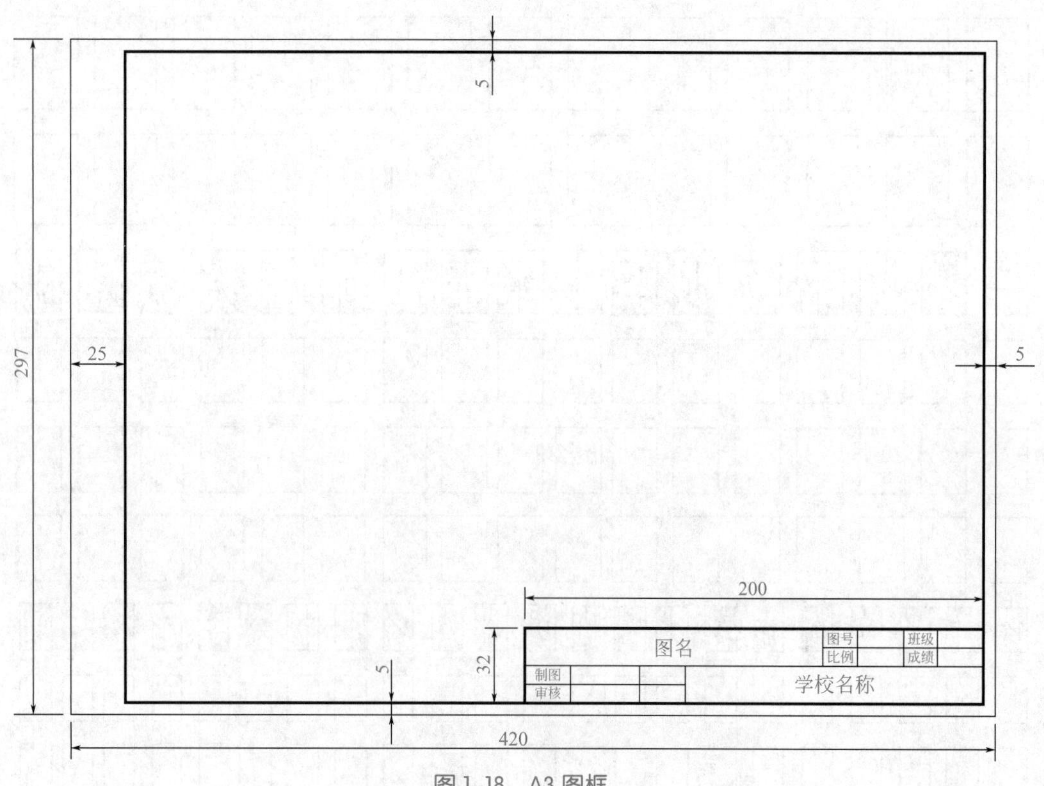

图 1-18 A3 图框

任务分析

要运用 CAD 软件正确设置该绘图环境，就必须熟悉 AutoCAD 2018 操作界面，学习 AutoCAD 2018 中有关的格式设置和基本的绘图与编辑命令，掌握 AutoCAD 2018 绘图的正确方法。

必备知识

一、AutoCAD 2018 的工作界面介绍

AutoCAD 2018 安装完成以后，计算机桌面上生成 AutoCAD 2018 快捷图标。

1. 启动 AutoCAD 2018 的常用方法

- 双击桌面上的 AutoCAD 2018 快捷图标。
- 双击计算机已存在的任意一个 AutoCAD 图形文件。

2. AutoCAD 2018 的工作界面

启动 AutoCAD 2018 后，常用的工作界面如图 1-19 所示。

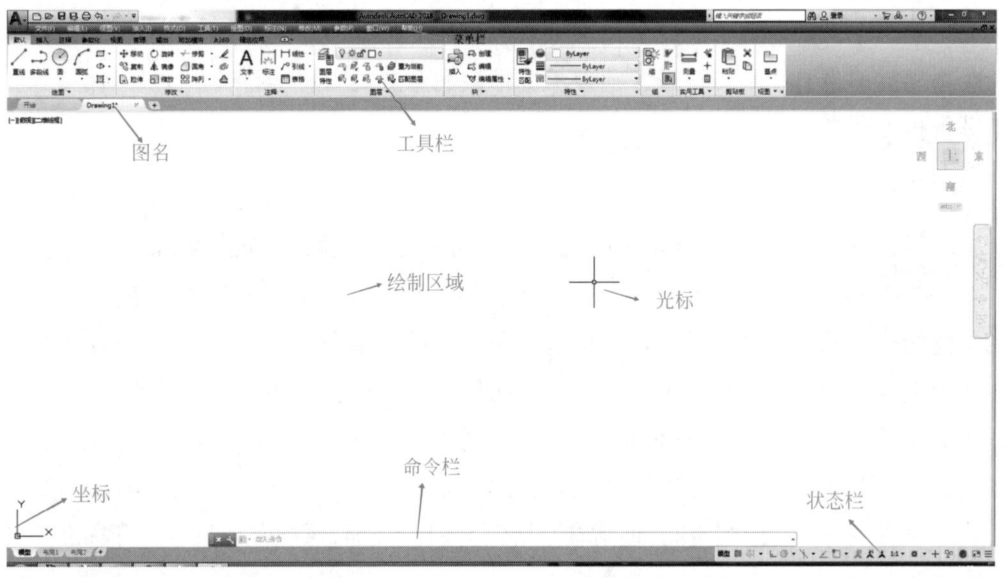

图 1-19 AutoCAD 2018 工作界面

AutoCAD 2018 有三种工作空间，分别是【草图与注释】【三维建模】和【三维基础】，这三种工作界面可以方便地进行切换。单击下拉菜单【工具】→【工作空间】，就出现下一级菜单【草图与注释】【三维基础】和【三维建模】；也可以单击屏幕右下角状态按钮 选择。用户可以在工作空间中进行选择和切换，如图 1-20 所示。同时，对于习惯用

CAD 经典模式绘图的同学，可以通过工作空间的【自定义】选项，自己定义适合自己的工作空间。

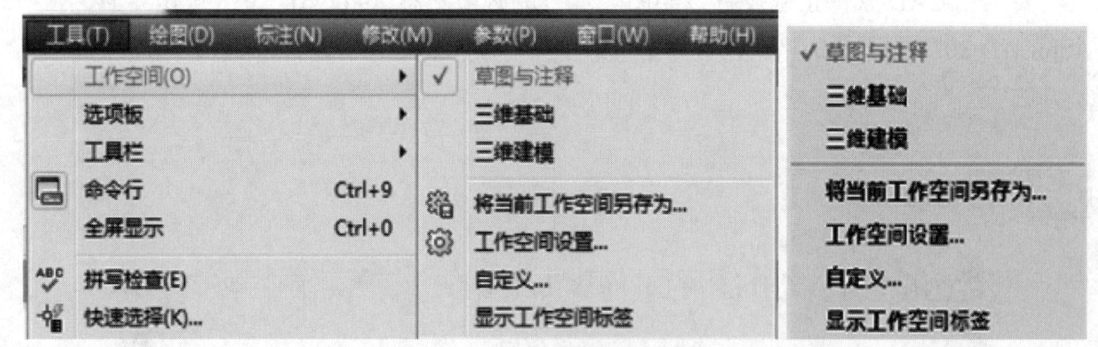

图 1-20 三种工作界面切换

3. 菜单栏

菜单栏包括【文件】【编辑】【视图】【插入】【格式】【工具】【绘图】【标注】【修改】【窗口】【帮助】共 11 个选项，都会出现一个下拉菜单。

在菜单栏任意一个位置处，单击右键可弹出快捷面板，用于选择是否显示菜单栏内容。菜单栏右端的按钮，可以实现一个 .dwg 文件的最小化、最大化、关闭等操作。

在主菜单中，如果其中的命令选项呈灰色显示，则该命令选项为暂时不可用；如果某个命令选项后面带有“…”符号，则表示选择该命令选项后将会打开一个对话框，在对话框中进行相关设置。

4. 工具栏

工具栏是由一组图标型工具按钮组成的，使用工具栏是执行 AutoCAD 命令的一种方法。

AutoCAD2018 系统共提供了三十多个工具栏，在工具栏中单击某个按钮，便会执行相应的功能操作，而不必从菜单浏览器中选择所需要的菜单命令。工具栏可以是固定的，也可以是浮动的。浮动的工具栏可以位于绘图区域的任何位置，如果拖动浮动工具栏的一边可以调整工具栏的大小。放置好常用的工具栏后，可以将它们锁定，方法是：用鼠标右键单击任意一个工具栏，从快捷菜单中选择【锁定位置】，选择所要锁定的选项。

为了不占用更多的绘图空间，通常在【草图与注释】界面，系统默认只能打开标准工具栏。用户也可以随时打开需要的其他工具栏。方法为：将鼠标移至工具栏的任意位置，单击鼠标右键，弹出如图 1-21 所示的工具栏快捷菜单，选中需要的选项即可。左边标有“√”的选项表示已被选中。

在使用工具按钮过程中，当对某个工具按钮不熟悉或忘记时，将鼠标在按钮位置停留 0.5s，指针右下角会出现按钮的名称。

5. 绘图区域

绘图区域在屏幕的中间，是用户工作的主要区域，用户的所有工作效果都反映在这个区域，相当于手工绘图的图纸。选项卡控制栏位于绘图区的左下边缘，单击【模型】【布局】，可以在模型空间和图纸空间之间进行切换，如图 1-22 所示。

图 1-21　工具栏快捷菜单

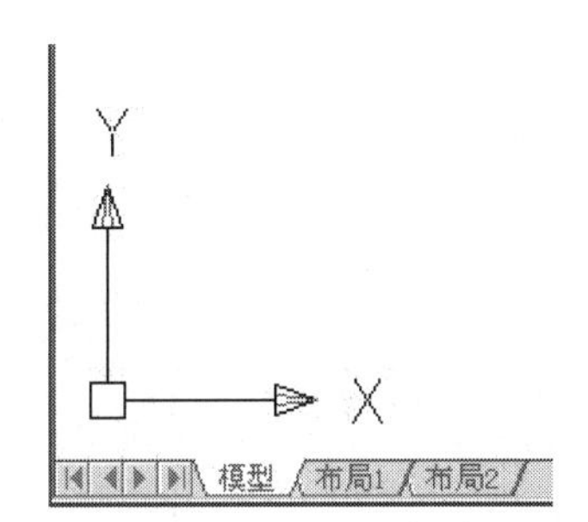

图 1-22　模型空间和图纸空间切换

6. 命令行与文本窗口

执行一个 AutoCAD 命令有多种方法，除了下拉菜单、单击绘图工具栏或面板选项的按钮外，执行 AutoCAD 命令最常用的方式就是在命令行直接输入命令。命令行主要用来输入绘图命令、显示命令提示及其他相关信息。在使用 AutoCAD 进行绘图时，不管用什么方式，每执行一个命令，用户都可以在命令行获得命令执行的相关提示及信息，它是进行人机交流的重要区域，如图 1-23 所示。

图 1-23　命令行

打开文本窗口命令的方法有：

- 下拉菜单：【视图】→【显示】→【文本窗口】
- 命令行：textscr
- 快捷键：F2

打开文本窗口后可查看所有操作，也可以直接将操作命令粘贴在 Word 文档中，如图 1-24 所示。

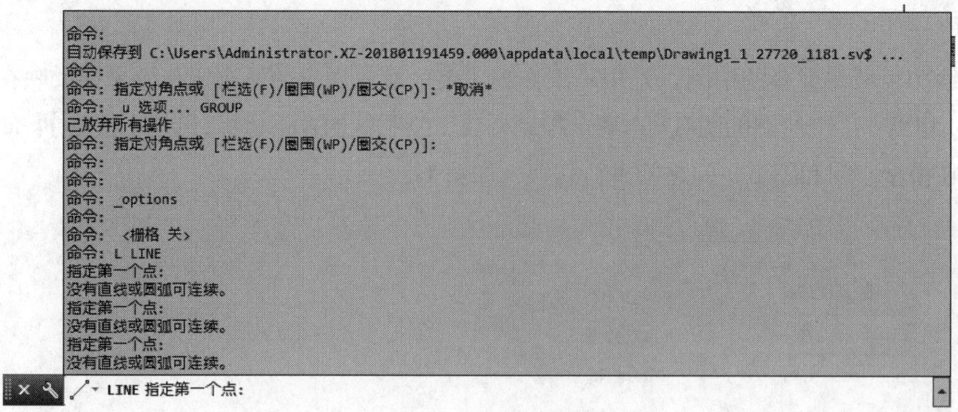

```
命令:
自动保存到 C:\Users\Administrator.XZ-201801191459.000\appdata\local\temp\Drawing1_1_27720_1181.sv$ ...
命令:
命令: 指定对角点或 [栏选(F)/圈围(WP)/圈交(CP)]: *取消*
命令: _u 选项... GROUP
已放弃所有操作
命令: 指定对角点或 [栏选(F)/圈围(WP)/圈交(CP)]:
命令:
命令:
命令: _options
命令:
命令: <栅格 关>
命令: L LINE
指定第一个点:
没有直线或圆弧可连续。
指定第一个点:
没有直线或圆弧可连续。
指定第一个点:
没有直线或圆弧可连续。
LINE 指定第一个点:
```

图 1-24　文本窗口

7. 状态栏

状态栏包括应用程序状态栏和图形状态栏，它们提供了有关打开和关闭图形工具的有用信息和按钮。应用程序状态栏位于工作界面的最底部，如图 1-25 所示。

图 1-25　应用程序状态栏

当光标在绘图区域移动时，状态栏的区域可以显示当前光标的 X、Y、Z 三维坐标值。状态栏中间是【捕捉】【栅格】【正交】【极轴】【对象捕捉】【对象追踪】【DUCS】【DYN】【线宽】【模型】开关按钮。用鼠标单击它们可以打开或关闭相应的辅助绘图功能，也可使用相应的快捷键打开。AutoCAD 2018 状态栏新增加了注释工具、导航工具、全屏显示、隔离等按钮。

8. 功能区

功能区由许多面板组成，给当前工作空间的操作提供了一个单一、简洁的放置区域。使用功能区时，无需显示多个工具栏，从而使得应用程序窗口变得简洁有序。

在 AutoCAD 2018 中新增加了功能区，用户使用【草图与注释】工作空间或【三维建模】工作空间创建或打开图形时，功能区将自动显示。如果要显示功能区，可以在命令行中，输入“ribbon”即可调出功能区。

二、AutoCAD 2018 的图形文件管理

AutoCAD 2018 的图形文件管理主要包括文件的新建、打开、保存、关闭。

1. 新建图形文件

可以用以下几种方法建立一个新的图形文件：

- 下拉菜单：【文件】→【新建】

- 标准工具栏按钮：
- 命令行：new
- 快捷键：Ctrl+ N

执行新建图形文件命令后，屏幕出现如图 1-26 所示的【选择样板】对话框。用户可以选择其中一个样本文件，单击 打开(O) 按钮即可。除了系统给定的这些可供选择的样板文件（样板文件扩展名为 .dwt），用户还可以自己创建所需的样板文件，以后可以多次使用。

如果不需要选择样板，用户还可以选择使用 打开(O) 中的小三角，则出现如图 1-26 所示的选项，可根据需要选择打开样板文件、无样板打开 - 英制、无样板打开 - 公制。

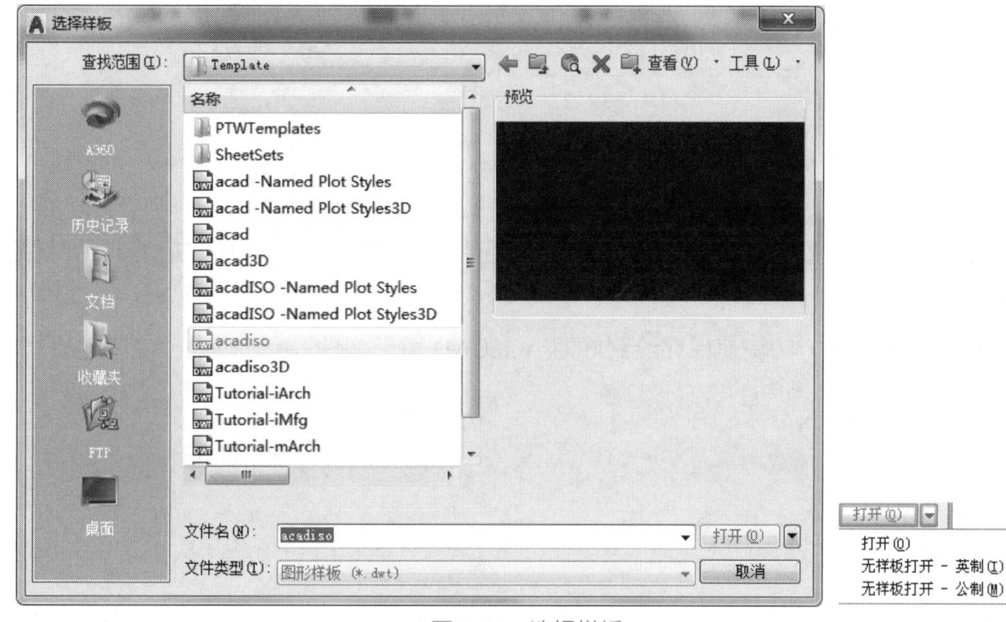

图 1-26 选择样板

2. 打开原有文件

一个已存在的 AutoCAD 文件可以用以下几种方法打开：

- 下拉菜单：【文件】→【打开】
- 标准工具栏按钮：
- 命令行：open
- 快捷键：Ctrl+O

打开文件后，出现如图 1-27 所示的对话框，用户可以找到已有的某个 AutoCAD 文件单击，然后选择对话框中右下角的打开按钮。

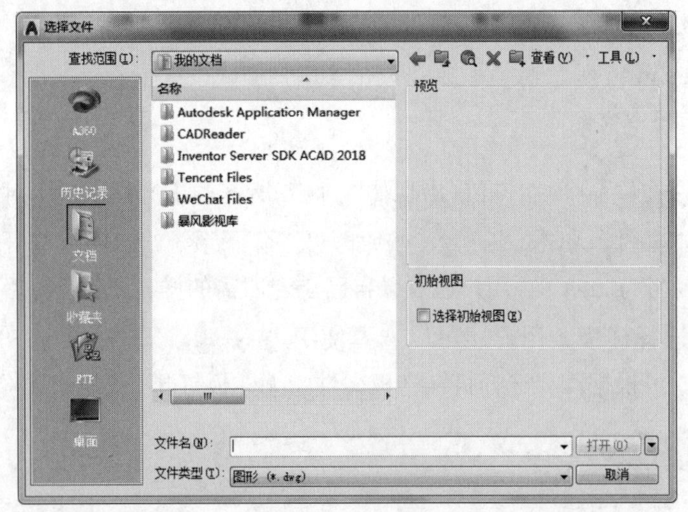

图 1–27 选择文件

3. 保存图形文件

为了防止因突然断电、死机等情况的发生而对已绘图样的影响，用户应养成随时保存所绘图样的良好习惯。

可以用以下几种方法快速保存绘制好的 AutoCAD 图形文件：

- 下拉菜单:【文件】→【保存】
- 工具栏按钮：
- 命令行：qsave
- 快捷键：Ctrl+S

当执行快速保存命令后，对于还未命名的文件，系统会提示输入要保存的名称，对于已命名的文件，系统将以已存在的名称保存，不再提示输入文件名。

用户还可以用下面的另存方法改变已有文件的保存路径或名称：

- 下拉菜单:【文件】→【另存为】
- 命令行：saveas 或 save
- 快捷键：Ctrl+Shift+S

4. 关闭文件

要关闭当前打开的 AutoCAD 图形文件而不退出 AutoCAD 程序，可以使用以下几种方法：

- 下拉菜单:【文件】→【关闭】
- 命令行：close

- 快捷键：Ctrl+F4
- 按钮：图形文件窗口右上角 ✕（下拉菜单右方）

如果要退出 AutoCAD 程序，则程序窗口和所有打开的图形文件均将关闭，可以使用以下几种方法：

- 下拉菜单：【文件】→【退出】
- 命令行：quit 或 exit
- 快捷键：Ctrl+Q
- 按钮：标题栏窗口右上角 ✕（标题栏右方）

使用“closeall”命令或单击下拉菜单【窗口】→【关闭】或【全部关闭】，也可以快速关闭一个或全部打开的图形文件。

三、图层与对象特性

AutoCAD 向用户提供了“图层”这种有用的管理工具，把具有相同颜色、线型、线宽等特性的图形放到同一个图层上，以便用户更有效地组织、管理、修改图形对象。

1. 图层及其特性的设置

图层具有以下特性：

（1）图名：每一个图层都有自己的名字，以便查找。

（2）颜色、线型、线宽：每个图层都可以设置自己的颜色、线型、线宽。

（3）图层的状态：可以对图层进行打开和关闭、冻结和解冻、锁定和解锁的控制。

2. 创建和设置图层

创建和设置图层，都可以在【图层特性管理器】对话框中完成，【图层特性管理器】对话框还可以完成许多图层管理工作，如删除图层、设置当前图层、设置图层的特性、控制图形的状态，还可以通过创建过滤器，将图层按名称或特性进行排序，也可以手动将图层组织为图层组，然后控制整个图层组的可见性。启动【图层特性管理器】对话框的方法有：

- 下拉菜单：【格式】→【图层】
- 面板选项板【图层】工具栏按钮：
- 命令行：layer

执行上述命令后，屏幕弹出如图 1-28 所示的【图层特性管理器】对话框。在该对话框中有两个显示窗格：左边为树状图，用来显示图形中图层和过滤器的层次结构列表；右边为列表图，显示图层和图层过滤器及其特性和说明。

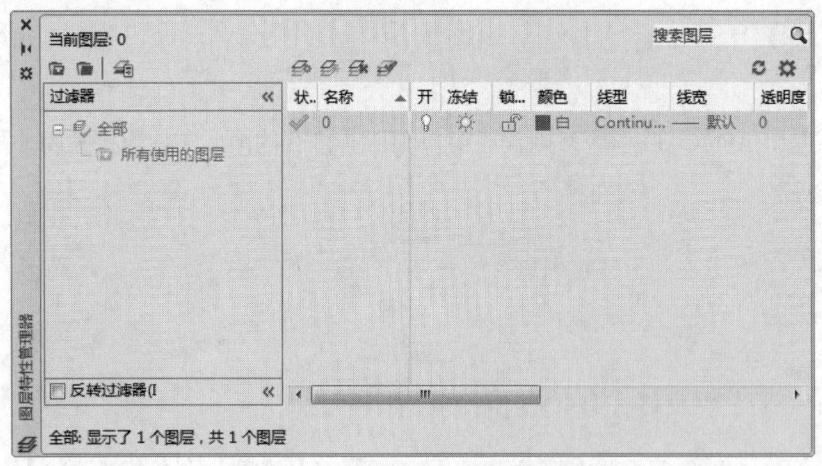

图 1–28 【图层特性管理器】对话框

3. 新建图层

单击【图层特性管理器】对话框中的 按钮，在列表图中 0 图层的下面会显示一个新图层。在【名称】栏填写新图层的名称，图层名可以使用包括字母、数字、空格以及 Microsoft Windows 和 AutoCAD 未作他用的特殊字符命名，应注意图层名应便于查找和记忆。填好名称后回车或在列表图区的空白处单击即可。

在【名称】栏的前面是【状态】栏，它用不同的图标来显示不同的图层状态类型，如图层过滤器、所用图层、空图层或当前图层，其中√图标表示当前图层。

4. 删除图层

在【图层特性管理器】对话框中，可以删除多余不用的图层。方法为：选中不用的一个或多个图层，再单击【图层特性管理器】对话框上方的 按钮即可。注意，不能删除 0 层、当前层和含有图形实体的层，当删除这些图层时，系统发出如图 1-29 所示的警告信息。

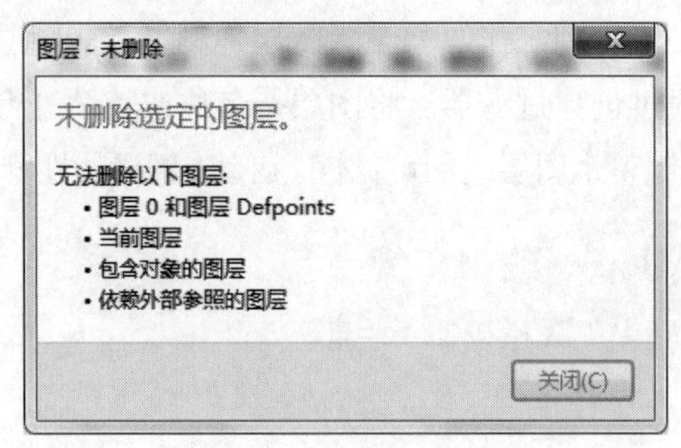

图 1–29 警告信息

5. 设置当前图层

所有的 AutoCAD 绘图工作只能在当前层进行。当需要画墙体时，必须先将“墙体”所在的图层设为当前层。设置当前图层的方法有：

（1）在【图层特性管理器】对话框的列表图区单击某一图层，再单击鼠标右键，选择快捷菜单中的【置为当前】选项，【图层特性管理器】对话框中【当前图层】的显示框中显示该图层名。

（2）在【图层特性管理器】对话框的列表图区双击某一图层。

（3）在绘图区域选择某一图形对象，然后单击【图层】工具栏或面板选项板的按钮，系统则会将该图形对象所在图层设为当前图层。

（4）单击【图层】工具栏中图层列表框的按钮，可以将选定对象的图层更改为与目标图层相匹配。

6. 设置图层的颜色、线型和线宽

用户在创建图层后，应对每个图层设置相应的颜色、线型和线宽。

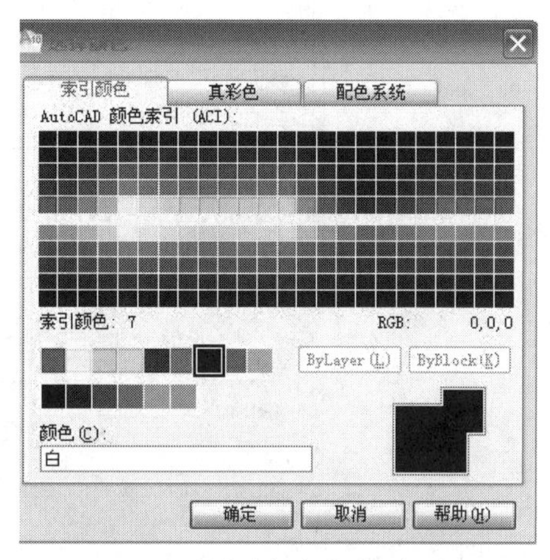

图 1–30　【选择颜色】对话框

（1）设置图层的颜色

在【图层特性管理器】对话框中，单击某一图层列表的【颜色】栏，会弹出如图 1-30 所示的【选择颜色】对话框，选择一种颜色，然后单击 确定 按钮。

（2）设置图层的线型

要对某一图层进行线型设置，则单击该图层的【线型】栏，会弹出如图 1-31 所示的【选择线型】对话框。在默认情况下，系统只给出连续实线（Continuous）这一种线型。如果需要其他线型，可以单击 加载(L)... 按钮，弹出如图 1-32 所示的【加载或重载线型】对话框，从中选择需要的线型，然后单击 确定 按钮，返回【选择线型】对话框，所选线型已经显示在【已加载的线型】列表中。选中该线型，再单击 确定 按钮即可。

图 1–31　【选择线型】对话框

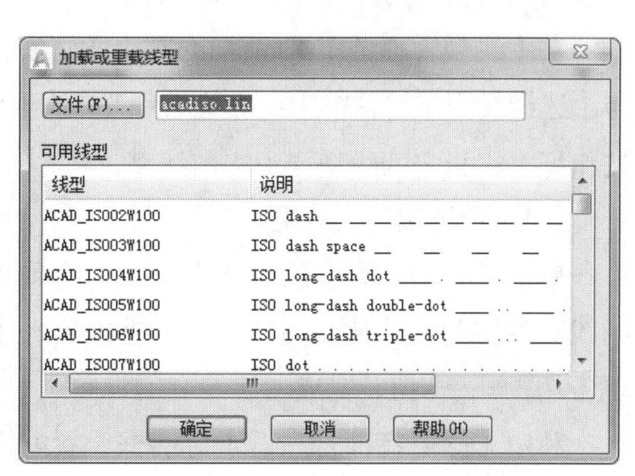

图 1–32　【加载或重载线型】对话框

用户在绘制虚线或点画线时，有时会遇到所绘线型显示成实线的情况。这是由于线型的显示比例因子设置不合理所致。用户可以使用如图 1-33 所示的【线型管理器】对话框对其进行调整。调用【线型管理器】对话框的方法有：

- 下拉菜单：【格式】→【线型】
- 命令行：linetype
- 下拉列表：【对象特性】工具栏的【线型控制】下拉列表中选择“其他”

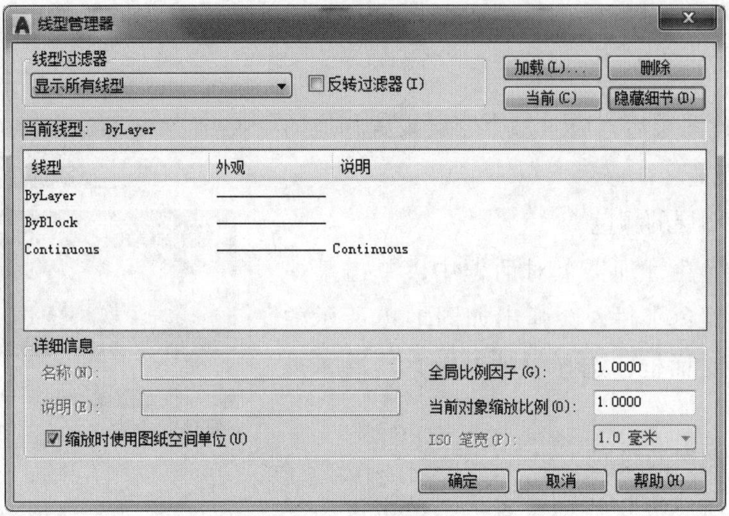

图 1–33 【线型管理器】对话框

在【线型管理器】对话框选中需要调整的线型，在下方的【详细信息】选区会显示线型的名称和线型样式。在【全局比例因子】和【当前对象缩放比例】编辑框中显示的是系统当前的设置值，用户可以对其进行修改。【全局比例因子】适用于调整所有线型的全局缩放比例因子；【当前对象缩放比例】适用于当前对象的线型，其最终的缩放比列是全局缩放比例与当前对象缩放比例的乘积。

在【线型管理器】对话框的右上角还有四个功能按钮，其作用分别为：加载(L)... 按钮与【选择线型】对话框中的相应按钮功能相同；删除 按钮可以删除指定的线型；当前(C) 按钮可以将指定的线型置为当前线型；隐藏细节(D) 按钮可以将【详细信息】选区内容隐藏。

（3）设置图层的线宽

单击某一图层列表的【线宽】栏，会弹出【线宽设置】对话框。通常，系统会将图层的线宽设定为默认值。用户可以根据需要在【线宽设置】对话框中选择合适的线宽，然后单击 确定 按钮，完成图层线宽的设置。

利用【图层特性管理器】对话框设置好图层的线宽后，在屏幕上不一定能显示出该图层图线的线宽。可以通过是否按下状态栏中的【显示隐藏线宽】按钮，来控制是否显示图线的线宽。

要想使对象的线宽在模型空间显示得更大些或小些，用户还可以通过图 1-34 所示的【线宽设置】对话框，调整它的显示比例。应注意的是，显示比例的修改并不影响线宽的打印值。调用【线宽设置】对话框的方法有：

- 下拉菜单：【格式】→【线宽】
- 命令行：lweight

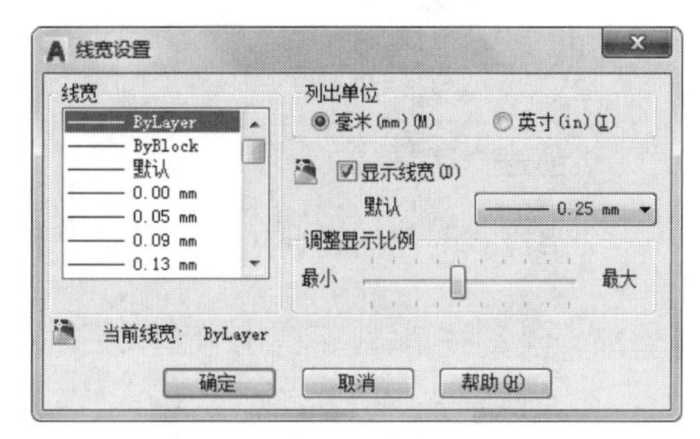

图 1-34 【线宽设置】对话框

拖动对话框中【调整显示比例】滑块，然后单击 确定 按钮，可以改变模型空间线宽的显示大小。在【列出单位】选区，通常选择"毫米"显示单位。

7. 图层的打开和关闭、冻结和解冻、锁定和解锁

在【图层特性管理器】对话框的列表图区，有【开】【冻结】【锁定】三栏项目，它们可以控制图层在屏幕上能否显示、编辑、修改与打印。

（1）图层的打开和关闭

该项可以打开和关闭选定的图层。当图标为黄色灯时，说明图层被打开，它是可见的，并且可以打印；当图标为蓝色灯时，说明图层被关闭，它是不可见的，并且不能打印。

打开和关闭图层的方法有：

① 在【图层特性管理器】列表图区，单击黄色灯或蓝色灯按钮。

② 在【图层】工具栏的图层下拉列表中，单击黄色灯或蓝色灯按钮。

（2）图层的冻结和解冻

该项可以冻结和解冻选定的图层。当图标为时，说明图层被冻结，图层不可见，并且不能进行打印；当图标为时，说明图层未被冻结，图层可见，也可以进行打印。

由于冻结的图层不参与图形的重生成，可以节约图形的生成时间，提高计算机的运行速度。因此对于绘制较大的图形，暂时冻结不需要的图层是十分有必要的。

冻结和解冻图层的方法有：

① 在【图层特性管理器】列表图区，单击或按钮。

② 在【图层】工具栏的图层下拉列表中，单击或按钮。

（3）图层的锁定和解锁

该项可以锁定和解锁选定的图层。当图标为时，说明图层被锁定，图层可见，但图层上的对象不能被编辑和修改。当图标为时，说明被锁定的图层解锁，图层可见，图层上的对象可以被选择、编辑和修改。

锁定和解锁图层的方法有：

① 在【图层特性管理器】列表图区，单击或按钮。

② 在【图层】工具栏的图层下拉列表中，单击或按钮。

四、文字输入

1. 创建文字样式

文字样式的创建是通过【文字样式】对话框完成的。启动【文字样式】对话框的方法有:

- 下拉菜单:【格式】→【文字样式】
- 【注释】工具栏按钮:
- 命令行: style

执行上述命令后，弹出如图 1-35 所示的【文字样式】对话框。AutoCAD 中文字样式的默认设置是：Standard（标准样式）。这一种样式不能满足使用者的要求，用户可以根据需要创建一个新的文字样式。下面以工程图中使用的国标“数字”样式为例，讲述文字样式的设置。

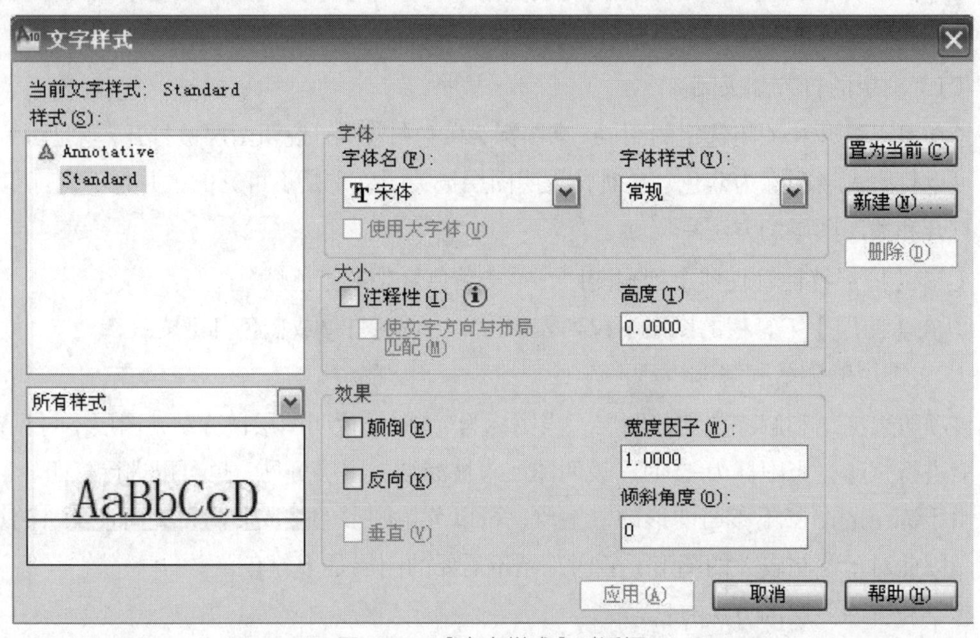

图 1-35 【文字样式】对话框

（1）执行下拉菜单【格式】→【文字样式】，弹出如图 1-35 所示的文字样式对话框，在【样式】下拉列表中显示的是当前所应用的文字样式。每次新建文档时，AutoCAD 默认的文字样式是“Standard”，用户可以在此基础上，新建文字样式。

（2）单击 新建(N)... 按钮，弹出如图 1-36 所示的【新建文字样式】对话框。在该对话框的【样式名】编辑框中填写新建的文字样式名，文字样式名最长可以用 255 个字符，其中包括字母、数字、空格和一些特殊字符（如美元符号、下划线、连字符等），如填写“数字”。然后单击 确定 按钮，返回【文字样式】对话框。这时，在【文字样式】对话框的【样式】下拉列表中已经增加了“数字”样式名。

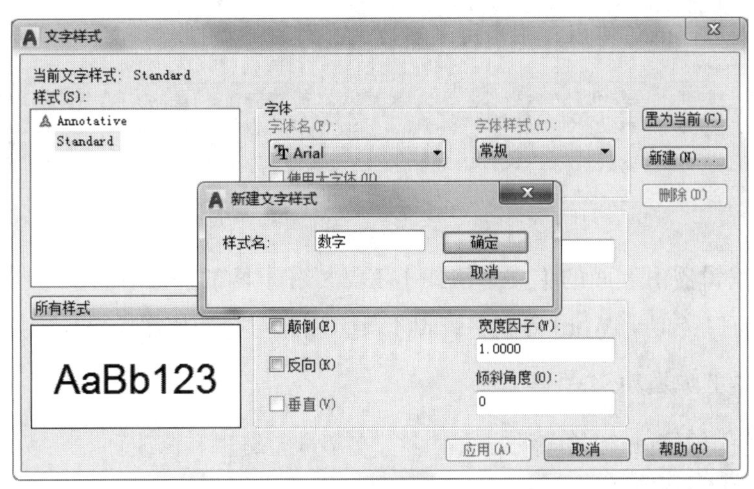

图 1-36　【新建文字样式】对话框

（3）【字体】选区

字体名：在【字体名】的下拉列表中显示了所有的True Type字体和AutoCAD的矢量字体。在这里字体选区选用 gbeitc.shx 。

字体样式：使用 shx 字体定义文字样式时，在【字体名】下拉列表中选择一种 shx 字体，再选中“使用大字体”复选框，这时，【字体样式】下拉列表变为大字体列表。选中其中的“gbcbig.shx”大字体，“gb”代表“国家标准”，“c”代表“Chinese- 中文”，要是用 shx 字体显示中文，必须选择“gbcbig.shx”大字体。

（4）【大小】选区

注释性复选框：是指设定文字是否为注释性对象。

高度：用来设置字体的高度。通常将字体高度设为 0，这样，在单行文字输入时，系统会提示输入字体的高度。

（5）【效果】选区

用来设置字体的显示效果。包括颠倒、反向、垂直、宽度因子和倾斜角度。

如果完成了上述的文字样式设置，单击 确定 按钮，系统保存新创建的文字样式，然后退出【文字样式】对话框，即完成一个新文字样式的创建。

2. 多行文字的输入

执行【多行文字】输入命令的方法有：

- 下拉菜单：【绘图】→【文字】→【多行文字】
- 【文字】工具栏或【绘图】工具栏按钮：A
- 命令行：mtext
- 快捷命令：mt

执行【多行文字】命令后，屏幕会弹出如图 1-37 所示的多行文字编辑器。指定的两个角点是文字输入边框的对角点，用来定义多行文字对象的宽度。

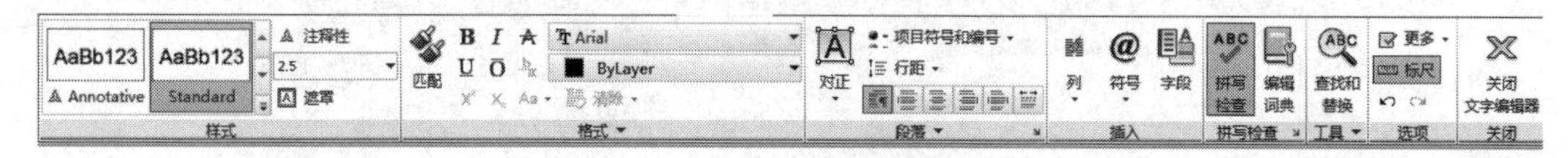

图 1–37　多行文字编辑器

多行文字编辑器由上面的【文字格式】工具栏和下面的内置多行文字编辑窗口组成。多行文字编辑窗口类似于 Word 等文字编辑工具，用户对它的使用应该比较熟悉。

3. 多行文字的编辑和修改

用户可以使用下面介绍的多种方法对多行文字进行编辑和修改。

对多行文字的编辑有以下几种方法：

- 单击下拉菜单【修改】→【对象】→【文字】→【编辑】，这时命令行提示“选择注释对象或【放弃 U】：”，用拾取框选择要进行编辑的多行文字，屏幕将弹出多行文字编辑器，在多行文字编辑器中重新调整需要的样式和格式，然后关闭文字编辑器。这时，命令行继续提示“选择注释对象或【放弃 U】”，可以连续执行多个文字对象的编辑操作。
- 在命令行输入 ddedit 或 ed 命令，命令行的提示与操作同上。
- 在绘图区域选中多行文字对象，单击右键选择快捷菜单中的【编辑多行文字】选项，命令行的提示与操作依然同上。
- 双击多行文字对象，也可以用同样的方法来编辑文字。但是这样的方法只能执行一次编辑操作，如果要编辑其他多行文字对象需要重新双击对象。

五、直线

直线的绘制是通过确定直线的起点和终点完成的，执行【直线】绘制命令的方法有：

- 下拉菜单：【绘图】→【直线】
- 工具栏按钮：
- 命令行：line
- 快捷键：L

在“指定下一点或【放弃（U）】：”提示符后键入“U”，回车，即可取消刚才画的一段直线，再键入“U”，回车，再取消前一段直线，以此类推。

在“指定下一点或 [闭和（C）/ 放弃（U）]：”提示符后键入“C”，回车，系统会将折线的起点和终点相连，形成一个封闭线框，并自动结束命令。

另外，Line 命令还有一个附加功能，即如果在“指定第一点：”提示符后直接键入回车，系统就认为直线的起点是上一次画的直线或圆弧的终点，若上一次画的是直线，则新画的直线就能和上次画的直线精确地首尾相接；若上次画的是圆弧，则新画的直线沿圆弧的切线方向画出。

【例 1–1】绘制如图 1-38 所示的图形。

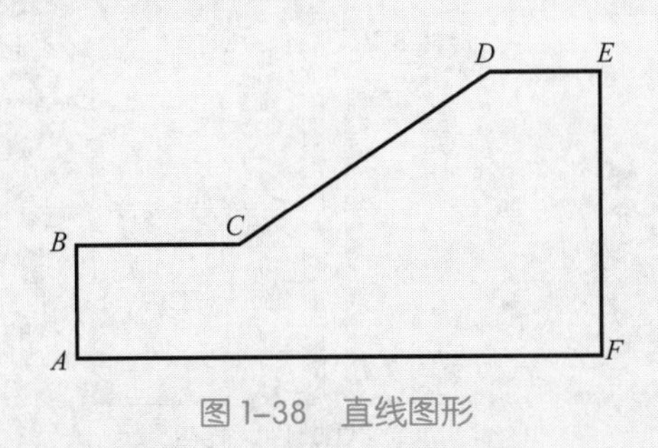

图 1–38 直线图形

点击下拉菜单【绘图】→【直线】，命令行提示如下：

```
命令： _line 指定第一点： 0,0                          // 选择 A 点
指定下一点或 [ 放弃 (U)]: @0,20                        // 选择 B 点
指定下一点或 [ 放弃 (U)]: @30,0                        // 选择 C 点
指定下一点或 [ 闭合 (C)/ 放弃 (U)]: @45,30             // 选择 D 点
指定下一点或 [ 闭合 (C)/ 放弃 (U)]: @20,0              // 选择 E 点
指定下一点或 [ 闭合 (C)/ 放弃 (U)]: @0,-50             // 选择 F 点
指定下一点或 [ 闭合 (C)/ 放弃 (U)]: @-95,0             // 选择 A 点
指定下一点或 [ 闭合 (C)/ 放弃 (U)]:                    // 回车
```

任务实施

1. 图层设置

如图 1-39 所示，打开图层特性管理器，点击新建图标，然后进行重命名。

状..	名称	开	冻结	锁...	颜色	线型	线宽	透明度	打印...	打..	新..	说明
	0				白	Continu...	—— 默认	0	Color_7			
	Defpoints				白	Continu...	—— 默认	0	Color_7			
✔	尺寸				红	Continu...	—— 0.18...	0	Color_1			
	粗实线				白	Continu...	—— 0.70...	0	Color_7			
	虚线				黄	HIDDEN	—— 0.35...	0	Color_2			
	中粗实线				洋红	Continu...	—— 0.50...	0	Color_6			
	中心线				绿	CENTER	—— 0.18...	0	Color_3			

图 1–39 图层设置

2. 文字样式设置

如图 1-40 所示，打开【文字样式】对话框，点击【新建】图标，然后进行重命名为“汉字”。

字体名选择“gbenor.shx”，勾选“使用大字体”，设置字体样式为“gbcbig.shx”，其他选项不变。然后再新建“数字”文字样式，字体名选择“gbeitc.shx”，勾选“使用大字体”，设置字体样式为“gbcbig.shx”，其他选项不变。

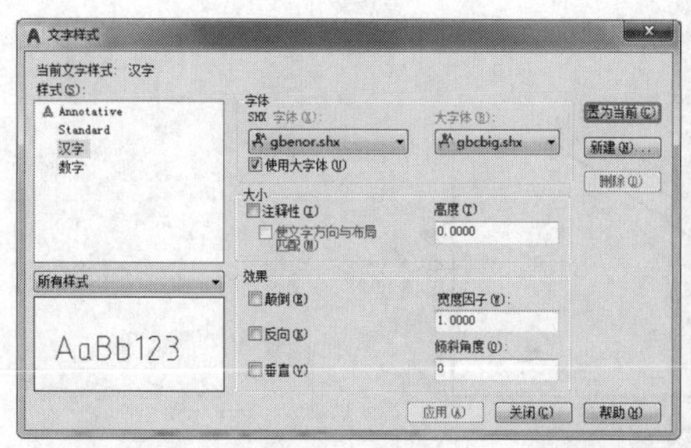

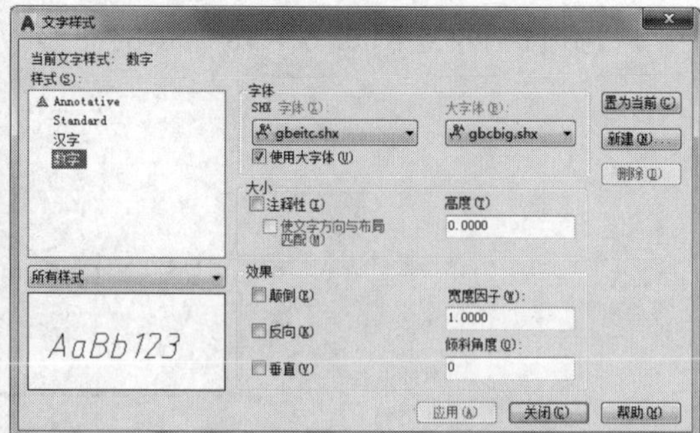

图 1-40　文字样式设置

3. A3 图框的绘制

如图 1-41 所示，利用直线命令，按照要求绘制出 A3 图框。

图 1-41　A3 图框的绘制

4. 保存为图形样板文件

如图 1-42 所示，将图形保存为图形样板文件。

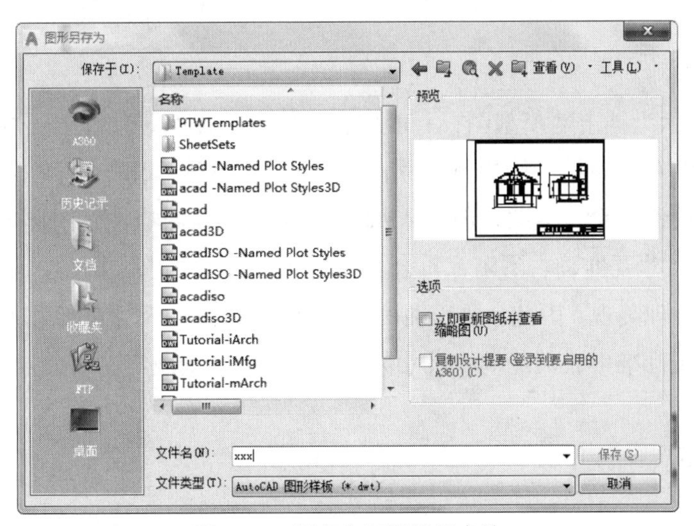

图 1-42　保存为图形样板文件

任务三 绘制挡土墙模型投影图

任务提出

如图 1-43 所示，在 A3 图纸上抄绘所给挡土墙模型的正、侧立面投影图。要求标注尺寸，比例合适。

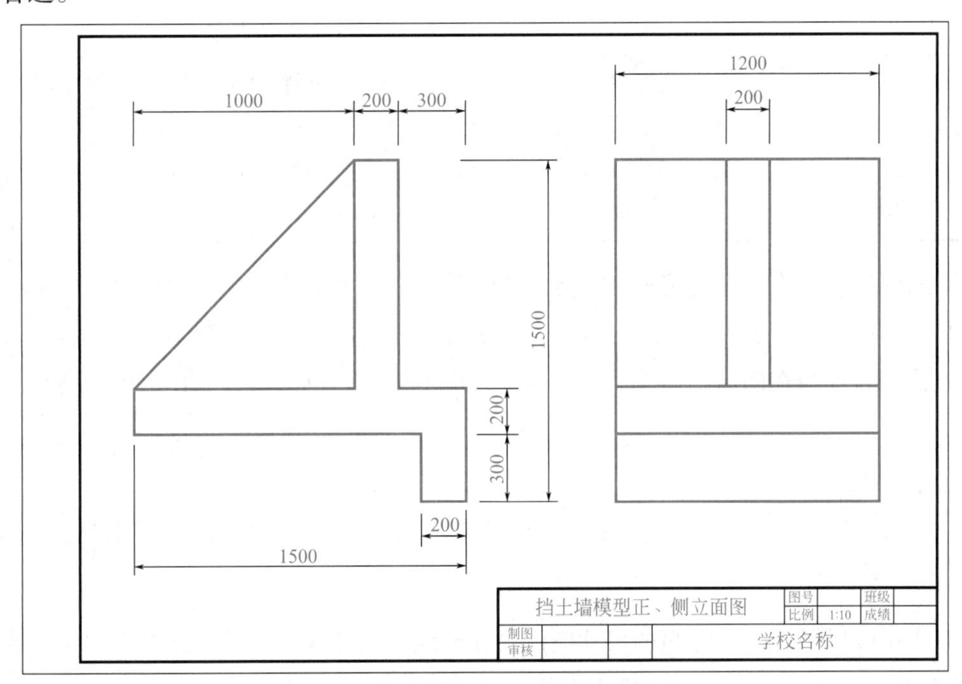

图 1-43　挡土墙模型的正、侧立面投影图

任务分析

如图 1-43 所示为挡土墙模型图，一般用相对较大的比例单独画出，本图样采用的比例为 1∶10。图样中左侧为挡土墙模型正立面图，右侧为侧立面图，两个图样在绘制时首先应注意高平齐的投影关系。本图采用了 A3 横式图幅，绘制时应注意图形比例的选择，布图要合理，标注的尺寸要准确、清晰，符合工程制图标准的要求，同时，图形中的线型运用应准确，线宽应合理美观。因此，要正确识读和绘制该图样，除了熟练掌握前面的知识外，还应掌握工程制图标准中有关比例、尺寸标注等内容的基本规定。

必备知识

一、比例

通常称比例为图样中图形与实物相对应的线性尺寸之比。也就是比例 = 图形大小∶实物大小。比值等于 1 的比例（即 1∶1）为原值比例，比值大于 1 的比例（如 3∶1）为放大比例，比值小于 1 的比例（如 1∶10）为缩小比例。

比例在实际工程图样应用中，应注意：

① 每张图样都应标注出绘制图形所采用的比例。

② 采用的比例，应根据图样的大小以及图形的复杂程度，从表 1-7 中选取，常用比例优先。

表 1-7　绘图所采用的比例

放大比例		2∶1、3∶1、4∶1、5∶1、10∶1…
缩小比例	常用比例	1∶1、1∶2、1∶5、1∶10、1∶20、1∶50、1∶100、1∶200、1∶500、1∶1000、1∶2000、1∶5000…
	可用比例	1∶3、1∶4、1∶6、1∶15、1∶25、1∶30、1∶40、1∶60、1∶80、1∶250、1∶300、1∶400、1∶600…

③ 无论是采用放大比例或缩小比例，图形所注的尺寸数字，必须为实物的实际大小。

④ 当同一图样中采用不同的比例时，应分别按图 1-44 所示标准分别标注。

⑤ 比例宜注写在图名的右侧，字的基准线应取平，比例的字高宜比图名字高小一号或二号。

二、尺寸标注

1. 尺寸的组成

如图 1-45 所示，一个完整的尺寸应由尺寸界线、尺寸线、尺寸起止符号和尺寸数字四个部分组成。

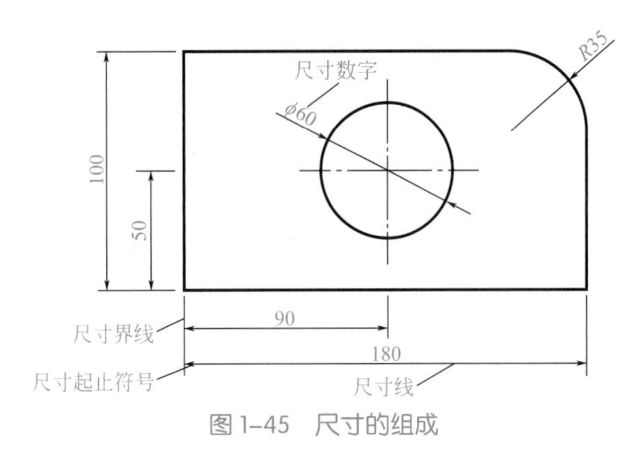

投影图 1:50

图 1-44　图名、比例的标注

图 1-45　尺寸的组成

（1）尺寸界线　用来指明所注尺寸的范围，一般与所注轮廓线垂直。用细实线绘制；尺寸界线一端离轮廓线距离 2 ～ 3mm，另一端伸出尺寸线 2 ～ 3mm；与尺寸线不同，可以利用图样中的其他图线作尺寸界线。

（2）尺寸线　用来标明尺寸的方向，用细实线绘制。尺寸线应与所注长度平行，并且须单独绘制，不能与其他图线重合。尺寸线绘制时，应注意尺寸线离轮廓线的间距 ≥ 10mm，尺寸线之间的间距宜为 8 ～ 10mm。

（3）尺寸起止符号　尺寸的起止符号用实心箭头表示，箭头长约 4mm。

（4）尺寸数字　表示的为物体的实际尺寸，尺寸数字的标注方向如图 1-46 所示，书写数字时要采用工程字字体，且应工整，不得潦草。同一图样中尺寸数字的字号大小应一致，一般用 3.5 ～ 5 号字。

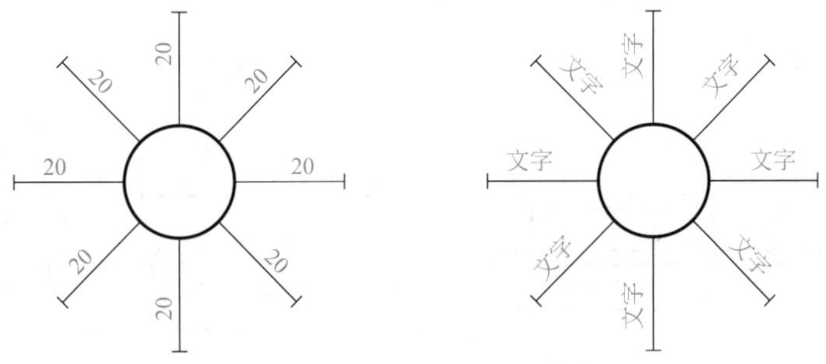

图 1-46　尺寸数字的标注方向

2. 尺寸的基本规定

（1）尺寸界线与尺寸线均应采用细实线。尺寸起止符号可采用单箭头表示，尺寸数字宜标注在尺寸线上方中部。当标注位置不足时，尺寸数字可采用反向箭头标注；中部相邻的尺寸数字可错开标注，也可引出标注，如图 1-47 所示。

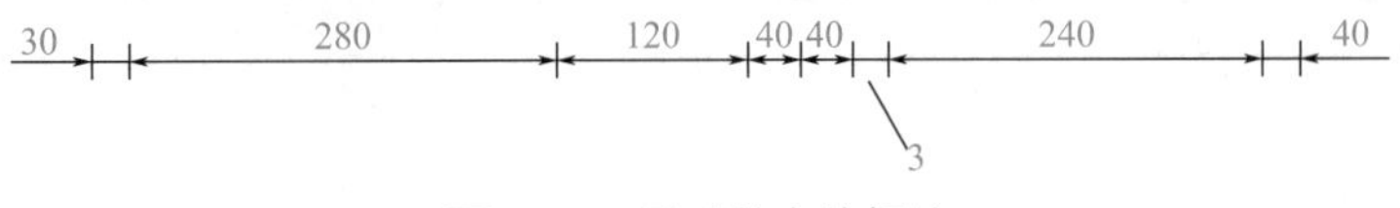

图 1-47　尺寸数字的标注

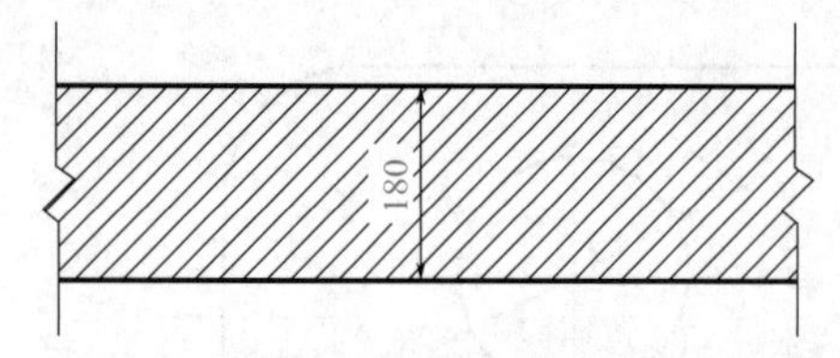

图 1-48　尺寸数字处图线断开的标注

（2）尺寸线宜与被标注的图线相平行，其长度不得超出尺寸界线。除站场配轨图外，图线均不得用作尺寸线。图线不得穿过尺寸数字，不能避免时，应将尺寸数字处的图线断开，如图 1-48 所示。

（3）互相平行的尺寸线，应从被标注的图样轮廓线由近向远整齐排列，分尺寸线离轮廓线近，总尺寸线离轮廓线较远，相邻平行尺寸线间的间距宜为 8 ～ 10mm，如图 1-49 所示。

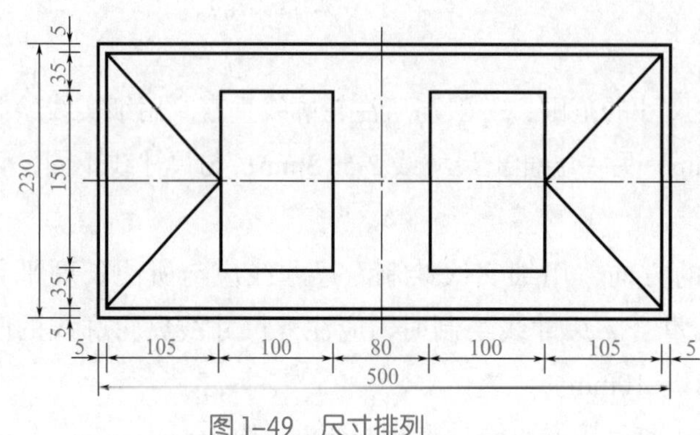

图 1-49　尺寸排列

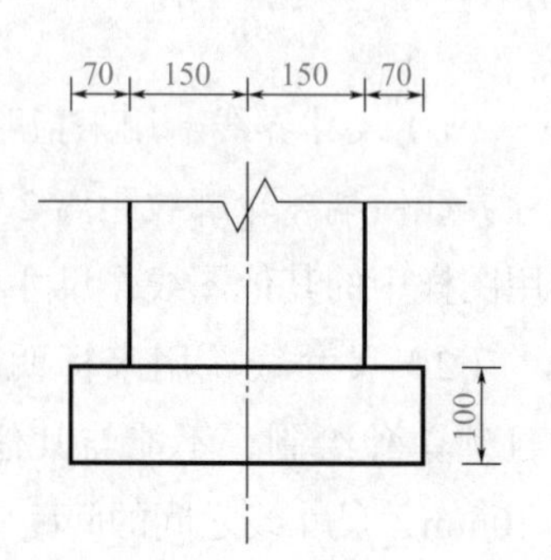

图 1-50　图线、中心线作尺寸界线

（4）尺寸宜标注在图样轮廓线以外，不宜与图线、文字及符号相交；必要时，图样的垂直或水平轮廓线可作尺寸界线；中心线也可作尺寸界线，如图 1-50 所示。

（5）图样上的尺寸单位可按需要选用 mm、cm 或 m。

（6）尺寸的简化标注可根据情况和需要进行标注，如图 1-51 所示。

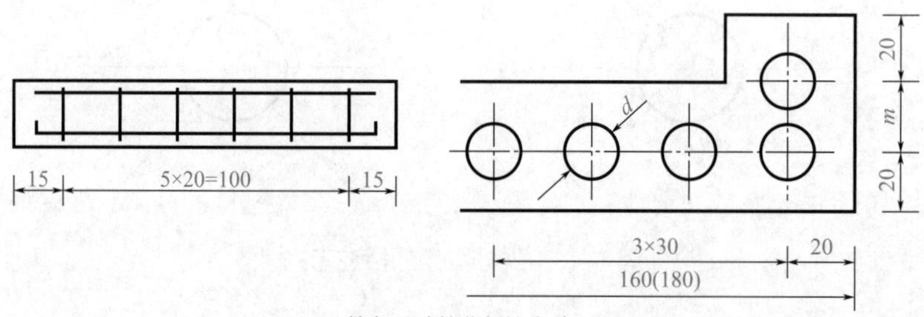

(a) 等长尺寸简化标注方法

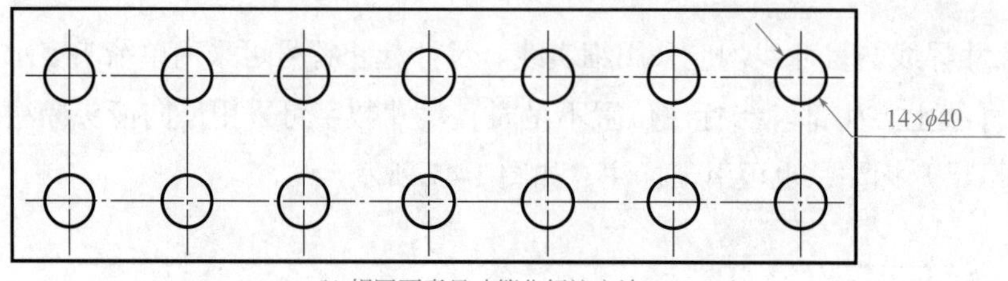

(b) 相同要素尺寸简化标注方法

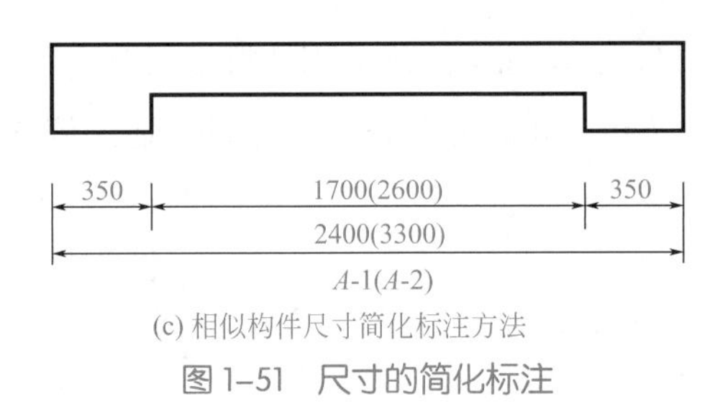

(c) 相似构件尺寸简化标注方法

图 1-51　尺寸的简化标注

（7）坐标标注。坐标网格应以细实线绘制，应画成网格通线或十字线，坐标代号应采用“*X*”“*Y*”，或用“N”“E”表示，如图 1-52 所示。坐标值应标注在网格通线上且标注到米，数值前应标注坐标“N”“E”的代号，字头朝数值增大方向。坐标网格大小宜为 100mm × 100mm；其实际间距可视采用的比例大小确定。平面图上应采用一种坐标系统，如在同一图中有两种坐标系统，应注明换算关系。铁路线路、桥涵、隧道、车站、场、段及其附属设施、建筑物构筑物、道路、管线等均应标注定位尺寸；当需要标注的坐标点不多时，可直接标注在图上。当需要标注的坐标点较多时，宜在图纸上列坐标点的代号，坐标数值可在适当位置列出；坐标数值应以米为单位。

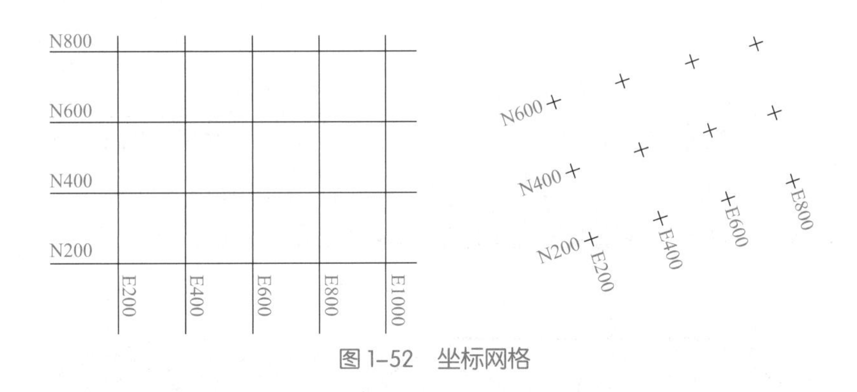

图 1-52　坐标网格

（8）里程标注。里程标注应在正线和其他需要标注里程的线路上标注公里标、百米标及断链标。里程桩号标注在垂直于线路的短线上，里程由左向右或由右向左增加时，字头均朝向图纸左端。公里标应注写各设计阶段代号，设计阶段代号应采用新线预可行性研究 AK、初测 CK、定测 DK、既有铁路 K 等，其余桩号的公里数可省略，如图 1-53 所示。

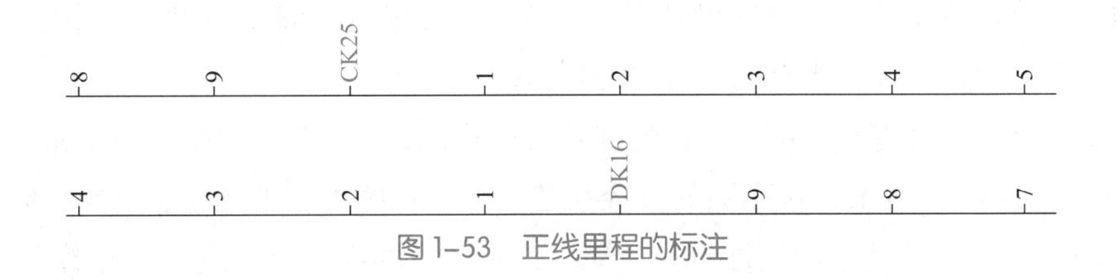

图 1-53　正线里程的标注

（9）高程标注。高程符号应采用细实线绘制的等腰三角形表示，高 3mm，角度为

45°，高程符号具体画法如图 1-54（a）所示，当地形复杂时也可采用引出线形式标注，如图 1-54（b）所示。其中 L、h 的取值可根据图形比例进行适当调整。

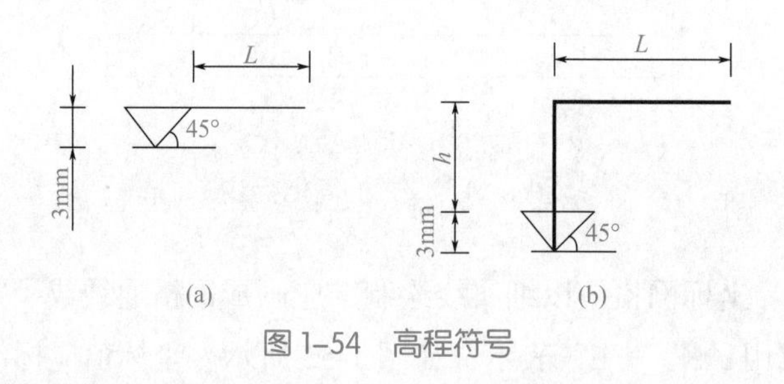

图 1–54 高程符号

在图样的同一位置需表示几个不同高程时，高程数字可按如图 1-55 所示的形式注写。

（10）坡度标注。给排水管、沟、槽及道路、场地、路基面等坡度宜用坡度符号表示。坡度符号应由细实线、单边箭头以及在其上标注的百分数组成。坡度符号的箭头应指向下坡方向，如图 1-56 所示。

图 1–55 一个高程符号标注数个高程数字　　图 1–56 坡度符号及标注

路基、挖沟、堤坝、场地边坡等宜用比值的形式表示，如图 1-57 所示。

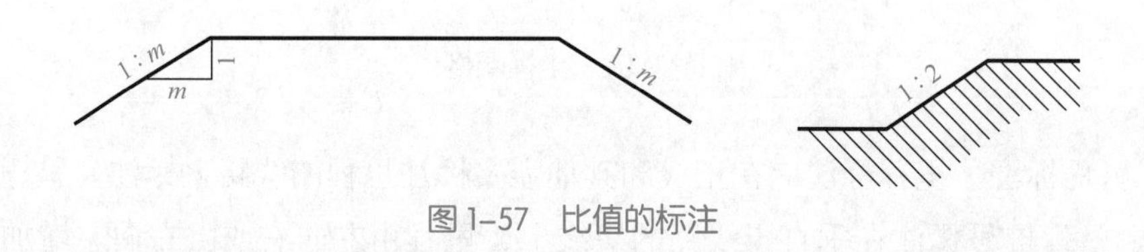

图 1–57 比值的标注

（11）半径、直径、球的尺寸标注。半径数字前应加注符号“R”，如图 1-58（a）所示；较小圆弧半径在没有足够的位置画箭头或注写数字时，可按图 1-58（b）所示标注；当圆弧的半径过大或在图纸范围内无法标出其圆心位置时，可按图 1-58（c）的形式标注；不需要标出其圆心位置时，可按图 1-58（d）的形式标注。

直径数字前应加注符号“ϕ”，在圆内标注的直径尺寸线应通过圆心，两端画箭头指至圆弧，如图 1-59（a）所示；较小圆的直径尺寸可标注在圆外，如图 1-59（b）所示。标注球的直径时，应在尺寸数字前加注符号“$S\phi$”，标注球的半径时，应在尺寸数字前加注符号“SR”。

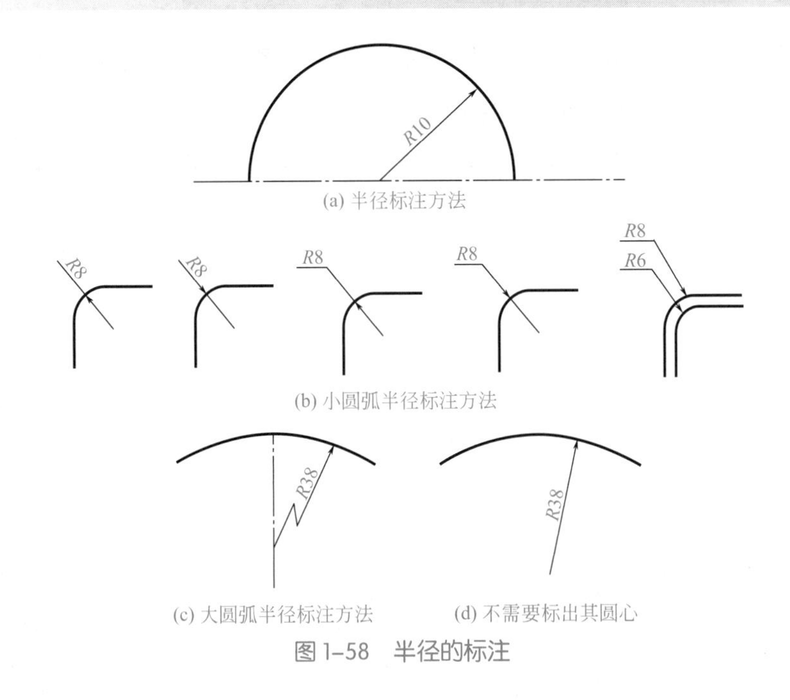

图 1–58　半径的标注

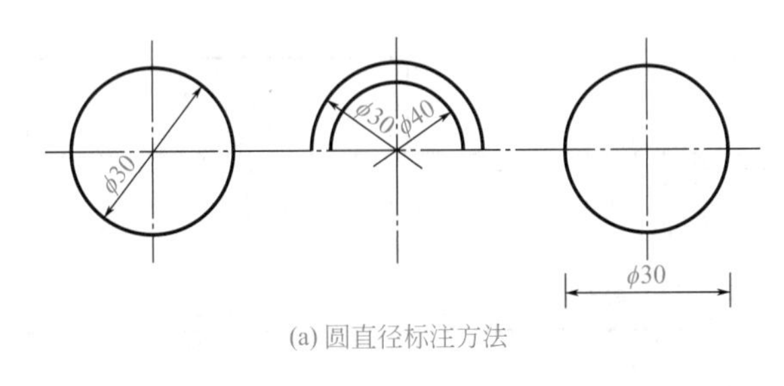

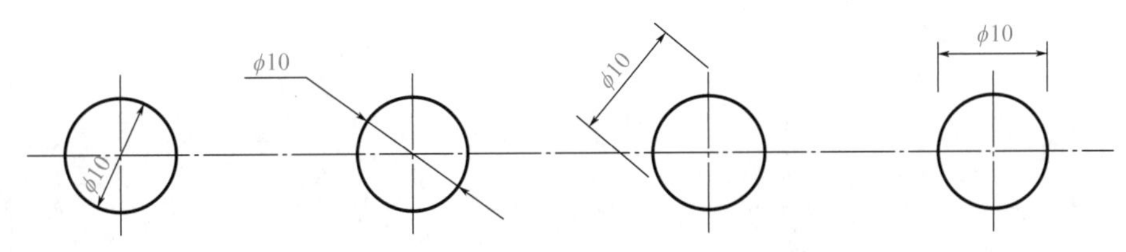

图 1–59　直径的标注

（12）角度的尺寸标注。角度尺寸线应以圆弧表示，角的两边为尺寸界线。角度数值宜写在尺寸线上方中部。角度太小时，可引出标注，或将尺寸标注在角的两条边的外侧，如图 1-60 所示。

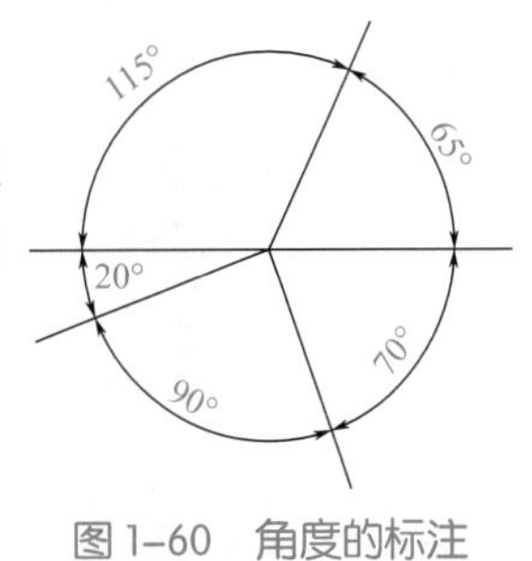

图 1–60　角度的标注

任务实施

（1）准备工作。准备好工具，熟悉好所绘内容，将有关资料或图纸放在手边，方便查阅。

（2）确定图幅，绘制好图框、标题栏，根据图样的尺寸确定好比例。任务中，比例可以参考选择 1：10。如图 1-61 所示。

（3）根据图形尺寸，确定好比例后，先用 H 型铅笔定位，居中布好图形位置，注意要考虑尺寸标注预留的位置。如图 1-62 所示。

图 1–61　手绘图框、标题栏

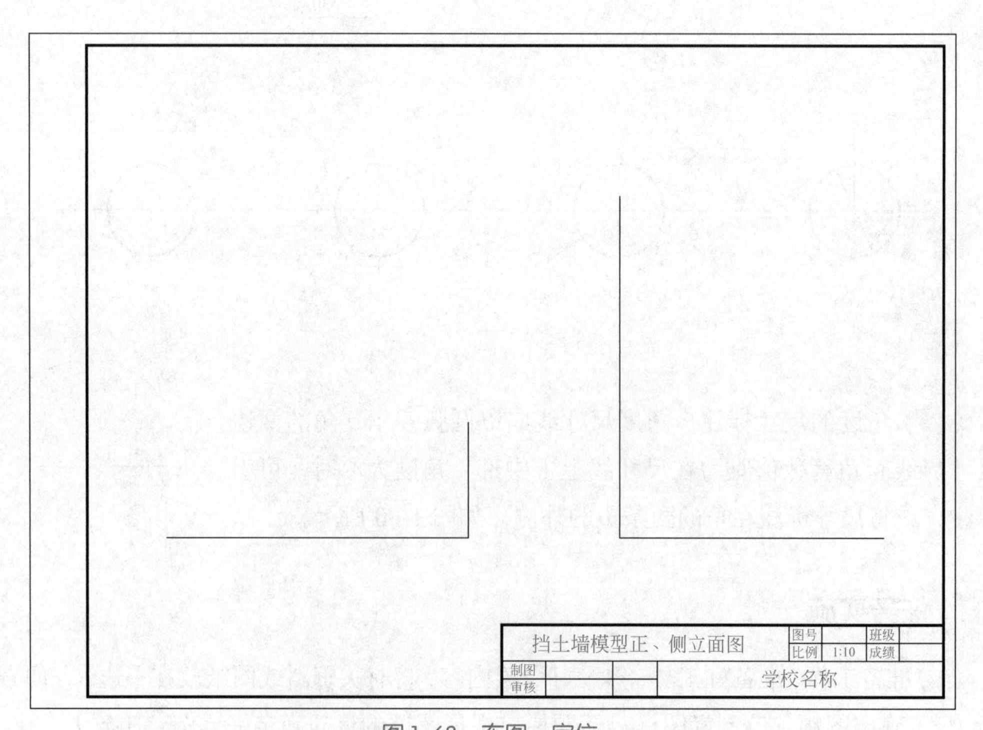

图 1–62　布图、定位

（4）根据比例绘制好挡土墙模型正侧面图的底稿，注意先不要加粗，防止图形出错后修改不美观。如图 1-63 所示。

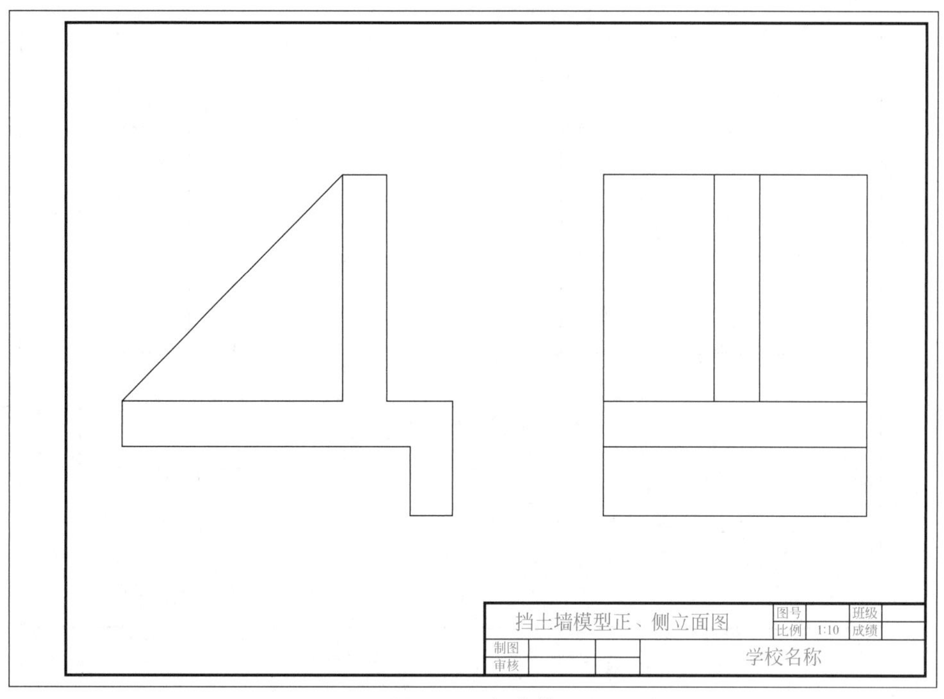

图 1–63　打底稿

（5）仔细检查图形是否绘制正确，检查无误后，用 2B 铅笔加粗加深，注意图线美观。如图 1-64 所示。

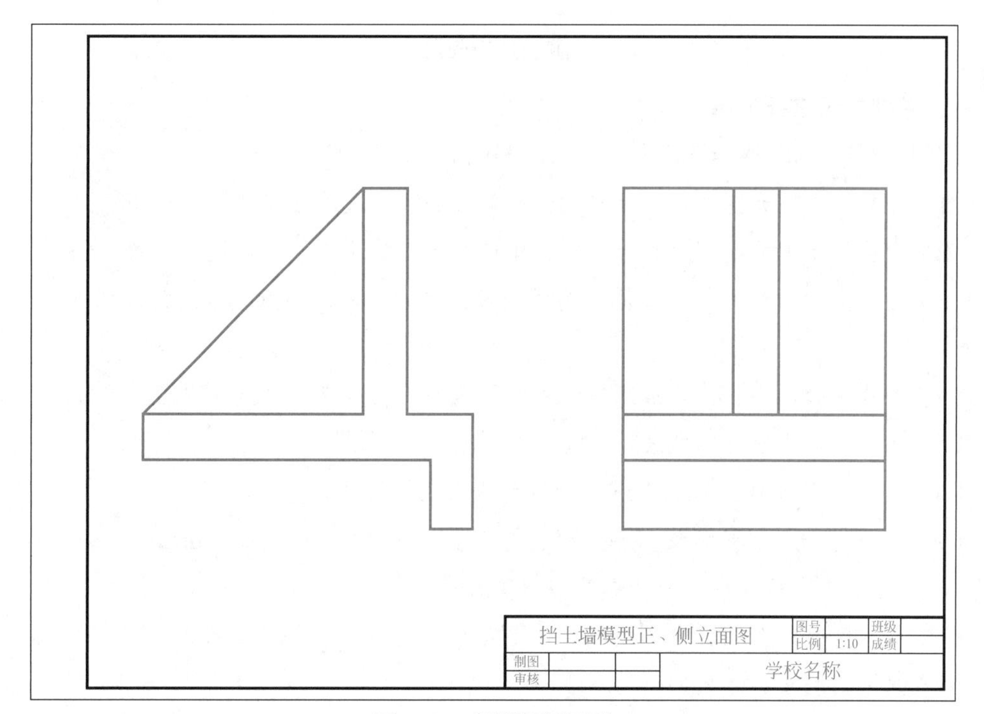

图 1–64　加粗加深图形

（6）按照要求将图形进行尺寸标注，修饰图形，成图，如图 1-65 所示。

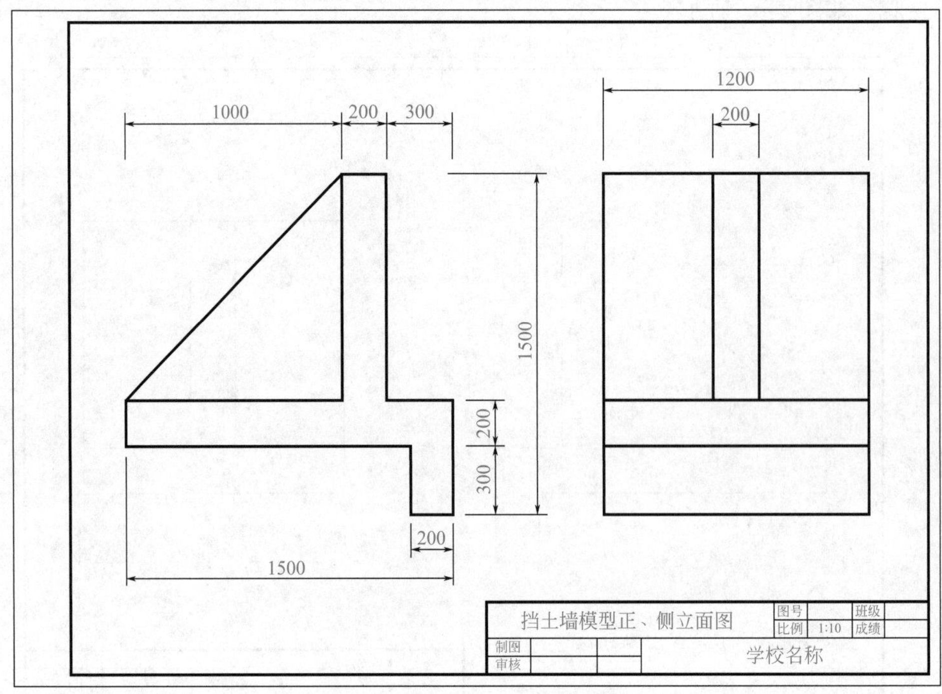

图 1-65　尺寸标注并修饰图形

能力训练题

一、基础知识掌握训练

1. 判断正误（对的在括号里打“√”，错的打“×”）

（1）通常称比例为图样中实物与图形相对应的线性尺寸之比。（　　）

（2）比值大于 1 的比例为放大比例，比值小于 1 的比例为缩小比例。（　　）

（3）图样上的尺寸单位可按需要选用毫米、厘米或米，图纸中未特殊注明的一般为毫米单位。（　　）

（4）给排水管、沟、槽及道路、场地、路基面等坡度宜用坡度符号表示。（　　）

（5）角度尺寸线应以圆弧表示。（　　）

（6）尺寸数字前加注符号“*SR*”表示为球的直径尺寸。(　　)

（7）高程符号应采用细实线绘制的等腰三角形表示，高 3mm，角度为 45°。（　　）

（8）尺寸宜标注在图样轮廓线以外，不宜与图线、文字及符号相交。（　　）

（9）尺寸的起止符号用实心箭头表示。（　　）

2. 选择正确的答案（有一个或多个正确答案）

（1）一个完整的尺寸应由（　　）部分组成。

A. 尺寸界线　　B. 尺寸线

C. 尺寸起止符号　　D. 尺寸数字

（2）常用比例有（　　）。

A. 1∶2　　B. 1∶2.5

C. 1∶3.3　　D. 1∶60

（3）采用 1∶2 的比例绘图时，图形所注的尺寸数字，必须为（　　）。

A. 实物的实际大小　　B. 图形尺寸大小

C. 实物尺寸的 2 倍　　D. 图形尺寸的 2 倍

（4）同一图样中尺寸数字的字号大小应一致，一般用（　　）号字。

A. 10　　B. 7

C. 5　　D. 3.5

（5）尺寸线绘制时，应注意尺寸线离轮廓线的间距≥（　　）mm，尺寸线之间的间距宜为（　　）mm。

A. 8，10　　B. 10，8

C. 5，5　　D. 10，5

二、识图与绘图能力训练

1. 利用绘图工具，1∶1 量取所给图形的尺寸（取整数）并标注。

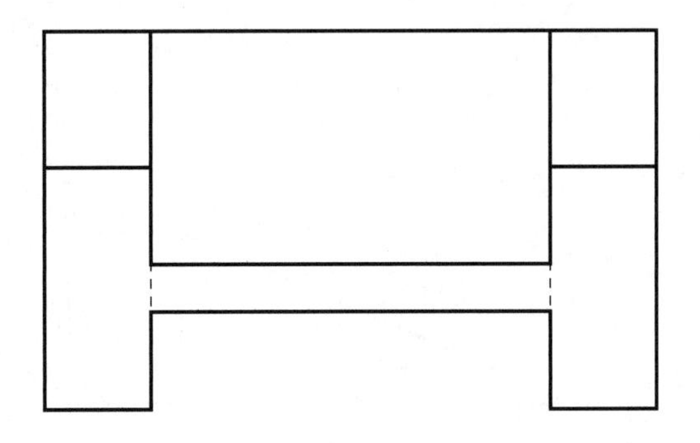

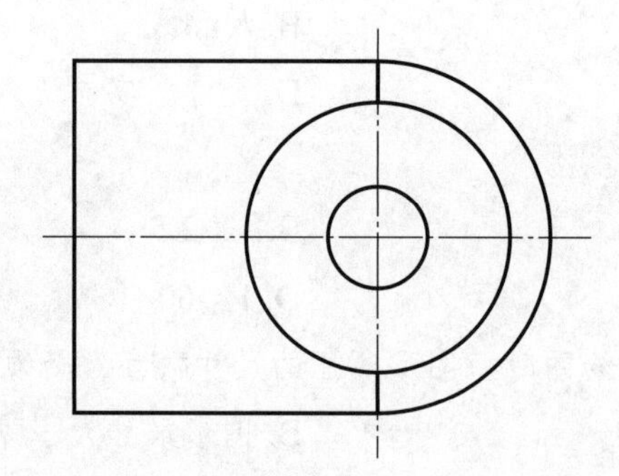

2. 本图中，上图尺寸标注有错误，请在下图上正确标注尺寸。

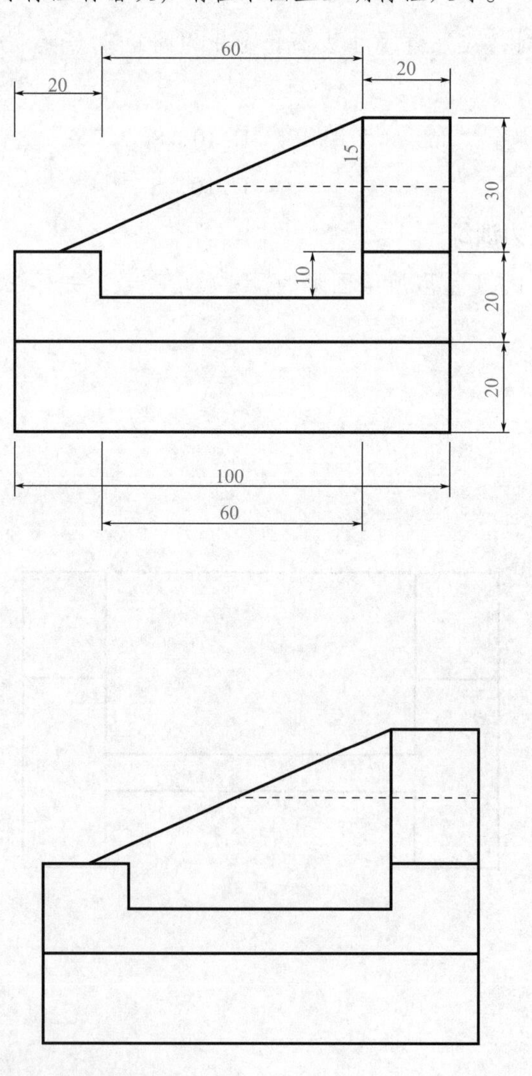

任务四 CAD 绘制挡土墙模型投影图

任务提出

在 AutoCAD 中绘制如图 1-66 所示的挡土墙模型正、侧立面图投影图。

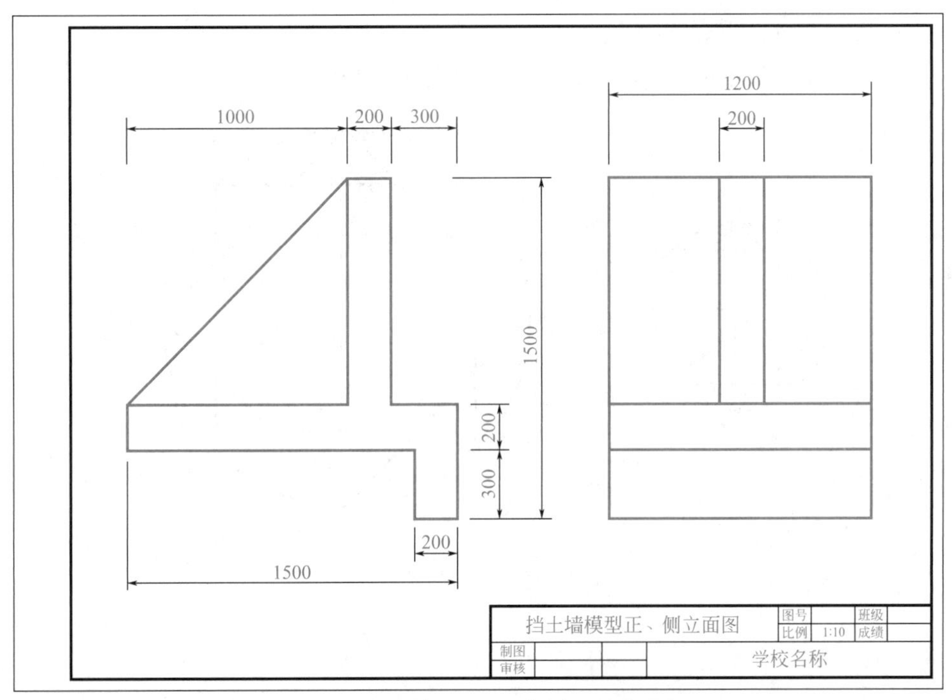

图 1-66　挡土墙模型正、侧立面图投影图

任务分析

如图 1-66 所示为挡土墙模型正、侧立面图。要运用 CAD 软件正确绘制该图样，除了掌握前面 AutoCAD 2018 中有关的绘图和编辑命令，还应学习比例缩放、尺寸标注的相关命令。

必备知识

一、缩放

缩放命令就是放大或缩小，可以成倍数缩放，也可以随意参照对象缩放大小。执行【缩

放】命令的方法有：

- 点击【修改】工具栏按钮：
- 快捷命令：SC（推荐使用）

【例 1-2】如图 1-67 所示，将 1-67（a）图所示的图形放大成 1-67（b）图所示的图形。

操作程序如下：

命令： SC

（1）选择对象：选定图形

（2）指定基点：指定圆心

（3）指定比例因子或 [复制（C）/ 参照（R）] <1.0000>: 2

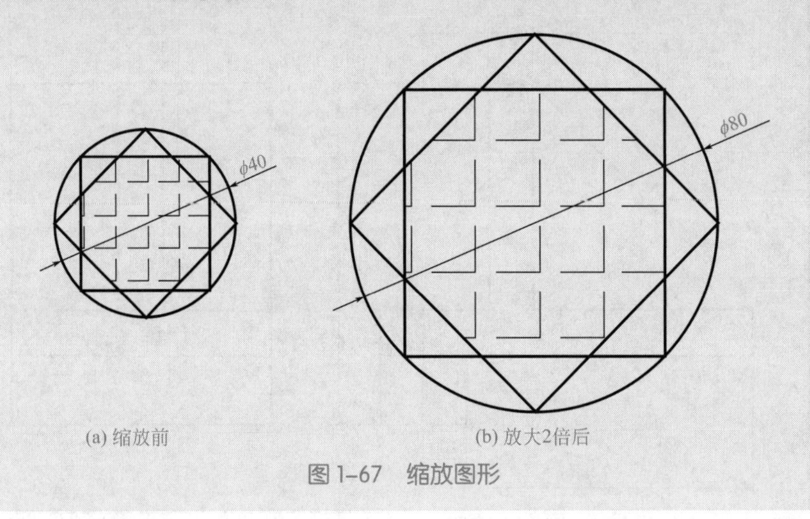

(a) 缩放前　　(b) 放大2倍后

图 1–67　缩放图形

二、尺寸标注

1. 标注样式

（1）标注样式管理器　AutoCAD 允许用户自行设置需要的标注样式，它是通过【标注样式管理器】对话框来完成的。

启动【标注样式管理器】对话框的方法有：

- 单击下拉菜单：【标注】→【标注样式】
- 【标注】工具按钮：
- 命令行：dimstyle
- 快捷命令：D

执行上述命令后，弹出如图 1-68 所示的【标注样式管理器】对话框。

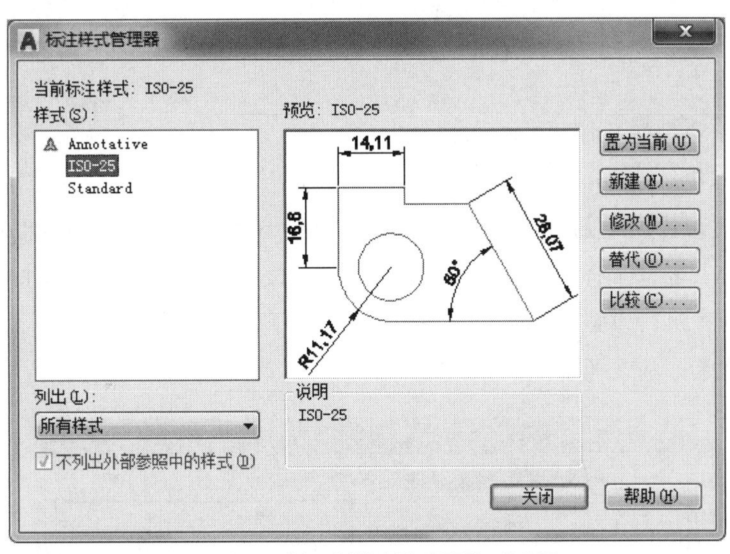

图 1-68 【标注样式管理器】对话框

（2）新建标注样式对话框　通常默认的标注样式 ISO-25 不完全适合我国的制图标准，用户在使用时，必须在它的基础上进行修改来创建需要的尺寸标注样式。新的标注样式是在【标注样式管理器】对话框中创建完成的。

在【标注样式管理器】对话框中单击 新建(N)... 按钮，弹出【创建新标注样式】对话框，在该对话框的【新样式名】编辑框中填写新的标注样式名，如图填写“工程”，在【基础样式】下拉列表中选择以哪一个标注样式为基础创建新标注样式；在【用于】下拉列表中选择新的标注样式的适用范围，如选择“直径标注”选项，新的标注样式只能用于直径的标注。如果勾选“注释性”复选框，则用这种样式标注的尺寸成为注释性对象。单击 继续 按钮，弹出【新建标注样式：工程】对话框，对话框的标题栏中加入了新建样式的名称。如图 1-69 所示。

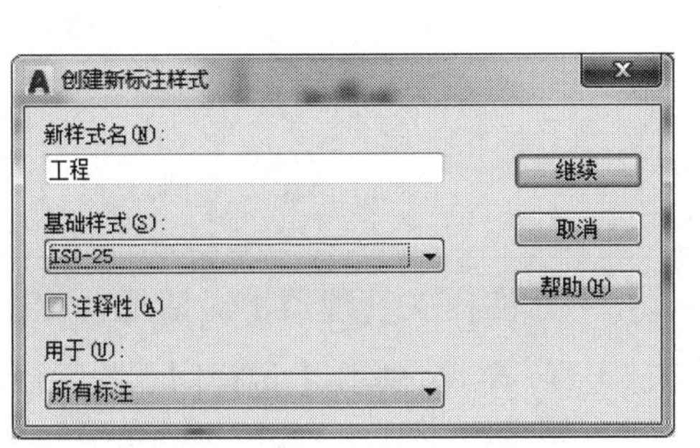

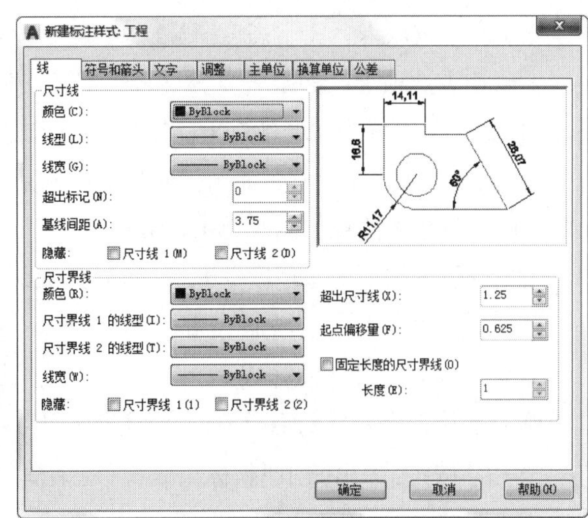

图 1-69 【新建标注样式】对话框

（3）创建新的标注样式实例　用户应该参照我国建筑制图标准规定，创建新的尺寸标注样式。

① 创建建筑线性尺寸标注样式。

单击下拉菜单：【标注】→【标注样式】，打开【标注样式管理器】对话框，单击 新建(N)... 按钮，弹出【创建新标注样式】对话框。在该对话框的【新样式名】编辑框中填写新的标注样式名“工程”；然后单击 继续 按钮，弹出【新建标注样式：工程】对话框，在对话框中进行设置。

【线】选项卡：基线间距“8”；超出尺寸线“2”，起点偏移量“2”。如图 1-70 所示。

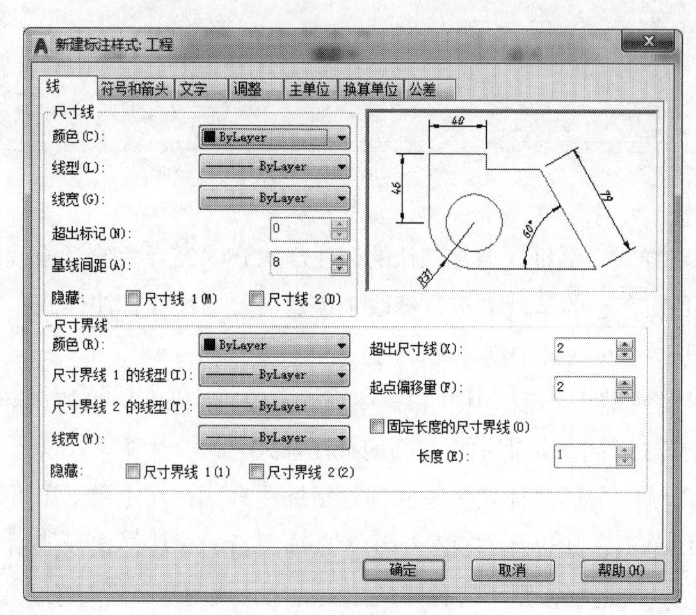

图 1-70　【线】选项卡

【符号和箭头】选项卡：箭头形式设为建筑标记，箭头大小设置为“2.5”。

【文字】选项卡：文字高度“3.5”，从尺寸线偏移“0.6”。

【调整】选项卡：如果设置为注释性对象，则文件中注释比例的选取应该等于图的最终比例。如果不设置为注释性对象，则应将全局比例设置为与出图比例相同，其余选项默认。如果采用 1∶1 的绘图比例，而图样的最终比例是 1∶100，可在此选择“注释性”复选框，并将文件右下角的注释比例改为 1∶100。

【主单位】选项卡：精度“0”，其余选项默认。

单击 确定 按钮，完成设置。

② 创建直径尺寸标注样式。

单击下拉菜单：【标注】→【标注样式】，打开【标注样式管理器】对话框，单击 新建(N)... 按钮，弹出【创建新标注样式】对话框。在“工程”样式的基础上选择用于圆直径，然后单击 继续 按钮，弹出【新建标注样式：直径】对话框，在对话框中进行设置。

【符号和箭头】选项卡：箭头形式设为实心闭合，箭头大小设置为“2.5”。

【文字】选项卡：文字高度“3.5”，ISO 标准，从尺寸线偏移“0.6”。

【调整】选项卡：调整选区，选择箭头；标注特征比例同建筑线性样式；优化选区选手动放置文字，在尺寸界线之间绘制尺寸线。

其余都和“工程”样式相同。单击 确定 按钮，完成设置。

③ 创建角度尺寸标注样式。

在标注角度尺寸时，不论是多大的角度，位置如何，都要求将尺寸数字水平放置。

单击下拉菜单：【标注】→【标注样式】，打开【标注样式管理器】对话框，单击 新建(N)... 按钮，弹出【创建新标注样式】对话框。在“工程”样式的基础上选择用于角度，然后单击 继续 按钮，弹出【新建标注样式：角度】对话框，在对话框中进行设置。

【符号和箭头】选项卡：箭头形式设为实心闭合，箭头大小设置为“2.5”。

【文字】选项卡：文字高度“3.5”，从尺寸线偏移“0.6”，文字对齐方式设为水平。

其余都和“工程”样式相同。单击 确定 按钮，完成设置。

2. 设置当前标注样式

在进行尺寸标注的时候，是按当前标注样式进行标注的。将已有标注样式置为当前样式的方法有：

① 在【标注样式管理器】对话框的【样式】显示框中选已有标注样式，然后单击 置为当前(U) 按钮。

② 在【标注样式管理器】对话框的【样式】显示框中选中已有标注样式，单击右键，选择快捷菜单中的【置为当前】选项。

③ 在【标注】工具栏或【样式】工具栏的【标注样式控制】下拉列表中，选择其中一种标注样式单击将其置为当前。

任务实施

（1）图层设置。如图 1-71 所示，打开图层特性管理器，点击新建图标，然后进行重命名。

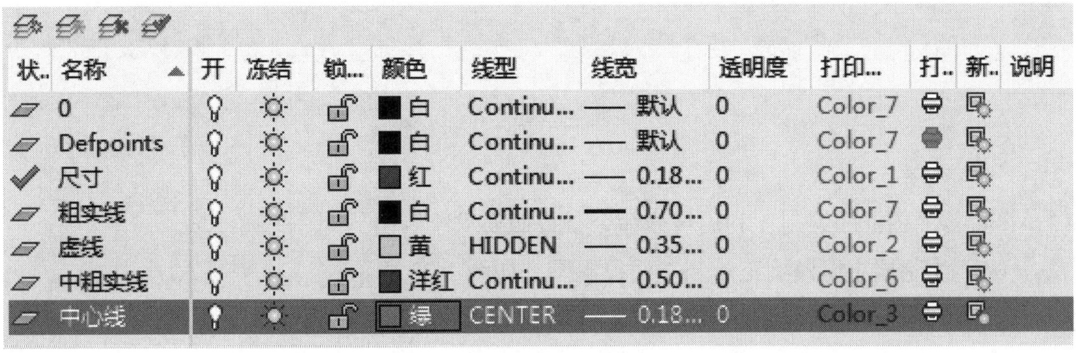

状..	名称	开	冻结	锁...	颜色	线型	线宽	透明度	打印...	打..	新..	说明
	0				白	Continu...	默认	0	Color_7			
	Defpoints				白	Continu...	默认	0	Color_7			
✔	尺寸				红	Continu...	0.18...	0	Color_1			
	粗实线				白	Continu...	0.70...	0	Color_7			
	虚线				黄	HIDDEN	0.35...	0	Color_2			
	中粗实线				洋红	Continu...	0.50...	0	Color_6			
	中心线				绿	CENTER	0.18...	0	Color_3			

图 1-71 图层设置

（2）文字样式设置。打开【文字样式】对话框，点击【新建】图标，然后进行重命名为“汉字”。字体名选择“gbenor.shx”，勾选“使用大字体”，设置字体样式为“gbcbig.shx”，其他选项不变。然后再新建“数字”文字样式，字体名选择“gbeitc.shx”，勾选“使用大字体”，设置字体样式为“gbcbig.shx”，其他选项不变。

（3）标注样式设置。打开【标注样式管理器】对话框，点击【新建】图标，然后进行重命名为“BZ”，点击【继续】按钮后，按照图 1-72 所示进行设置。

(a)【线】选项卡

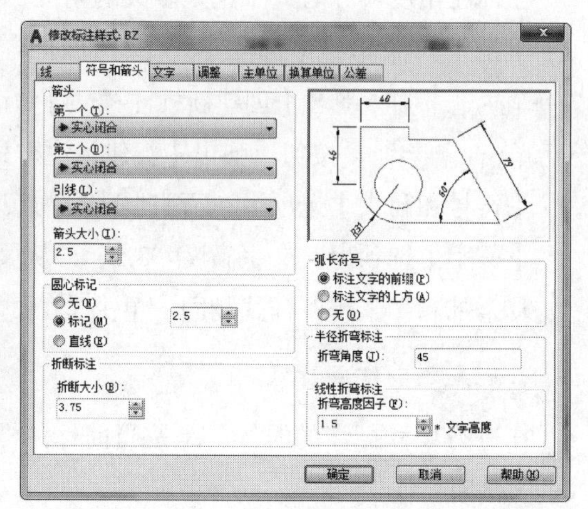

(b)【符号和箭头】选项卡

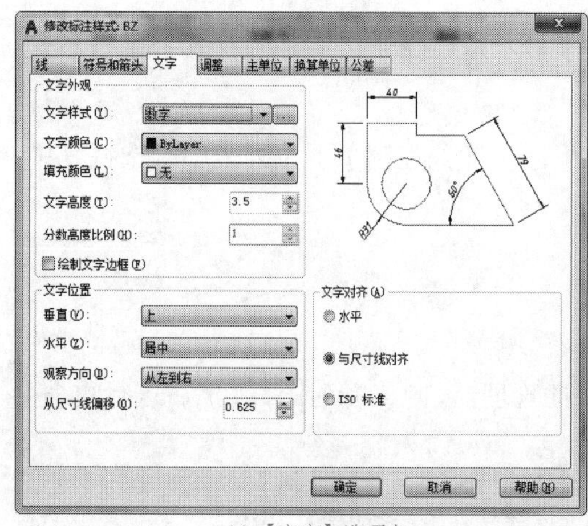

(c)【文字】选项卡

(d)【调整】选项卡

图 1-72 尺寸标注样式设置

（4）A3 图框的绘制，利用直线命令，按照要求绘制出 A3 图框。

（5）绘制挡土墙模型正、侧立面投影图，如图 1-73 所示。

（6）利用标注工具栏或者快捷键进行尺寸标注，如图 1-74 所示。

（7）保存文件。

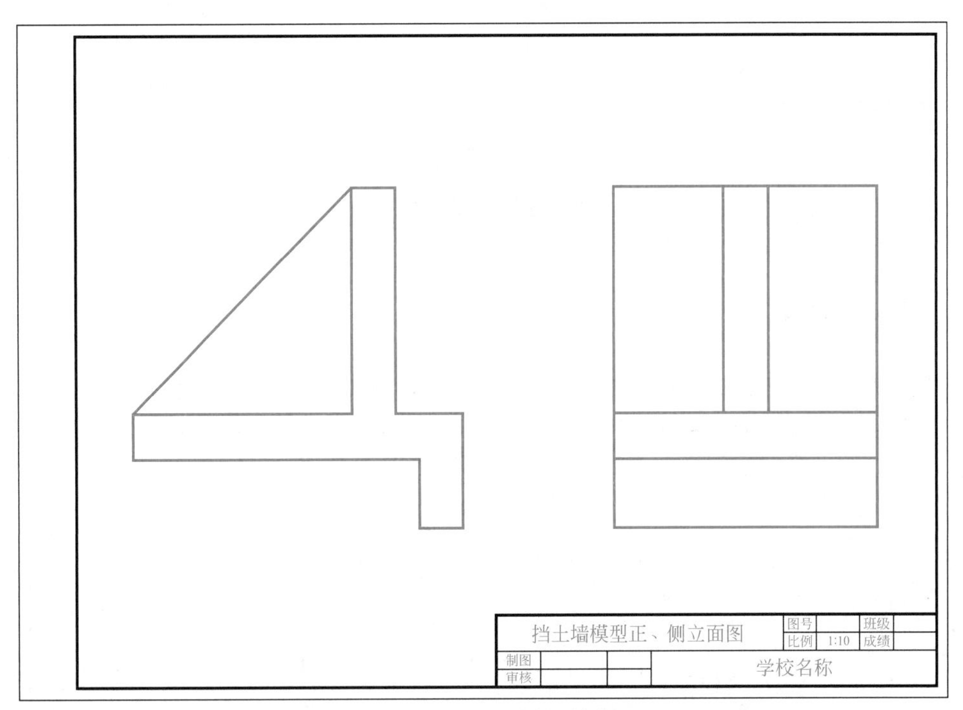

图 1-73 CAD 绘制挡土墙模型

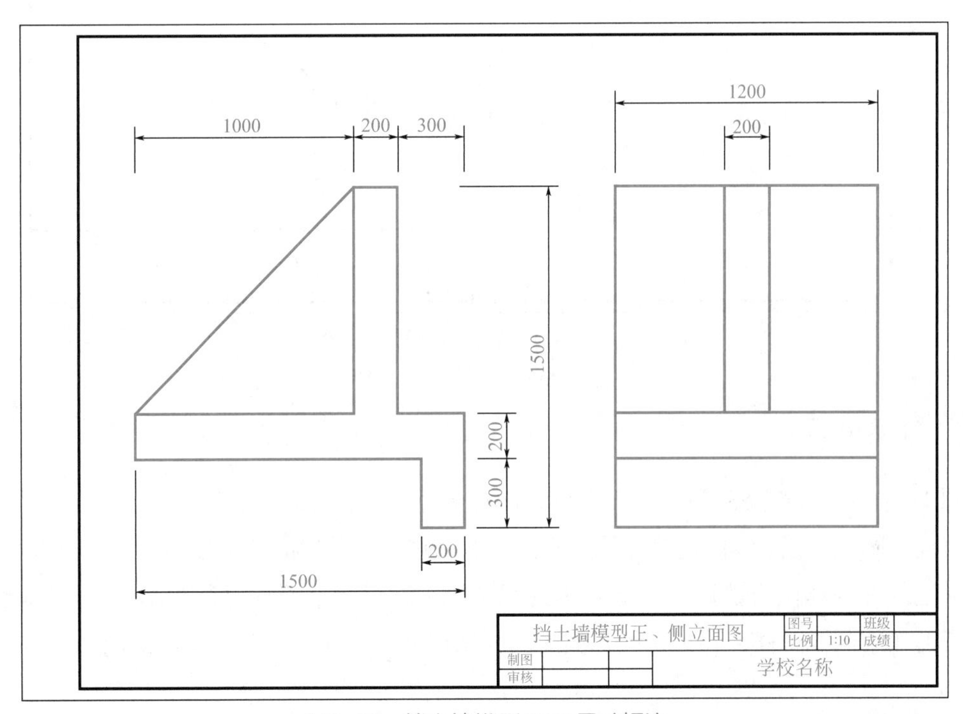

图 1-74 挡土墙模型 CAD 尺寸标注

任务五
绘制路徽图

任务提出

如图 1-75 所示，在 A3 图纸上抄绘路徽平面图样。要求图样正确，标注尺寸，比例合适。

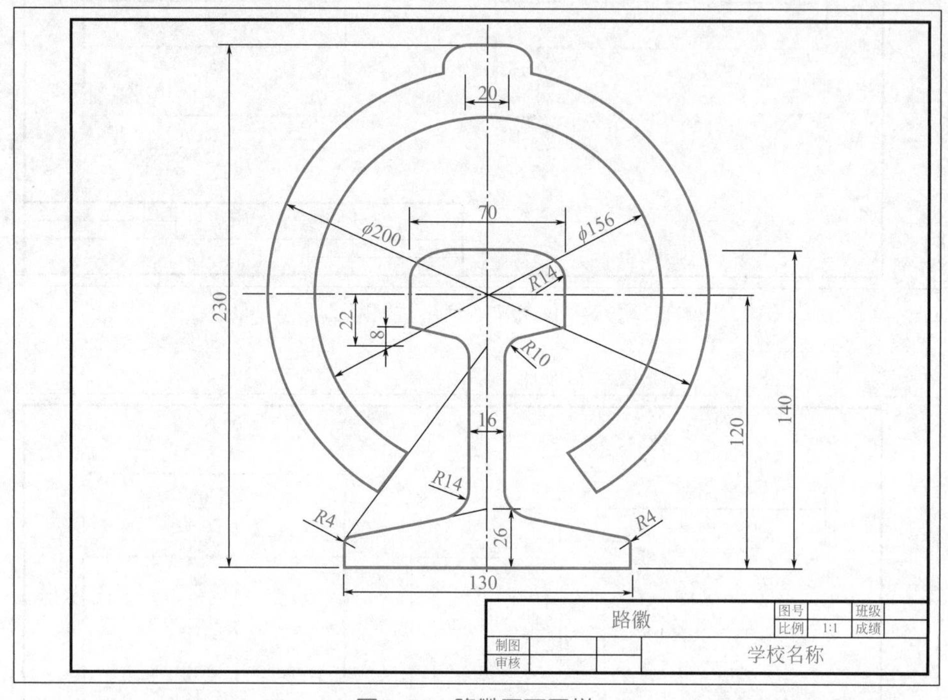

图 1–75　路徽平面图样

任务分析

图 1-75 为一张铁路路徽的平面图样，图样采用了 A3 的横式图幅，比例 1：1，同时图样中出现了圆弧连接、线段连接等几何作图内容，它需要学生能熟练使用制图工具及仪器，学会一定的几何作图方法以及具备基本的识图能力，最后准确地绘制出本图样。因此，要正确识读和绘制该图样，除了熟练掌握前面的知识外，还应掌握几何作图的内容和方法。

必备知识

一、等分任意已知线段

已知直线 *AB*，请将 *AB* 作 5 等分，如图 1-76（a）。作图步骤：

（1）过点 A 作任意直线 AC，在 AC 上用圆规或直尺任意截取 5 等分，并连接 B、5，如图 1-76（b）；

（2）过各等分点作 BC 的平行线，交于 AB 得 4 个点，即分 AB 为 5 等分，如图 1-76（c）。

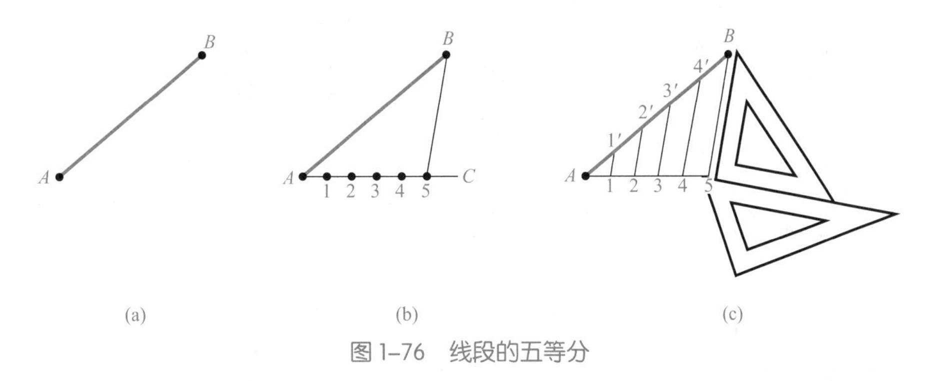

图 1–76　线段的五等分

二、圆的内接正多边形

1. 圆的内接正六边形

已知圆 O，作已知圆的内接正六边形。作图步骤：

（1）分别以点 1、3 为圆心，以圆的半径为半径画圆弧，与圆分别相交于点 A、B 和点 C、D，如图 1-77（a）所示；

（2）依次连接点 A、1、B、D、3、C，即为圆的内接正六边形，如图 1-77（b）所示。

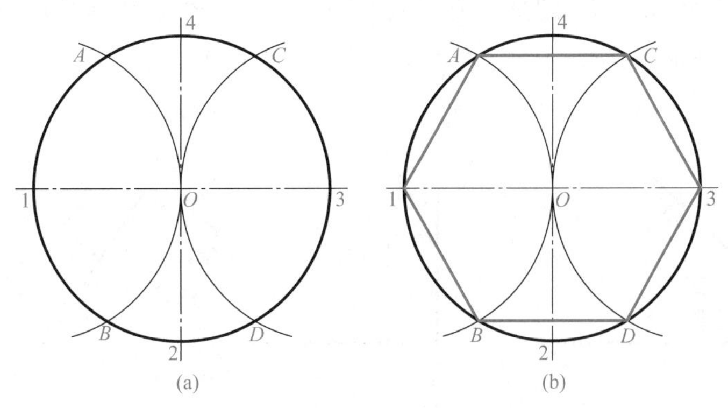

图 1–77　圆的内接正六边形

2. 圆的内接正五边形

已知圆 O，作已知圆的内接正五边形。作图步骤：

（1）分别以相邻两个象限点 1、2 为圆心，以外接圆直径为半径，即点 1、3 距离为半径，画弧线得到交点 F，如图 1-78（a）所示；

（2）以圆心 O 到圆外所画两弧线交点 F 的距离 OF 为半径，以一个象限点 4 为圆心，画弧线与圆相交于点 A、D，再分别以 A、D 为圆心，OF 为半径，画弧线与圆相交于点 B、C，如图 1-78（b）所示；

（3）依次连接点 4、A、B、C、D，即为圆的内接正五边形，如图 1-78（c）所示。

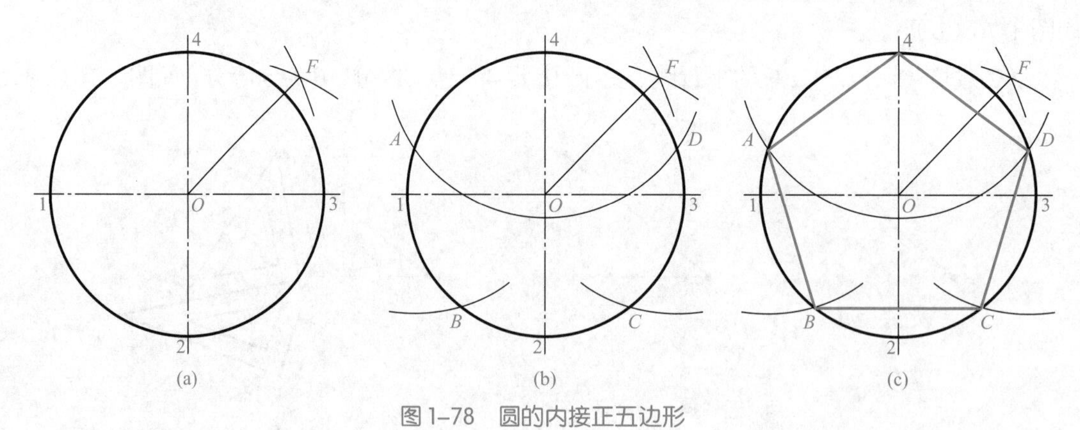

图 1–78　圆的内接正五边形

三、圆弧连接

工程图中经常需要用圆弧与直线或圆弧线光滑相切地连接，如本任务图样中的平面曲线、竖向曲线等。圆弧连接的关键是根据已知条件，准确地求作出连接圆弧的圆心和切点（即连接点）。

常见的圆弧连接方法

1. 直线与直线的圆弧连接（图 1–79）

（1）已知直线 AB、AC、圆弧的半径 R；

（2）分别在直线 AB、AC 的垂直方向间距为 R 的位置作出平行线 L_1、L_2，相交于点 O；

（3）过点 O 分别作 AB、AC 的垂直线，分别交于点 1、2；

（4）以 O 点为圆心，R 为半径，连接点 1、2，即为所求。

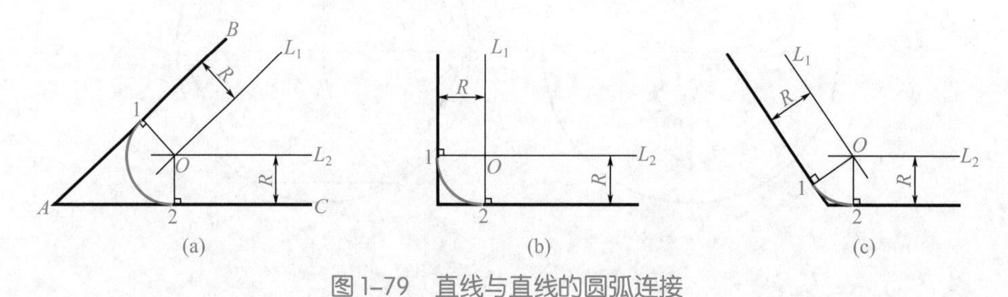

图 1–79　直线与直线的圆弧连接

2. 直线与圆弧的圆弧连接（图 1–80）

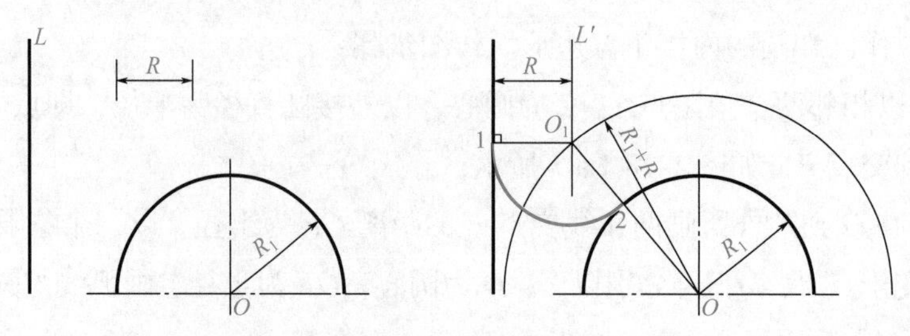

图 1–80　直线与圆弧的圆弧连接

（1）已知直线 L 和半径为 R_1 的圆弧，连接直线与圆弧的半径为 R；

（2）作 L 的平行线 L'，间距为 R，以 O 点为圆心，R_1+R 为半径，画圆弧，与 L' 相交于 O_1；

（3）以 O_1 为圆心，R 为半径，连接点 1、2 即为所求。

3. 圆弧间的外切连接（图 1–81）

（1）已知半径为 R_1 和 R_2 的两圆弧，连接圆弧的半径为 R；

（2）以 O_1 为圆心，$R+R_1$ 为半径，作圆弧；以 O_2 为圆心，$R+R_2$ 为半径，作圆弧，两圆弧相交于 O；

（3）以 O 为圆心，R 为半径，作圆弧 AB 即为所求。

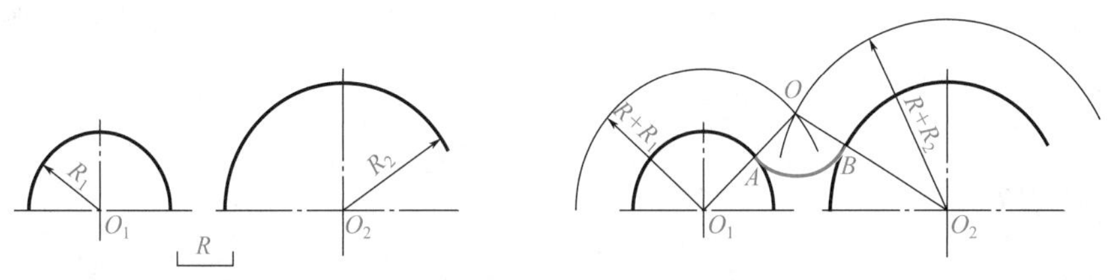

图 1–81　圆弧间的外切连接

4. 圆弧间的内切连接（图 1–82）

（1）已知半径为 R_1 和 R_2 的两圆弧，连接圆弧的半径为 R，求作圆弧与已知两圆弧 O_1 和 O_2 外切连接；

（2）以 O_1 为圆心，$R-R_1$ 为半径，作圆弧；以 O_2 为圆心，$R-R_2$ 为半径，作圆弧，两圆弧相交于 O；

（3）以 O 为圆心，R 为半径，作圆弧 AB 即为所求。

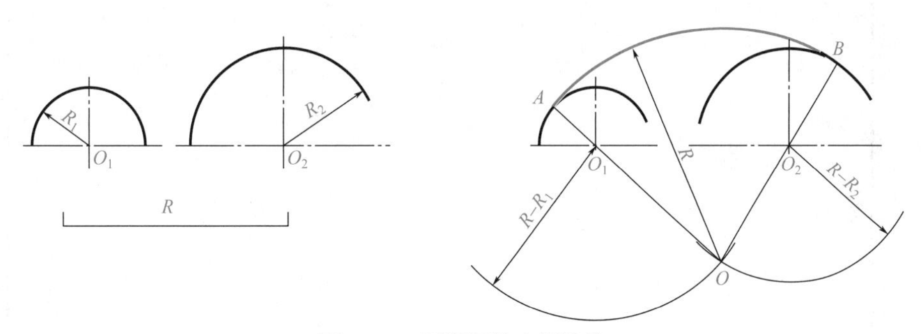

图 1–82　圆弧间的内切连接

四、平面图形的分析

1. 平面图形的尺寸分析

（1）平面图形的尺寸标注要求：正确、合理、完整。即要符合国家标准，不多余、不遗漏、准确清晰地标注在合理位置。

（2）平面图形的尺寸分析如下。

定形尺寸：确定图形中的长度、圆的直径大小等物体形状的尺寸称为定形尺寸；

定位尺寸：确定平面图形中各个部位之间相对位置的尺寸称为定位尺寸；

总尺寸：平面图形中，如有需要，对物体总长、总宽、总高的尺寸称为总尺寸；

尺寸基准：水平、铅垂两个方向的尺寸起点为尺寸基准，绘图时应合理确定。

2. 平面图形中的线段分析

（1）已知线段：具备完全的定形和定位尺寸，能直接画出而不需依赖其他线段；

（2）中间线段：具有定形尺寸而定位尺寸仅有一处，画出的同时尚需部分依赖其他线段；

（3）连接线段：只有定形尺寸而无定位尺寸，全部依赖于其他线段才能画出。

根据相关的规定以及平时的作图习惯，在平面图形的作图过程中，应遵循先画已知线段，再画中间线段，最后才画连接线段的顺序。

任务实施

（1）准备工作。准备好工具，熟悉好所绘内容，将有关资料或图纸放在手边，方便查阅。

（2）确定图幅，绘制好图框、标题栏，根据图样尺寸确定好比例。任务中，比例可以参考选择 1∶1。如图 1-83 所示。

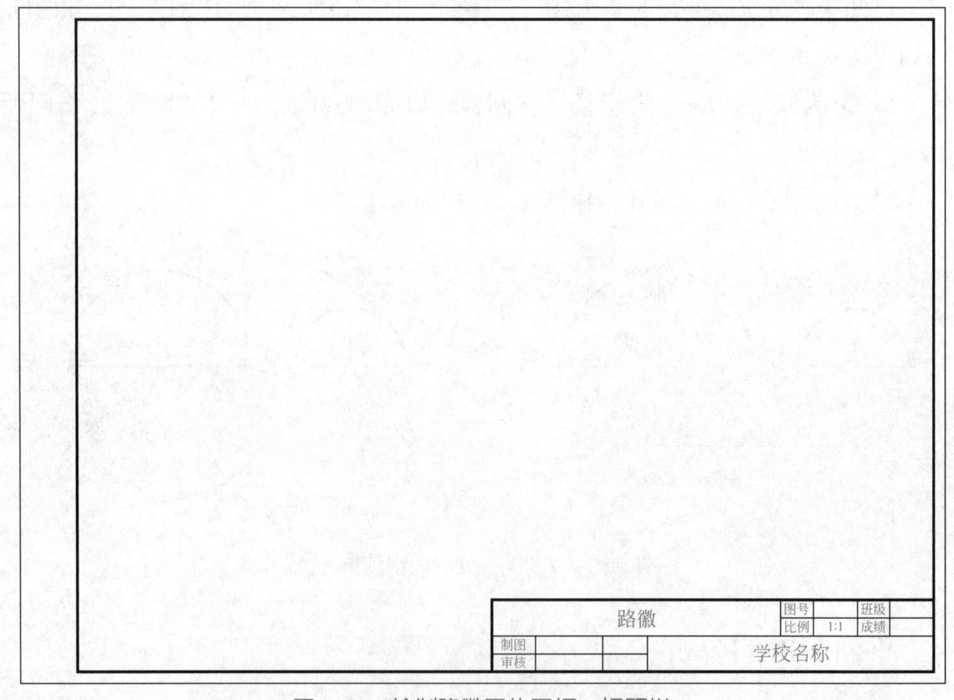

图 1-83　绘制路徽图的图框、标题栏

（3）根据图形尺寸，确定好比例后，先用 H 型铅笔定位，居中布好图形位置，注意要考虑尺寸标注预留的位置。如图 1-84 所示。

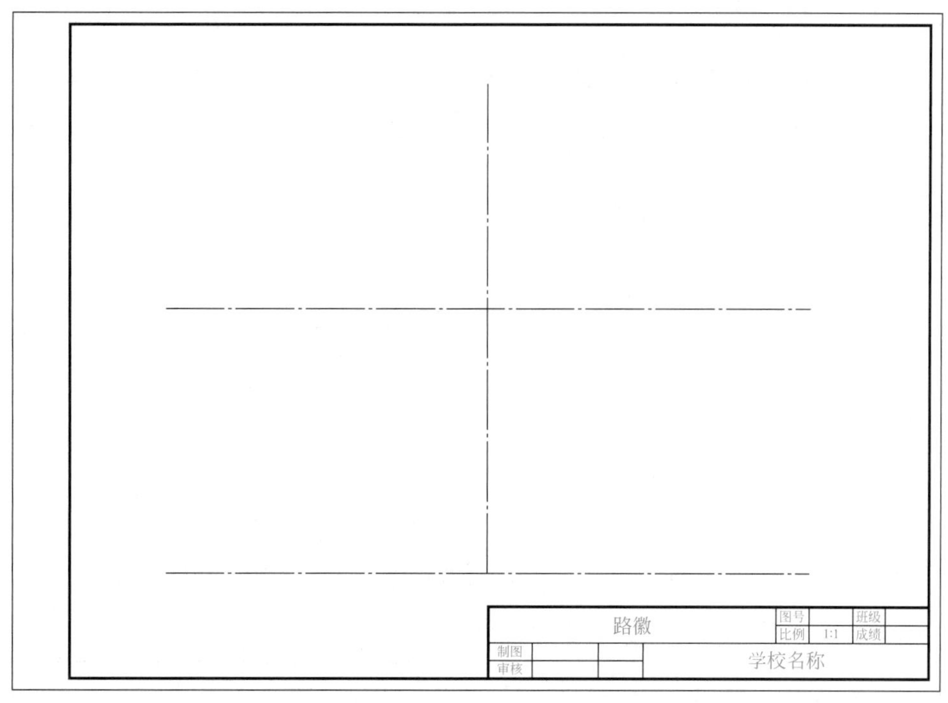

图 1-84　路徽图的布图、定出基准线

（4）根据图形的尺寸，绘制出底稿，绘制底稿时先画已知线段，再画中间线段，最后画出连接线段，检查无误后，加粗加深。如图 1-85 所示。

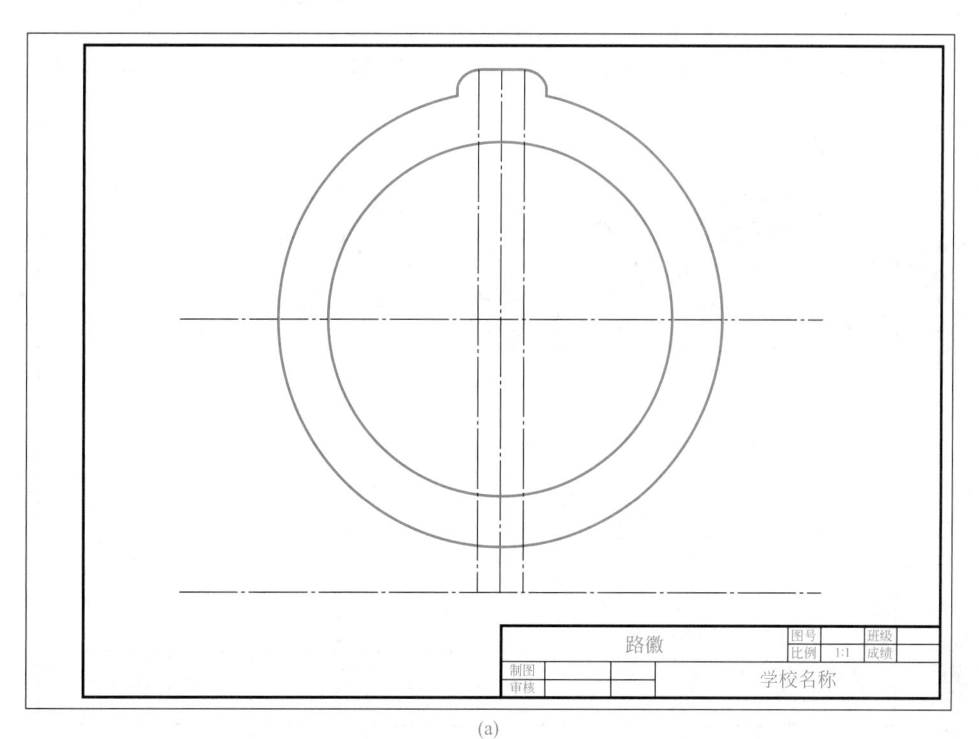

(a)

图 1-85

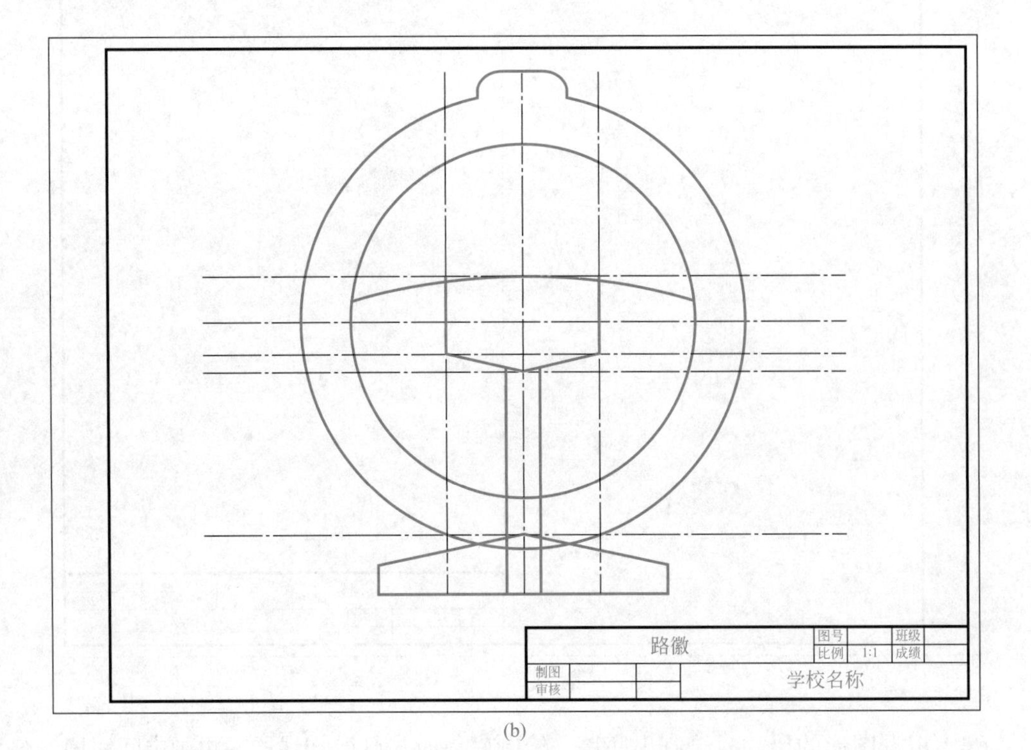

(b)

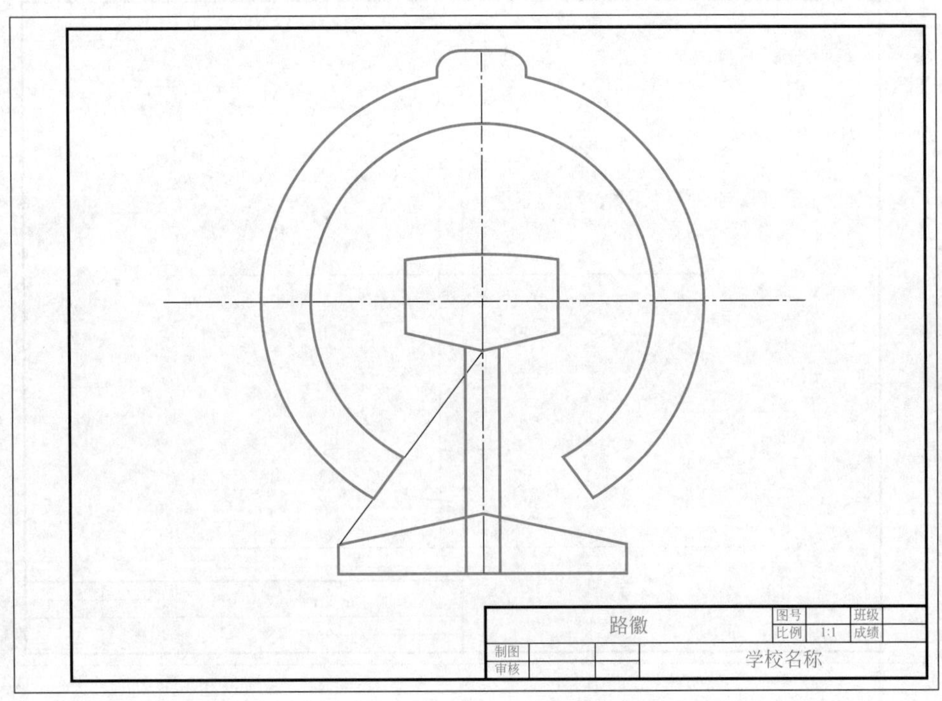

(c)

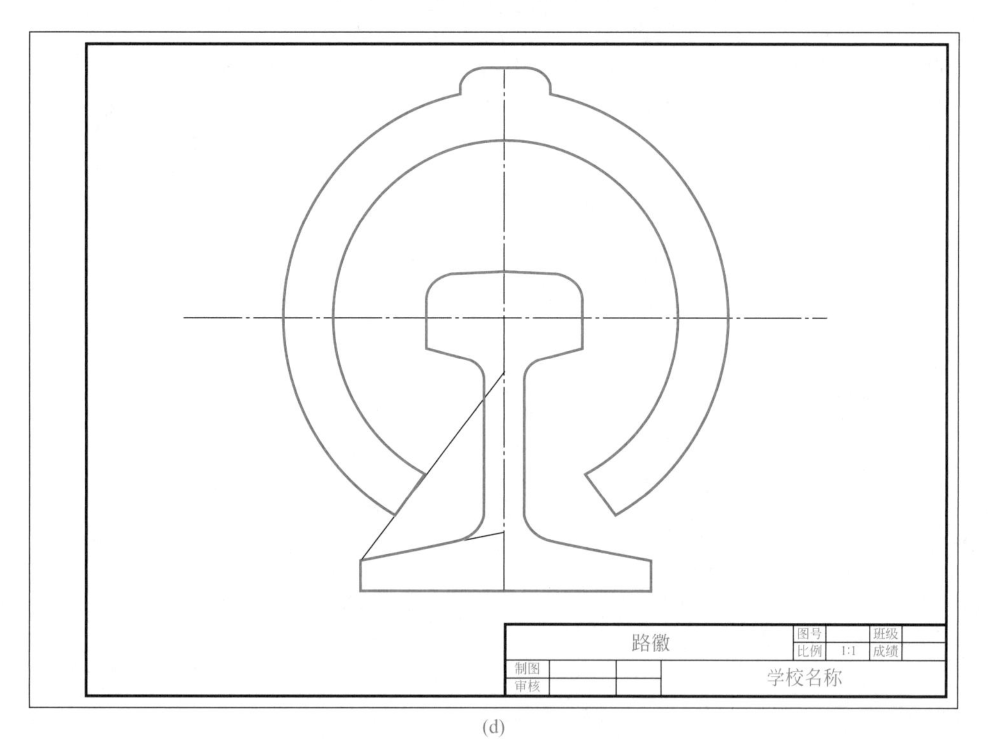

(d)

图 1-85　手绘路徽图形

（5）尺寸标注，修饰图形，如图 1-86 所示。

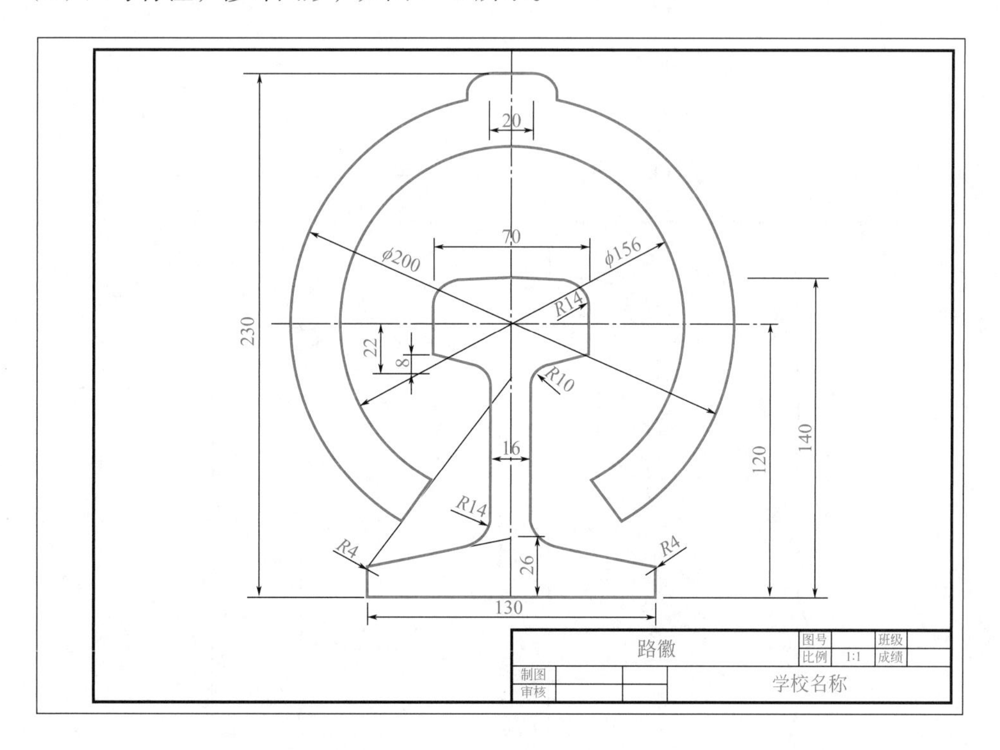

图 1-86　手绘路徽的尺寸标注

能力训练题

识图与绘图能力训练

1. 利用绘图工具，在A4图纸上1∶1绘制所给图形并标注。

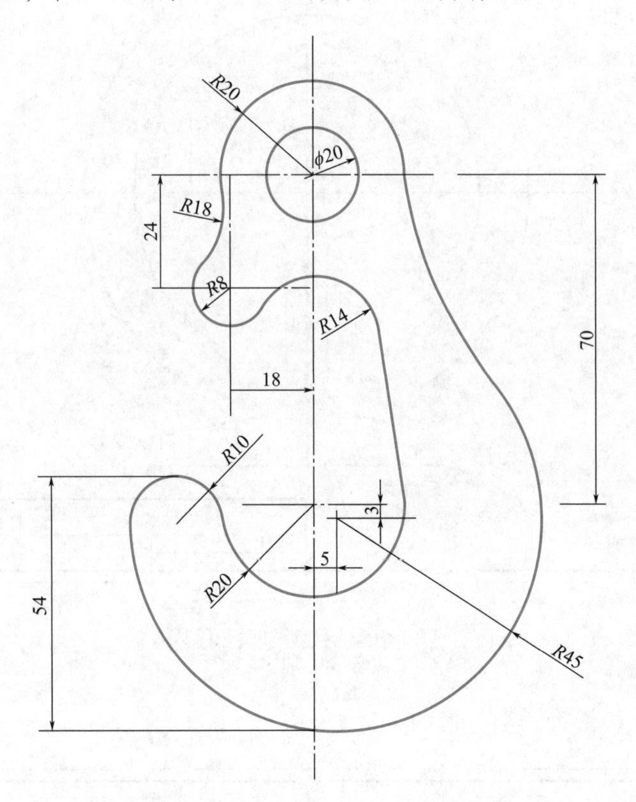

2. 利用绘图工具，选取合适的比例在下方绘制所给图形并标注。

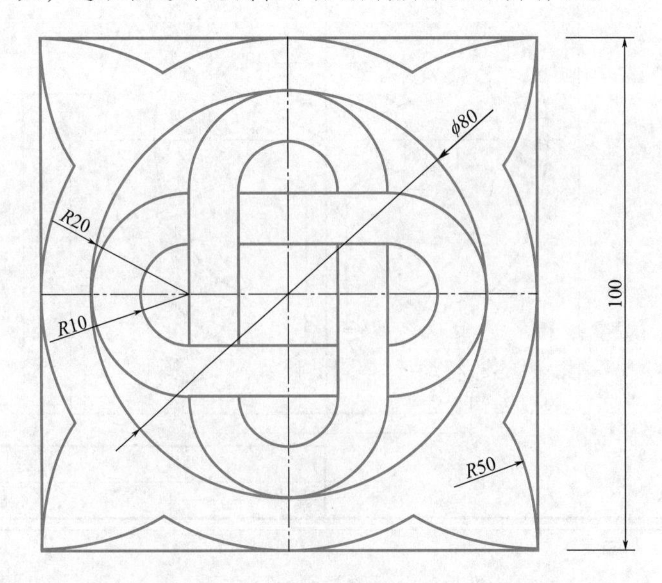

任务六
CAD 绘制路徽图

任务提出

用 AutoCAD 2018 绘制如图 1-87 所示的铁路路徽平面图形。

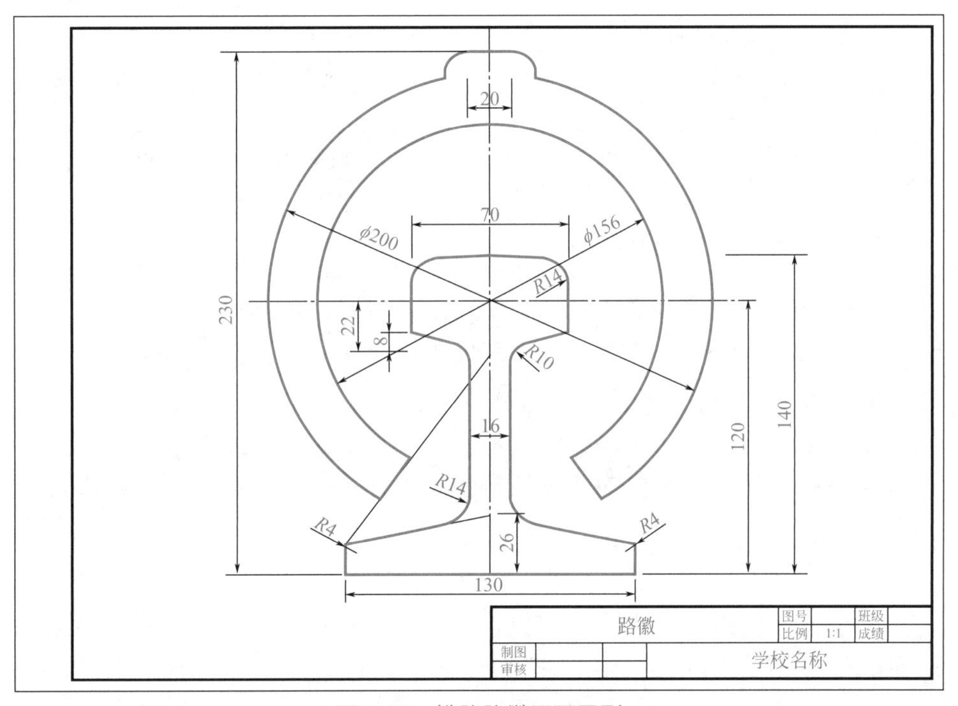

图 1-87　铁路路徽平面图形

任务分析

如图 1-87 所示为路徽平面图形，要运用 CAD 软件正确绘制该图样，除了掌握前面 AutoCAD 中有关的绘图和编辑命令，还应学习圆、圆角、偏移、修剪的相关命令。

必备知识

一、圆

圆是绘图过程中使用最多的基本图形元素之一，常用于画构造柱、定位轴线等。执行【圆】绘制命令的方法有：

- 下拉菜单：【绘图】→【圆】

- 工具栏按钮：
- 快捷键：C

绘制圆的方式：用“圆心和半径” 方式画圆和用“圆心和直径”方式画圆。

（1）用“圆心和半径”方式画圆

【例 1–3】利用“圆心和半径”的方式，绘制半径为 50 的圆。

如图 1-88 所示的操作过程，运行命令“C”，指定圆心位置，输入圆的半径 50，可绘制出半径为 50 的圆。

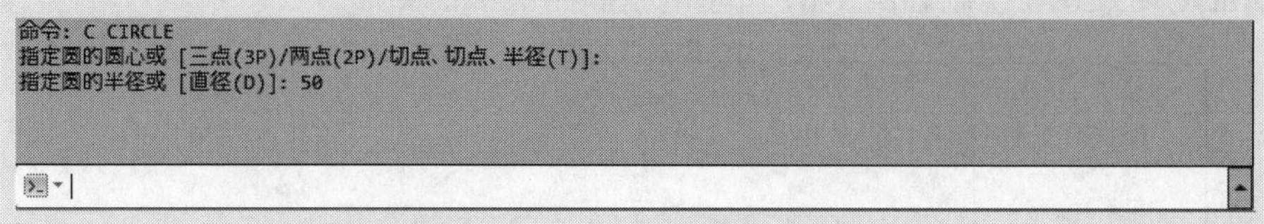

图 1–88 用“圆心和半径” 方式画圆

（2）用“圆心和直径”方式画圆

【例 1–4】利用“圆心和直径”的方式，绘制直径为 50 的圆。

如图 1-89 所示的操作过程，运行命令“C”，先指定圆心位置，输入直径“D”，输入圆的直径 50，可绘制出直径为 50 的圆。

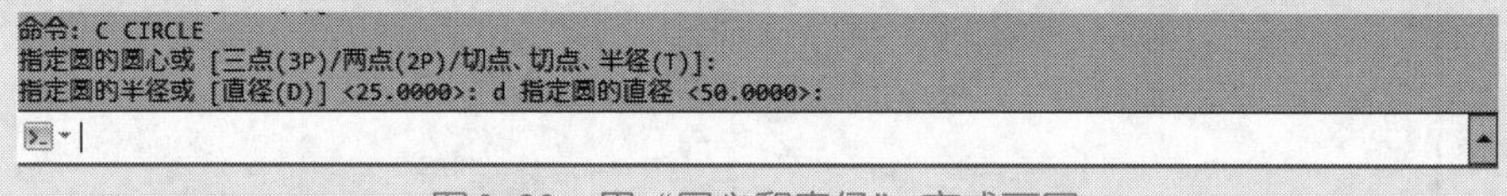

图 1–89 用“圆心和直径” 方式画圆

除了这两种绘制圆的方法外，还可以在【绘图】菜单下的绘图命令中，选择其他的绘制圆的方式。如图 1-90 所示。

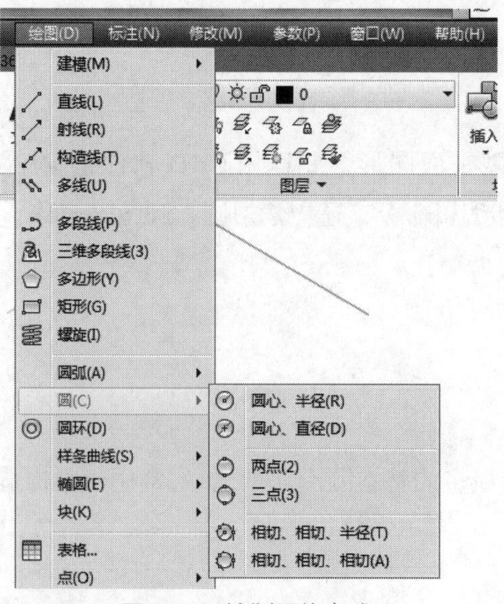

图 1–90 绘制圆的方式

二、圆角

圆角是绘图过程中使用最多的基本图形元素之一，常用于连接线段、圆弧连接等。执行【圆角】绘制命令的方法有：

- 下拉菜单：【修改】→【圆角】
- 工具栏按钮：
- 快捷键：F

【例 1–5】已知矩形如图 1-91 所示，试将矩形的四角修改为半径为 15 的圆角。

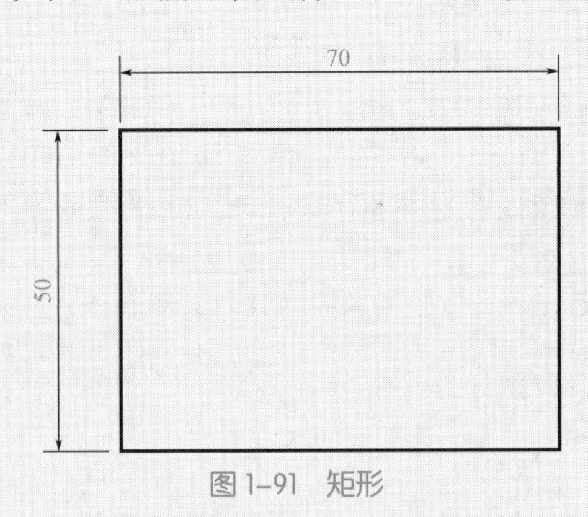

图 1–91　矩形

如图 1-92 所示，绘制命令如下。

```
命令: F FILLET
当前设置: 模式 = 修剪, 半径 = 15.0000
选择第一个对象或 [放弃(U)/多段线(P)/半径(R)/修剪(T)/多个(M)]: r 指定圆角半径 <15.0000>: 15
选择第一个对象或 [放弃(U)/多段线(P)/半径(R)/修剪(T)/多个(M)]:
选择第二个对象, 或按住 Shift 键选择对象以应用角点或 [半径(R)]:
命令:  FILLET
当前设置: 模式 = 修剪, 半径 = 15.0000
选择第一个对象或 [放弃(U)/多段线(P)/半径(R)/修剪(T)/多个(M)]:
选择第二个对象, 或按住 Shift 键选择对象以应用角点或 [半径(R)]:
命令:  FILLET
当前设置: 模式 = 修剪, 半径 = 15.0000
选择第一个对象或 [放弃(U)/多段线(P)/半径(R)/修剪(T)/多个(M)]:
选择第二个对象, 或按住 Shift 键选择对象以应用角点或 [半径(R)]:
命令:  FILLET
当前设置: 模式 = 修剪, 半径 = 15.0000
选择第一个对象或 [放弃(U)/多段线(P)/半径(R)/修剪(T)/多个(M)]:
选择第二个对象, 或按住 Shift 键选择对象以应用角点或 [半径(R)]:
命令: *取消*
命令:
```

图 1–92　圆角的绘制命令

三、偏移

利用【偏移】命令对直线、圆或矩形等对象进行偏移，可以绘制一组平行线、同心圆或同心矩形等图形。启动【偏移】命令的方法有：

- 下拉菜单：【修改】→【偏移】

- 标准工具栏按钮：
- 命令行：offset
- 快捷键：O

【例 1-6】已知直线 AB，利用【偏移】命令在直线 AB 下方绘制一条直线 C，其与直线 AB 的间距为 5。

点击下拉菜单【修改】→【偏移】，命令行提示如下。

```
命令 : offset                                                   // 启动【偏移】命令
当前设置 : 删除源 = 否   图层 = 源   OFFSETGAPTYPE=0
指定偏移距离或 [ 通过 (T) / 删除 (E) / 图层 (L) ]:5              // 输入偏移值
选择要偏移的对象，或 [ 退出 (E) / 放弃 (U) ] <退出>: 选直线 AB
                                                                // 选择要偏移的对象
指定要偏移的那一侧上的点，或 [ 退出 (E) / 多个 (M) / 放弃 (U) ] <退出>: 单击 C 点一侧
                                                                // 选择偏移方向
选择要偏移的对象，或 [ 退出 (E) / 放弃 (U) ] <退出>:  * 取消 *
                                                                // 回车结束命令
```

四、修剪

【修剪】命令可以准确地剪切掉选定对象超出指定边界的部分，这个边界称为剪切边。启动【移动】命令的方法有：

- 下拉菜单：【修改】→【修剪】
- 标准工具栏按钮：
- 命令行：Trim
- 快捷键：tr

【例 1-7】如图 1-93 所示，将左边的图样修剪成右边的图样。

点击下拉菜单【修改】→【修剪】，命令行提示如下。

```
命令 : Trim
当前设置 : 投影 =UCS，边 = 无
选择剪切边 ...
选择对象或 <全部选择>:  找到 1 个
选择对象 : 找到 1 个，总计 2 个
选择对象 : 找到 1 个，总计 3 个
选择对象 :
选择要修剪的对象，或按住 Shift 键选择要延伸的对象，或
[ 栏选 (F) / 窗交 (C) / 投影 (P) / 边 (E) / 删除 (R) / 放弃 (U) ]:
```

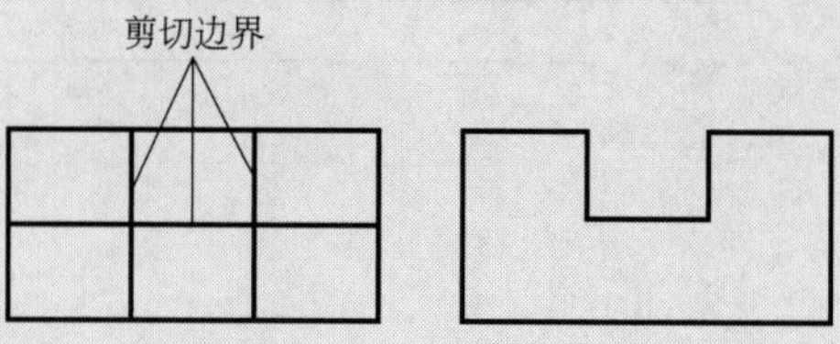

图 1-93 修剪图形

任务实施

（1）图层设置。如图 1-94 所示，打开图层特性管理器，点击【新建】图标，然后进行重命名。

状..	名称	开	冻结	锁...	颜色	线型	线宽	透明度	打印...	打..	新..	说明
	0				白	Continu...	默认	0	Color_7			
	Defpoints				白	Continu...	默认	0	Color_7			
✓	尺寸				红	Continu...	0.18...	0	Color_1			
	粗实线				白	Continu...	0.70...	0	Color_7			
	虚线				黄	HIDDEN	0.35...	0	Color_2			
	中粗实线				洋红	Continu...	0.50...	0	Color_6			
	中心线				绿	CENTER	0.18...	0	Color_3			

图 1-94 图层设置

（2）文字样式设置。打开【文字样式】对话框，点击【新建】图标，然后进行重命名为“汉字”。字体名选择“gbenor.shx”，勾选“使用大字体”，设置字体样式为“gbcbig.shx”，其他选项不变。然后再新建“数字”文字样式，字体名选择“gbeitc.shx”，勾选“使用大字体”，设置字体样式为“gbcbig.shx”，其他选项不变。

（3）标注样式设置。参考本模块任务四的标注样式设置。

（4）A3 图框的绘制，利用直线、偏移、修剪命令，按照要求绘制出 A3 图框。

（5）绘制路徽平面图形，如图 1-95 所示。

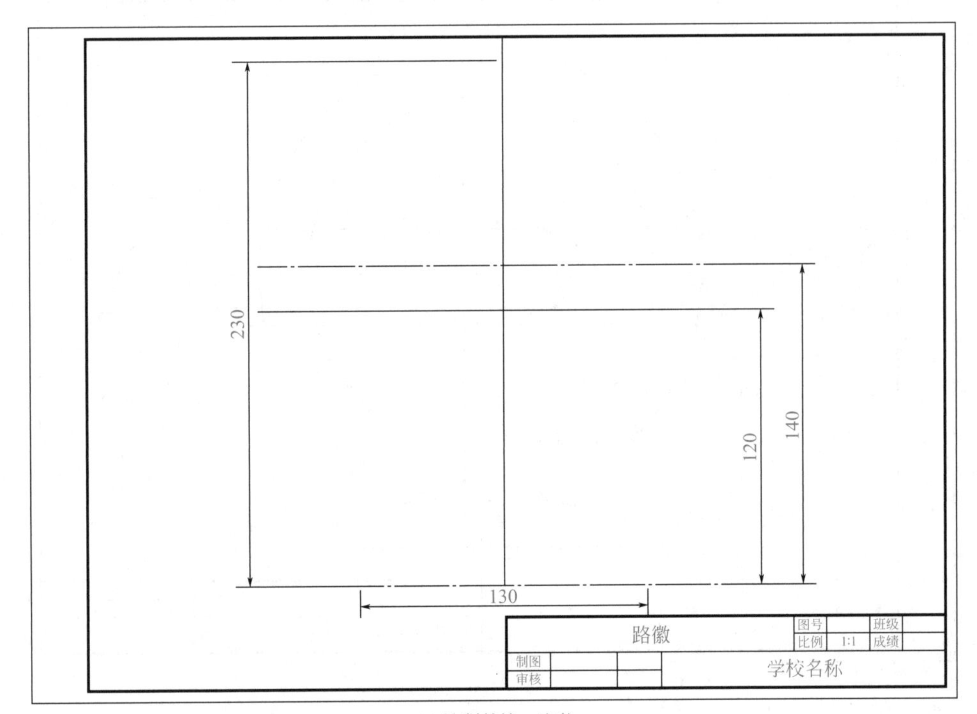

(a) 绘制基线，定位

图 1-95

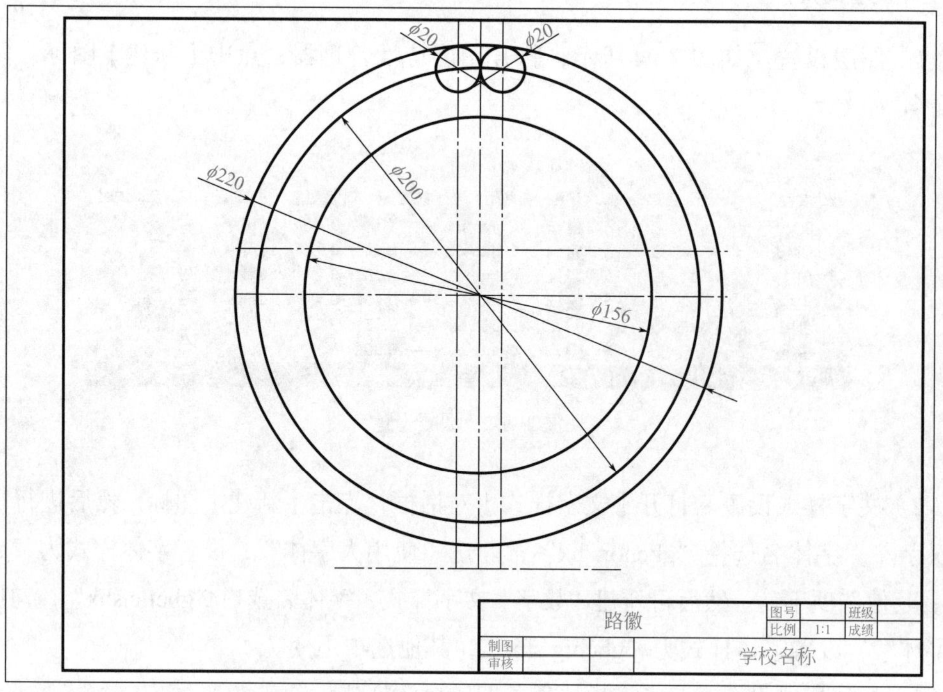

(b) 绘制外部轮廓，然后修剪

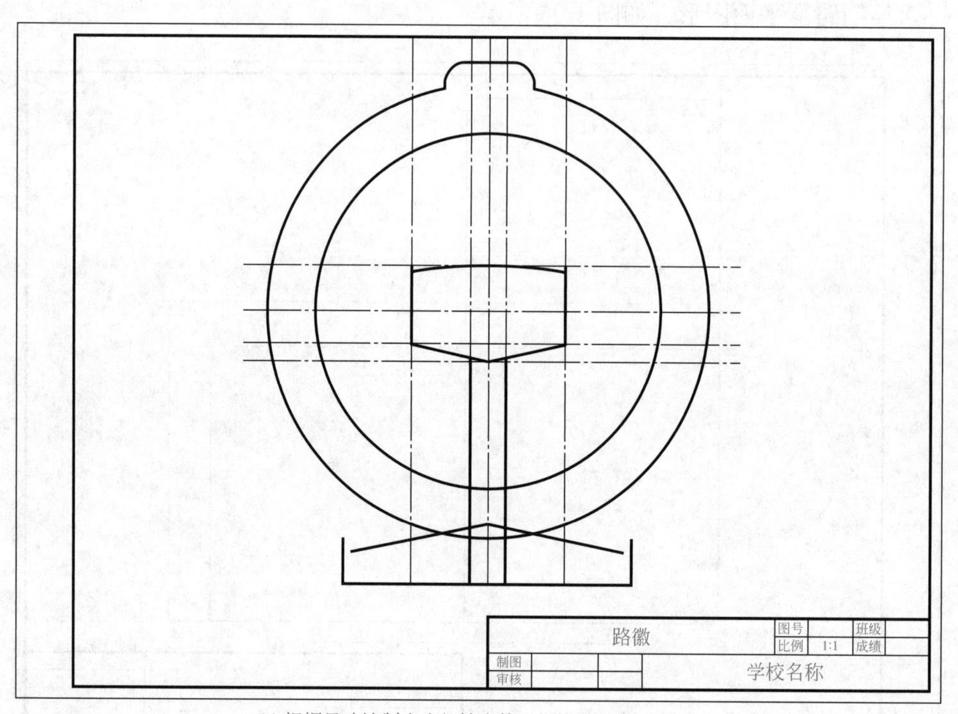

(c) 根据尺寸绘制出内部轮廓的已知线段和中间线段

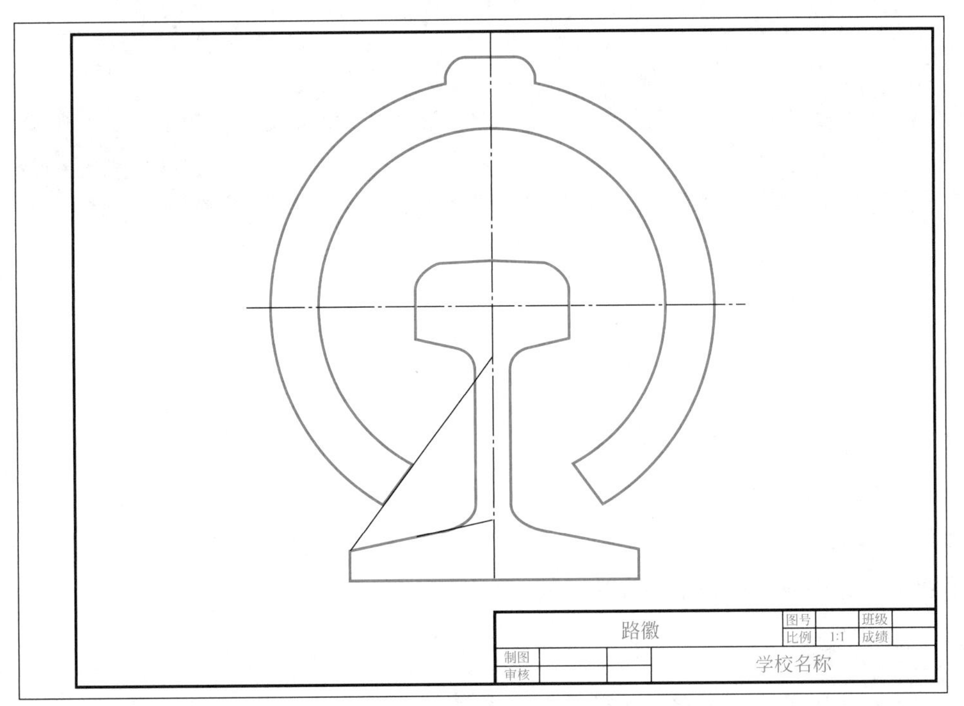

(d) 利用圆角、修剪命令将图形完成

图 1–95　CAD 绘制路徽图

（6）利用标注工具栏或者快捷键进行尺寸标注，如图 1-96 所示。

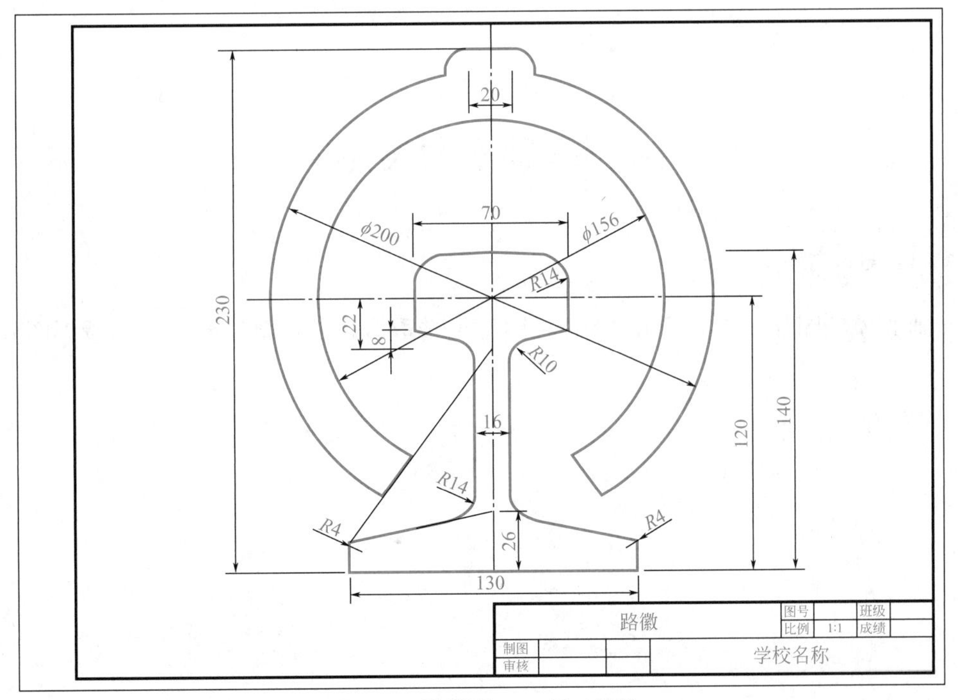

图 1–96　路徽图 CAD 尺寸标注

（7）保存文件。

模块二　工程形体投影图的绘制

知识目标

了解投影的概念、投影法的分类

了解正投影的特性

掌握投影规律

掌握形体三面投影图的绘制方法

能力目标

能利用制图工具绘制工程形体的三面投影图

能正确、合理、清晰地标注所绘制的形体三面投影图

能运用 CAD 绘制工程形体的三面投影图

任务一　绘制基础三面投影图

任务提出

基础的模型图如图 2-1 所示，在 A3 图纸上选取合适的比例绘制其三面投影图并标注尺寸。

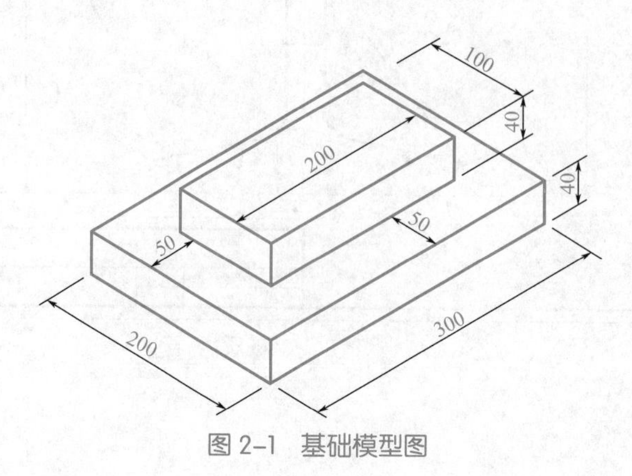

图 2-1　基础模型图

任务分析

如图 2-1 所示为基础立体图，基础是桥墩的重要组成部分之一。从图 2-1 中可以看出，基础是由上下两个长方体组成，下边较大的长方体长度为 300mm，高度为 40mm，宽度为 200mm，上方较小的长方体位于大长方体上表面的正中间，距离左右、前后各 50mm，其长度为 200mm，高度 40mm，宽度为 100mm。绘制出该基础的三面投影图，比例自定，要求布图合理。要完成任务图，则必须了解投影的概念、投影规律，学会三面投影图的绘制方法，以及形体标注尺寸的规则。

必备知识

一、投影的概念

1. 影子和投影

如图 2-2（a）所示，一桥台台身模型在灯光照射下，会在地面产生影子。这种现象在生活中经常可见，但是这种影子通常都是一个灰暗的影子，只能模糊地表达物体的形状和大小，无法准确清晰地表达物体各个部分的真实形状和大小。通过长期的生产实践，人们想到在工程上利用投影现象来作图表达物体的各个部分形状和大小，如图 2-2（b）所示，但在作图前应首先假定物体表面除轮廓线、棱线外，其他均为透明无影的。

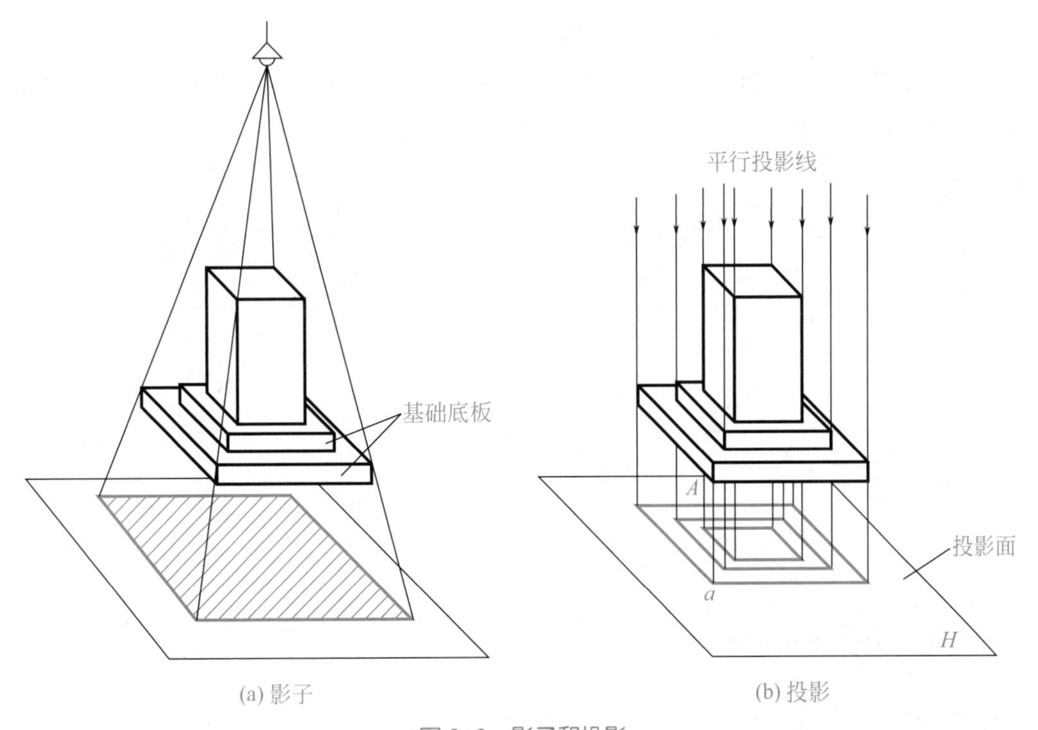

(a) 影子　　(b) 投影

图 2-2　影子和投影

2. 投影法

工程中绘制形体投影图的方法，称为投影法。投影法一般分为中心投影法和平行投影法两大类。

（1）中心投影法　中心投影法是指所有投影线自投影中心一点引出，然后对形体进行投影的方法，如图 2-3 所示。

用中心投影法时，所得到的投影受投影中心、形体、投影面的相对位置影响，一般不能反映形体的真实大小，变形且度量性差，作图时比较复杂，一般不用于施工图的绘制。

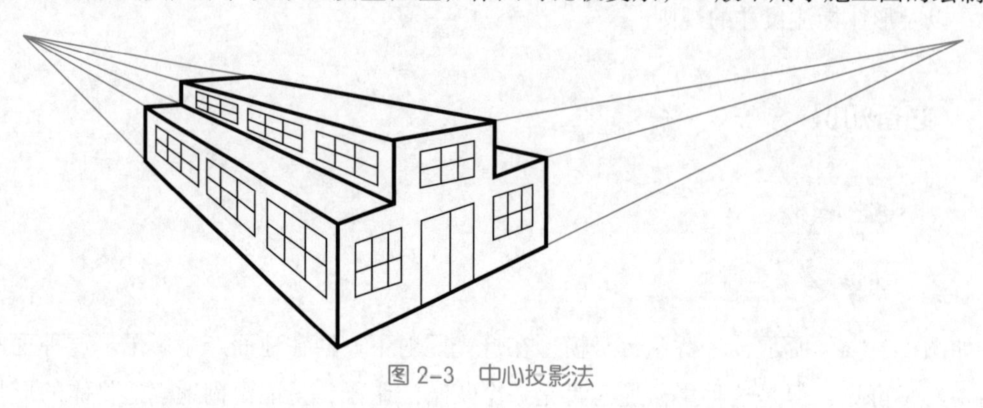

图 2–3　中心投影法

（2）平行投影法　投影线互相平行地对形体进行投影的方法称为平行投影法，如图 2-4 所示。

当投影线与投影面倾斜时，称为斜投影法，如图 2-4（a）所示；

当投影线与投影面垂直时，则称正投影法，如图 2-4（b）所示。采用正投影法绘制时，常将形体的多数平面摆放成与相应投影面平行的位置，这样得到的投影图能反映出这些平面的实形，因此，在工程上应用最广，通常是施工图样。

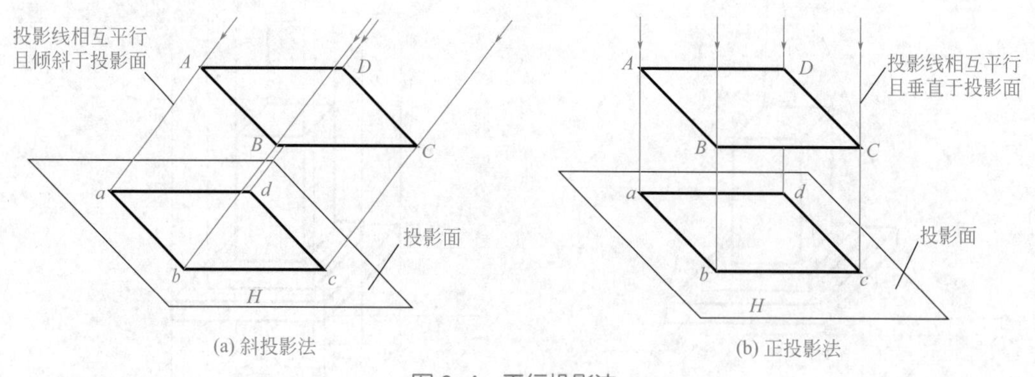

(a) 斜投影法　　(b) 正投影法

图 2–4　平行投影法

二、正投影的投影特性

利用正投影法绘制出来的图样，称为正投影，也是本书所学的主要内容之一。

1. 显实性

若线段或平面图形平行于投影面时，则其投影反映实长或实形，又称全等性或真实性等，如图 2-5 所示。

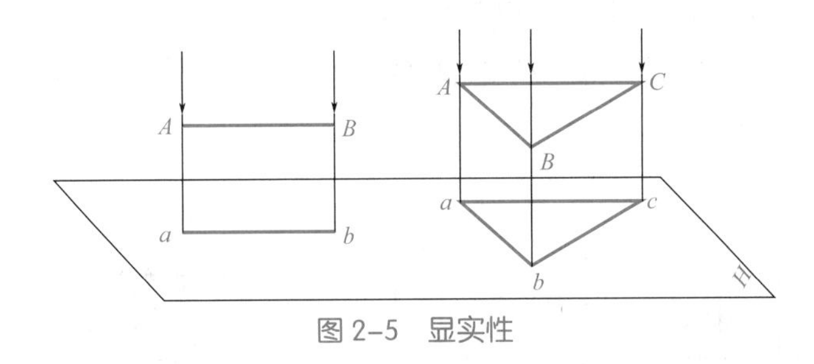

图 2-5　显实性

2. 积聚性

若直线段或平面图形垂直于投影面时，则其投影积聚为一点或一直线，且直线段上的点或平面图形上的点、线、面也积聚在其投影这一点或一直线上，这一特性称为正投影的积聚性，如图 2-6 所示。

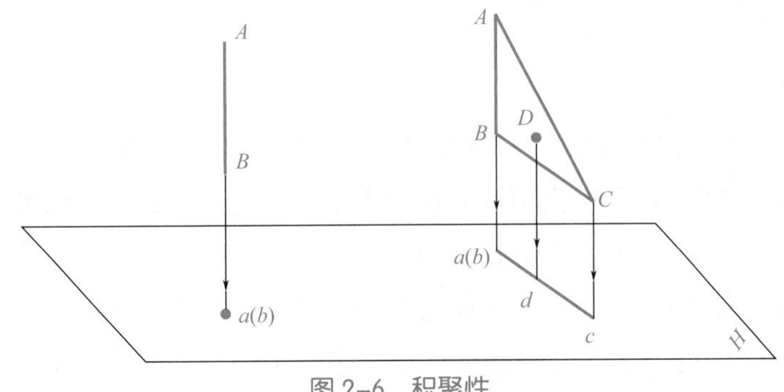

图 2-6　积聚性

3. 类似性

若直线段或平面图形倾斜于投影面时，则其投影短于实长或变形于实形，仅与空间形状类似，如图 2-7 所示。

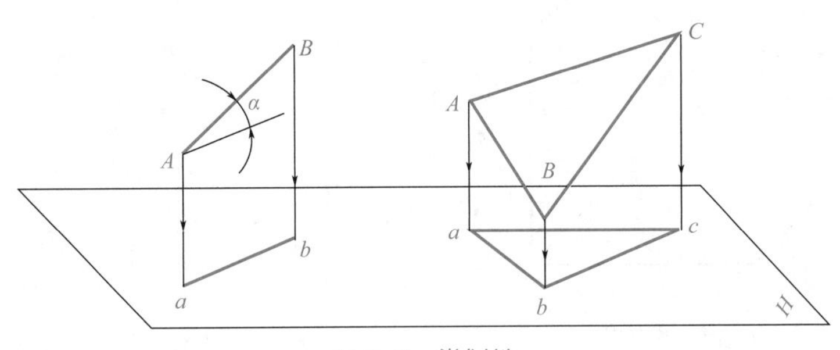

图 2-7　类似性

三、三面投影图的形成

1. 投影面的选择

如图 2-8 所示，从一个方向所绘制的同一单面投影图很明显可以是多个不同的形体，并不能清楚表达出形体的真实形状。因此，通常应将形体从几个方向观察并绘制其投影图，才能完整地表达清楚物体的形状和结构。

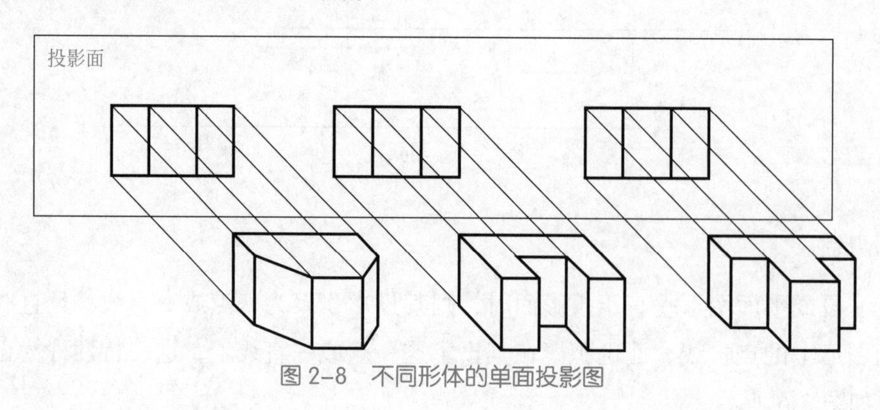

图 2-8　不同形体的单面投影图

2. 形体的三面投影

（1）三面投影体系

一般情况下，为了能准确清楚地表达出形体的形状和大小，通常选择三个投影面进行观察并分别绘制投影图。三个投影面可以建立为由三个相互垂直的平面组成的三面投影体系，如图 2-9（a）所示。其中 V 面为正立投影面（也称正面），呈正立位置；W 面为侧立投影面（也称侧面），呈侧立位置；H 面为水平投影面（也称水平面），呈水平放置。三个投影面的交线 OX、OY、OZ 称为投影轴，它们相互垂直并分别表示形体的长、宽、高三个方向。

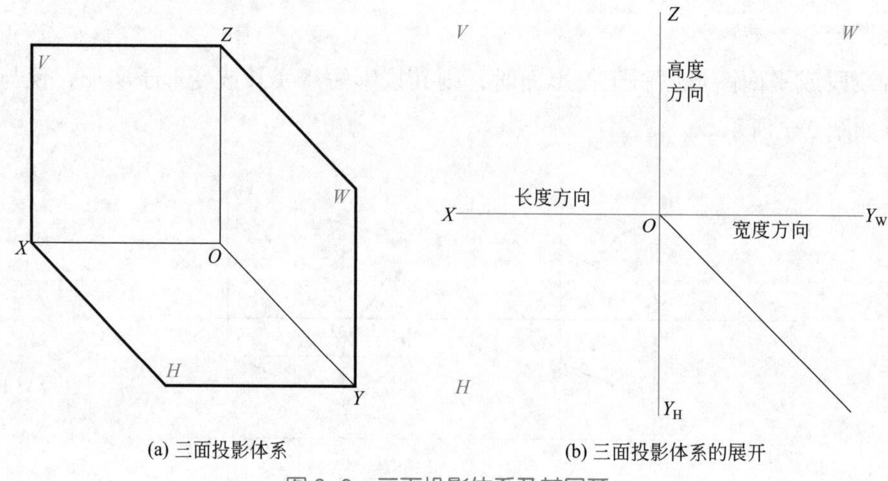

(a) 三面投影体系　　(b) 三面投影体系的展开

图 2-9　三面投影体系及其展开

为了把处在空间相互垂直位置的三个投影图画在同一张图纸上，需将三个投影面按规定展开。展开时使 V 面保持不动，H 面和 W 面沿 Y 轴分开，分别绕 OX 轴向下、绕 OZ 轴向右各转 90°，使三个投影图摊开在一个平面上。展开后 OY 轴分为两处，在 H 面上的为 OY_H，在 W 面上的为 OY_W，如图 2-9（b）所示。

（2）三面投影图的形成

由上向下投影，在 H 面上得到了形体的 H 面投影图；由前向后投影，在 V 面上得到了形体的 V 面投影图；由左向右投影，在 W 面上得到了形体的 W 面投影图。将形体置于三投影面体系中，使形体的主要面分别平行于三个投影面，用三组分别垂直于三个投影面的光线对形体进行投影，就得到该形体在三个投影面上的投影，如图 2-10 所示。

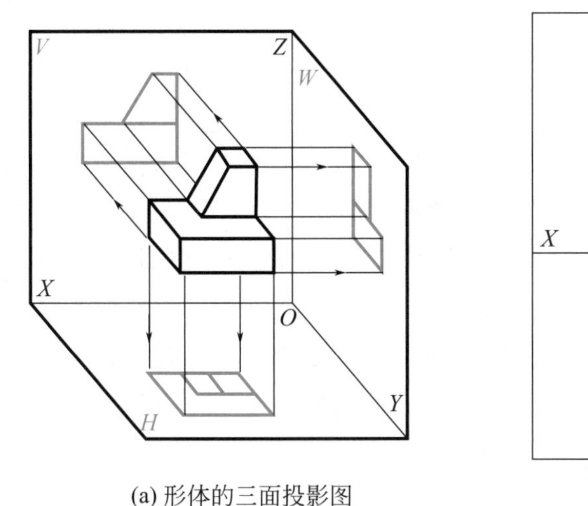

(a) 形体的三面投影图

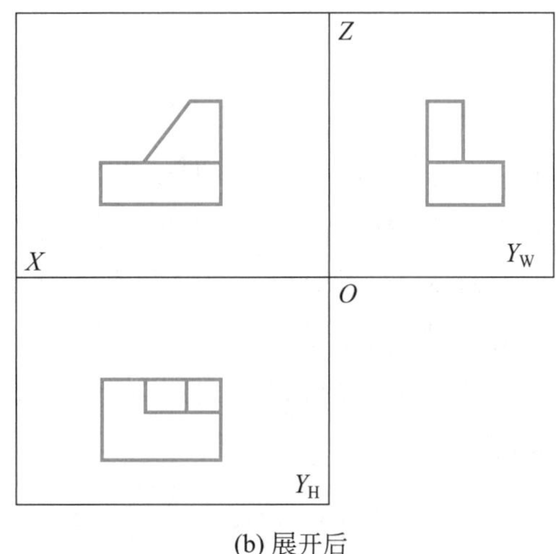

(b) 展开后

图 2-10　形体的三面投影图

（3）投影的基本原理

从图 2-11 所示形体的三面投影图形成中，可以看出形体的三面投影图是三个方向投影得到的。绘制的三面投影图在展开后，形体在 H 面的投影处于 V 面投影的正下方，V 面的投影和 H 面的投影沿 OX 轴方向都反映了形体的长度，因此相对应的长度位置应该左右对正，简称为长对正；形体在 V 面的投影处于 W 面投影的左侧，V 面投影和 W 面投影沿 OZ 轴方向都反映了形体的高度，它们的位置上下应该对齐，简称为高平齐；形体的 H 面投影和 W 面投影沿 OY 轴方向都反映了形体的宽度，它们的宽度尺寸应该相等，简称为宽相等，这就是三面投影图的作图基本原理，可以称为“长对正、高平齐、宽相等”（简称“三等”关系）。如图 2-11 所示。

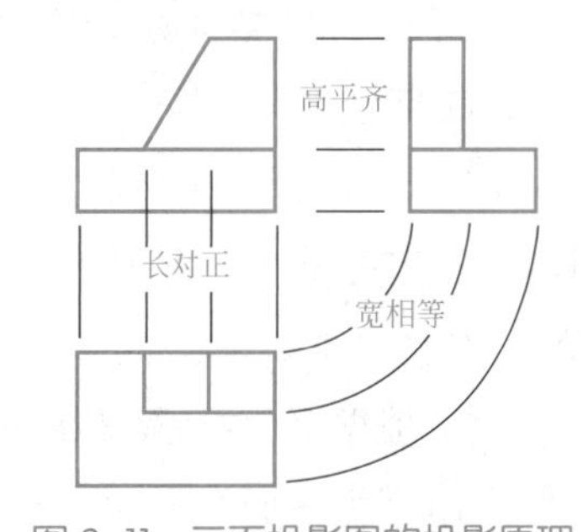

图 2-11　三面投影图的投影原理

空间每个形体都有长度、宽度、高度三个方向尺寸和左右、前后、上下六个方位，如图 2-12 所示。

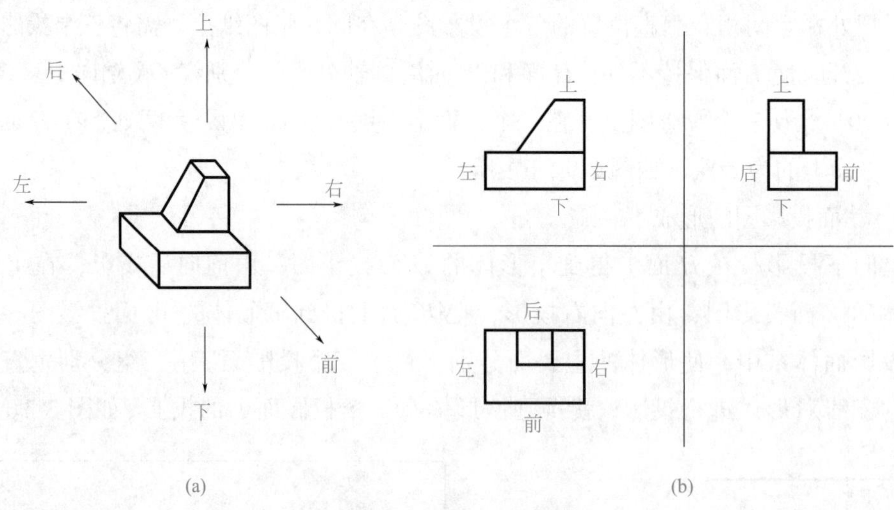

图 2-12 形体的六个方位

在三面投影图中，形体的每个投影能反映其中两个尺寸、四个方位关系。如 H 面反映的是形体的长度和宽度，以及反映左右位置（X 轴）和前后位置（Y 轴）；V 面反映形体的长度和高度，同时也反映左右位置 (X 轴)、上下位置（Z 轴）；W 面反映形体的高度和宽度，同时也反映上下位置（Z 轴）、前后位置（Y 轴）。熟练掌握空间形体的方位关系和“三等”关系对工程图样的绘制及识读极为重要，是学习工程制图的重点方法和关键技能之一。

四、形体三面投影图的画法和尺寸标注

1. 形体三面投影图的画法

如图 2-13 所示，根据所提供的形体立体图，用 1 : 1 的比例量取尺寸，绘制其三面投影图，并标注尺寸。

分析：如图 2-13 所示，立体图中，V 指向的箭头代表正面投影的方向，同时将形体的前后两面平行于 V 面，选择的正面一般要能表现其形体特征。然后画好三面投影体系，就可以开始着手布图、作图。

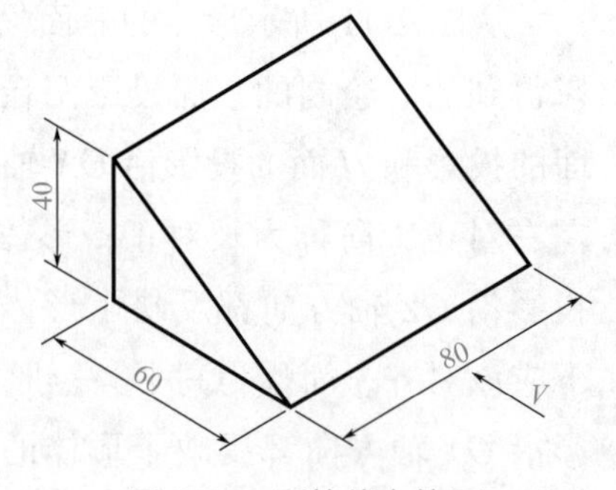

图 2-13 形体的立体图

作图步骤：

（1）根据正面 V 的指向，一般先画 V 面投影。作图前应先定好基线，保证中间有足够的空间来进行尺寸标注，如图 2-14（a）所示；

（2）根据 V 面投影，利用投影原理中的“长对正”，绘制 H 面投影，如图 2-14（b）所示；

（3）根据 V 面投影的“高平齐”、H 面投影的“宽相等”，绘制 W 面投影，如图 2-14（c）所示。

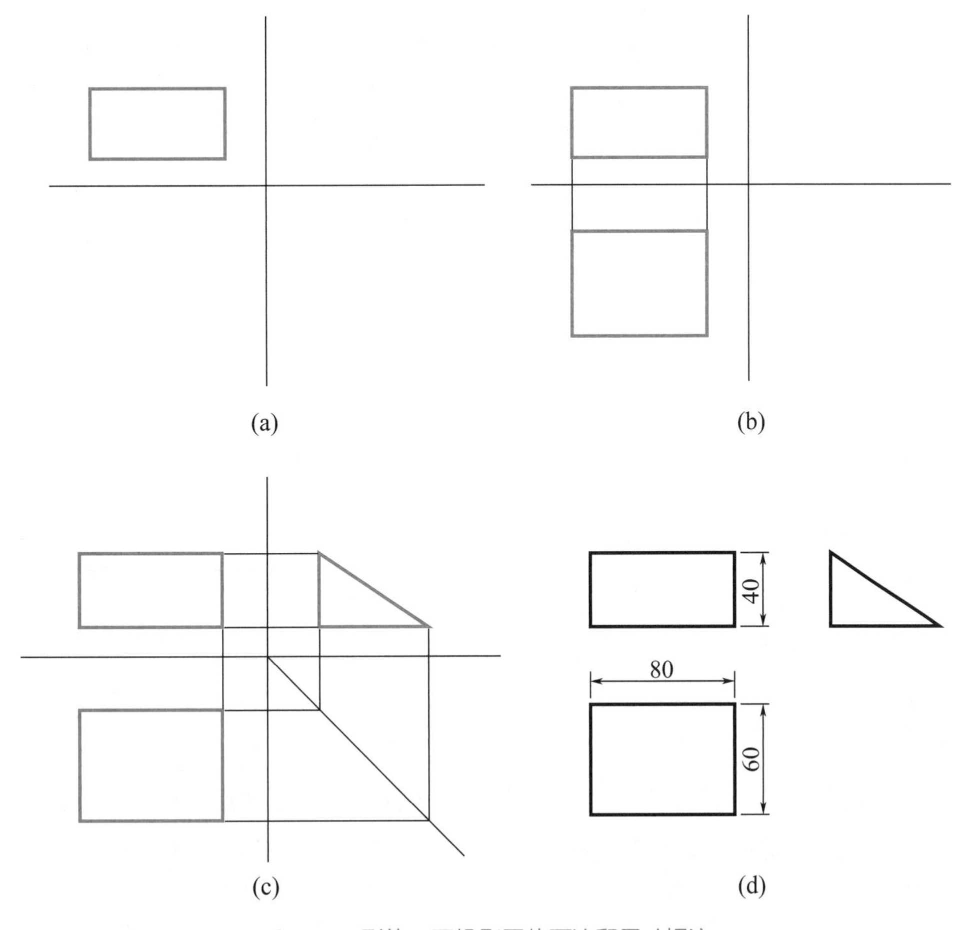

图 2-14　形体三面投影图的画法和尺寸标注

2. 尺寸标注

标注尺寸前，应先检查图形是否正确，然后擦掉没用的作图痕迹和辅助线，加深图线，整理修饰图形。尺寸标注时，应注意标注的基本要求：正确、合理、完整，不能重复、不能遗漏，注意尺寸尽量标注在合理的位置，以便准确清晰地识读。形体三面投影图的尺寸标注，如图 2-14（d）中所示，长、宽、高相应的尺寸均只标注一次，且应注意标注位置。

任务实施

（1）准备工作。准备好工具，熟悉好所绘内容，将有关资料或图纸放在手边，方便查阅。

（2）确定图幅，绘制好图框、标题栏。

（3）根据图形尺寸，确定好比例后，先用 H 型铅笔绘制定位基准线，居中布好图形位置，注意要考虑尺寸标注预留的位置，注意画辅助线要轻，方便擦拭。如图 2-15 所示。

图 2-15　定位基准线

（4）确定投影方向，根据投影原理，参照例题的顺序，先绘制正面投影图底稿，再画水平面、侧面投影图底稿，最后检查修改完底稿后再加深图线。如图 2-16 所示。

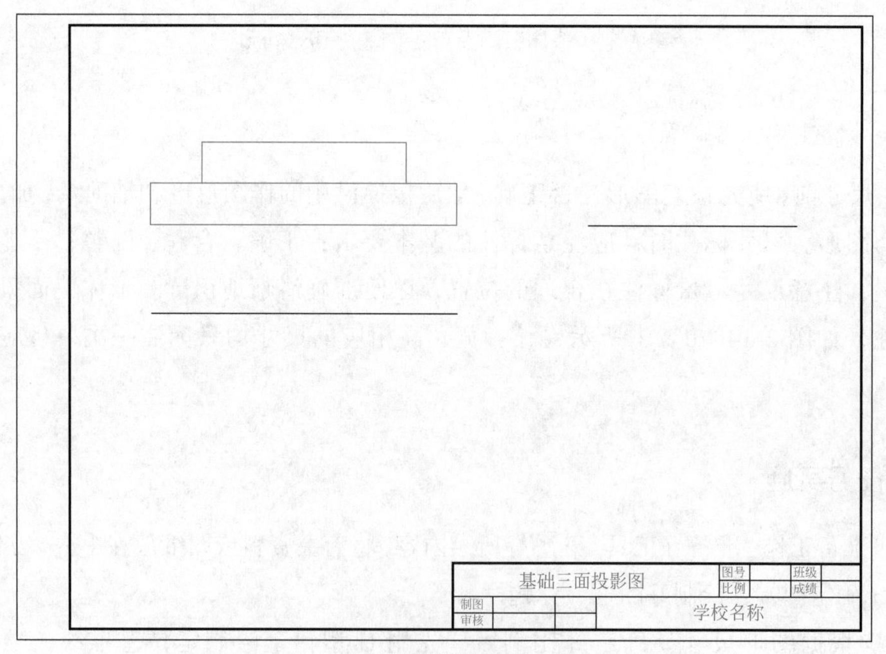

(a) 绘制正面投影图

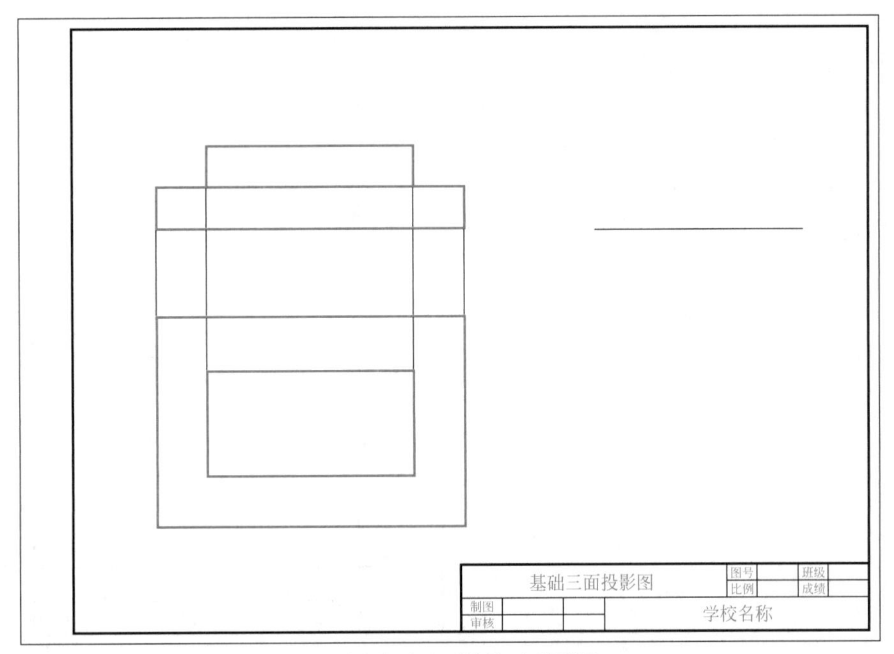

(b) 根据长对正，绘制水平面投影图

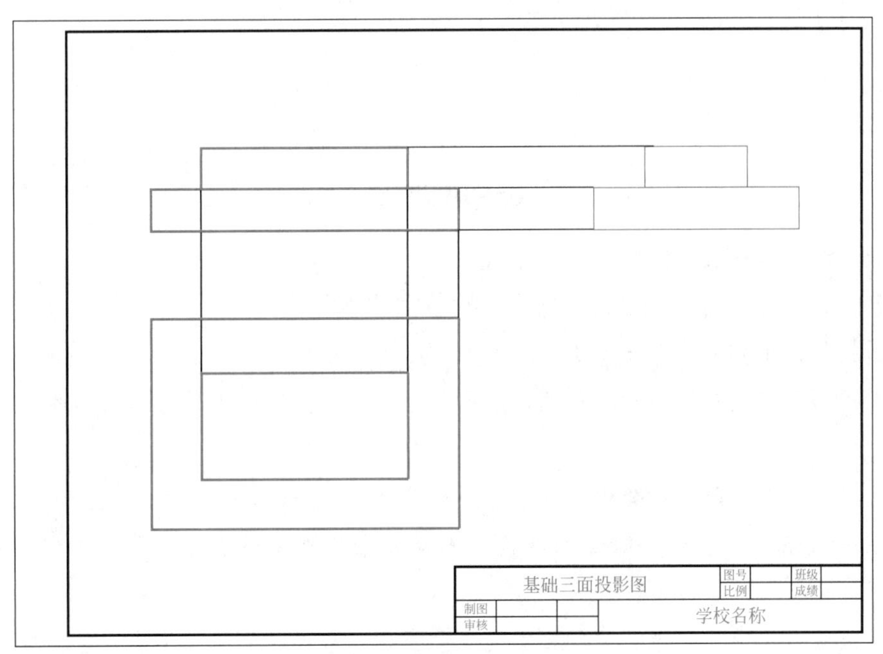

(c) 根据高平齐和宽相等，绘制侧面投影图

图 2-16　绘制基础三面投影图过程

（5）尺寸标注，如图 2-17 所示。

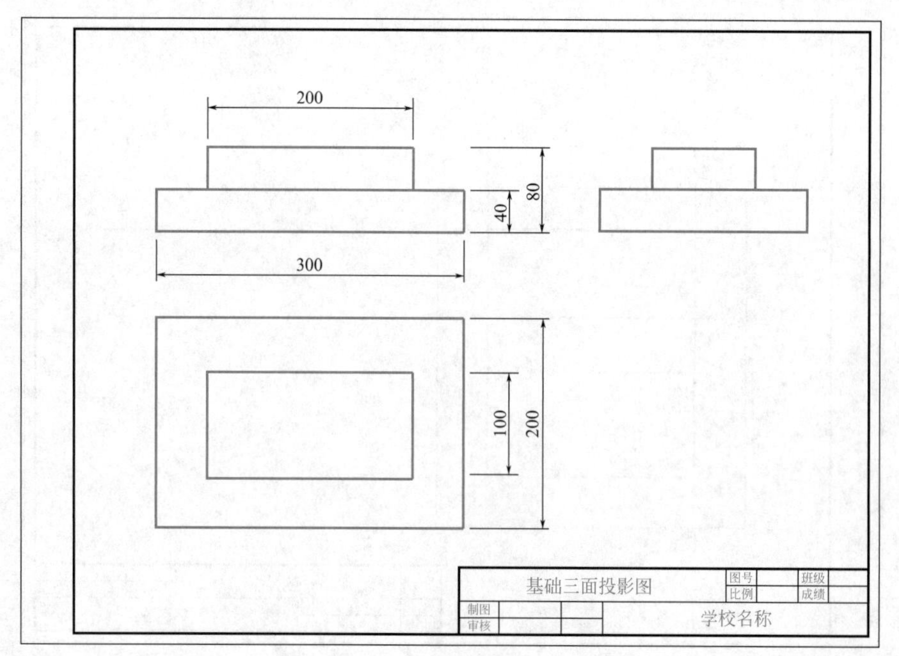

图 2-17 基础三面投影图尺寸标注

【注意】①三面投影图应绘制正确，符合投影原理；②尺寸标注应严格按制图标准绘制，避免养成不良的标注习惯；③尺寸标注应完整，无遗漏，无重复。

能力训练题

一、基础知识掌握训练

1. 判断正误（对的在括号里打“√”，错的打“×”）

（1）投影，也称之为影子。（ ）

（2）投影只能模糊地表达物体的形状和大小，无法准确清晰地表达物体各个部分的真实形状和大小。（ ）

（3）投影法的分类一般分为中心投影法和平行投影法两大类。（ ）

（4）一般情况下，两个投影面的投影图就能准确清楚地表达出形体的形状和大小。（ ）

（5）尺寸标注时应注意标注的基本要求：正确、合理、完整，不能重复、多余标注，不能遗漏、缺少标注。（ ）

（6）投影图中标注时，利用投影规律，一般情况下，相同的尺寸只需要标注一次。（ ）

（7）*OX* 投影轴一般体现的是形体的宽度。（ ）

（8）三面投影体系中，投影轴一般分为 *OX*、*OY*、*OZ* 轴。（　　）

2. 选择正确的答案（有一个或多个正确答案）

（1）投影图中，*V* 一般指的是（　　）。

A. 正立面　　B. 侧立面　　C. 水平面

（2）投影规律指的是（　　）。

A. 长对正　　B. 高平齐　　C. 宽相等　　D. 全等性

（3）*W* 面反映形体的高度和宽度，同时也反映（　　）位置。

A. 上下、左右　　B. 上下、前后　　C. 左右、前后

（4）正投影的投影特性不包括（　　）。

A. 显实性　　B. 类似性　　C. 积聚性　　D. 重复性

（5）平行投影法又可分为（　　）法。

A. 正投影　　B. 斜投影　　C. 轴测投影　　D. 积聚投影

二、识图与绘图能力训练

1. 根据所给的两面投影图，选择正确的正立面图。（1）（　　）、（2）（　　）

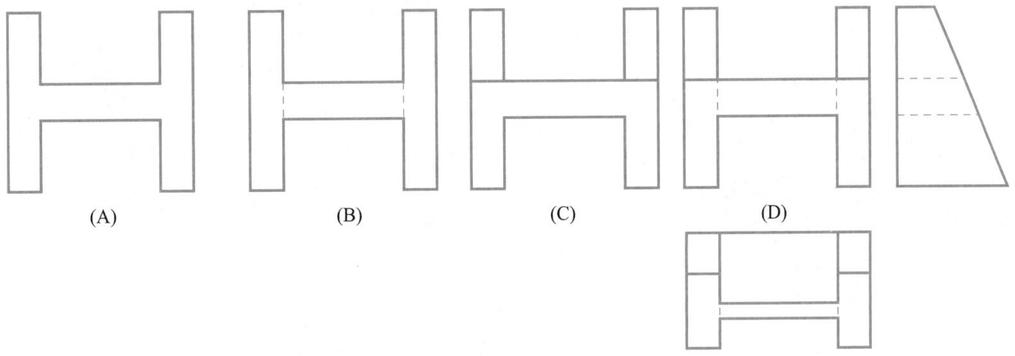

(A)　(B)　(C)　(D)

(1)

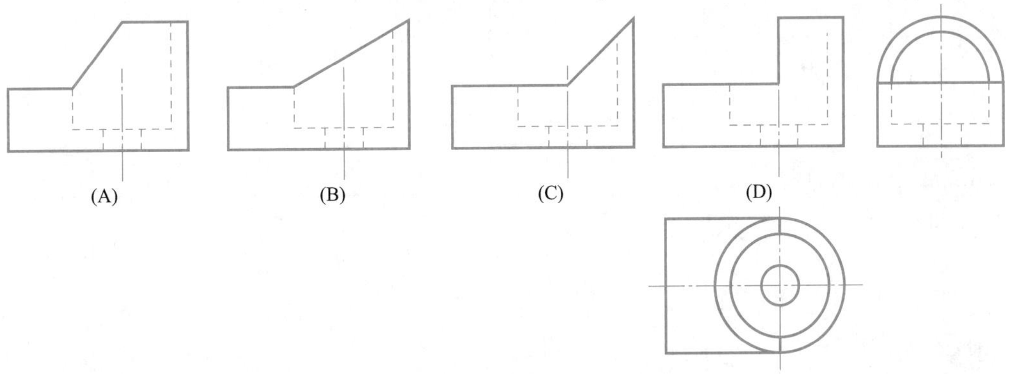

(A)　(B)　(C)　(D)

(2)

2. 根据所给的两面投影图，选择正确的侧立面图。（1）（　　）、（2）（　　）、（3）（　　）、（4）（　　）

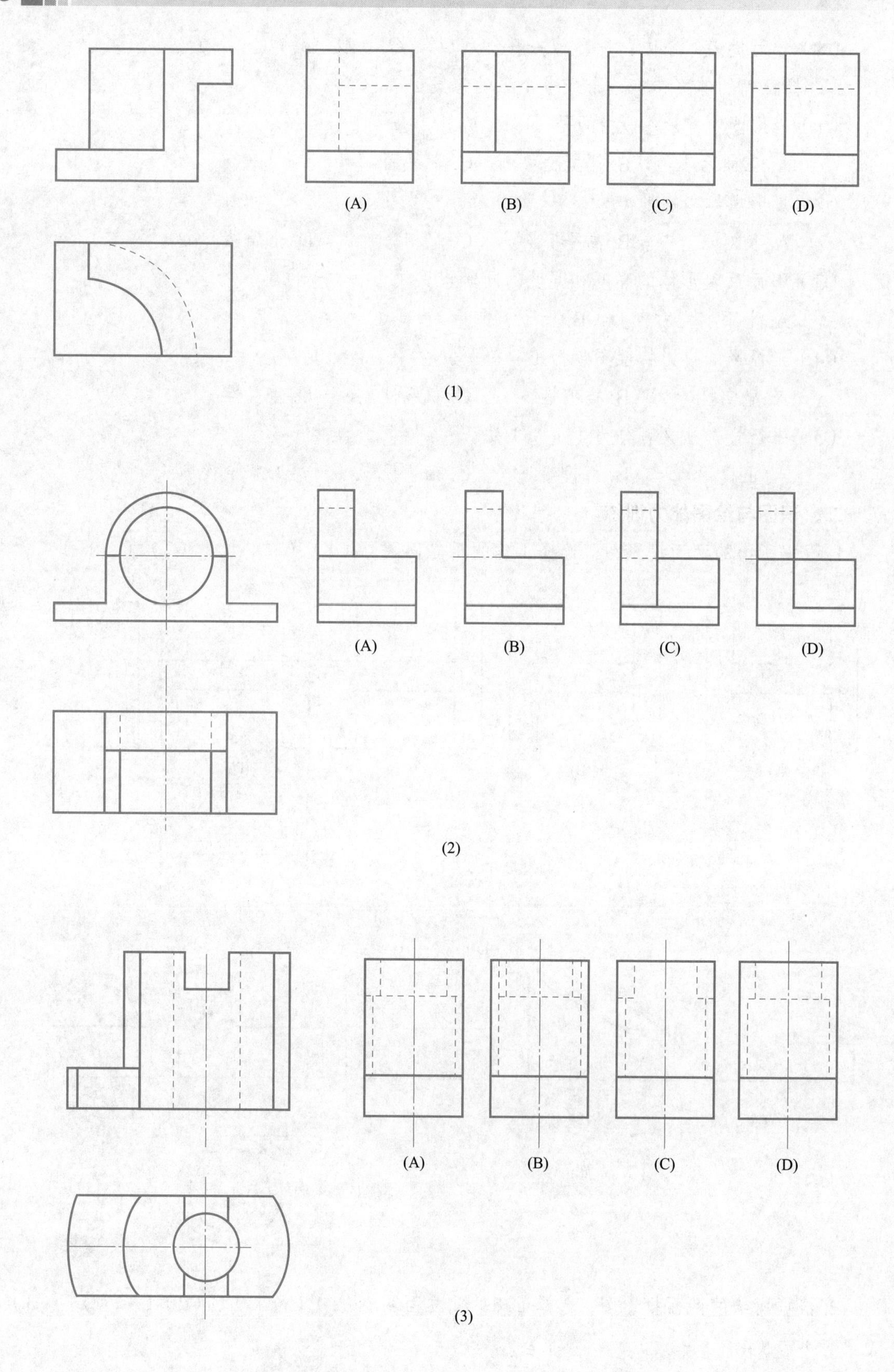
(A)
(B)
(C)
(D)
(1)
(A)
(B)
(C)
(D)
(2)
(A)
(B)
(C)
(D)
(3)

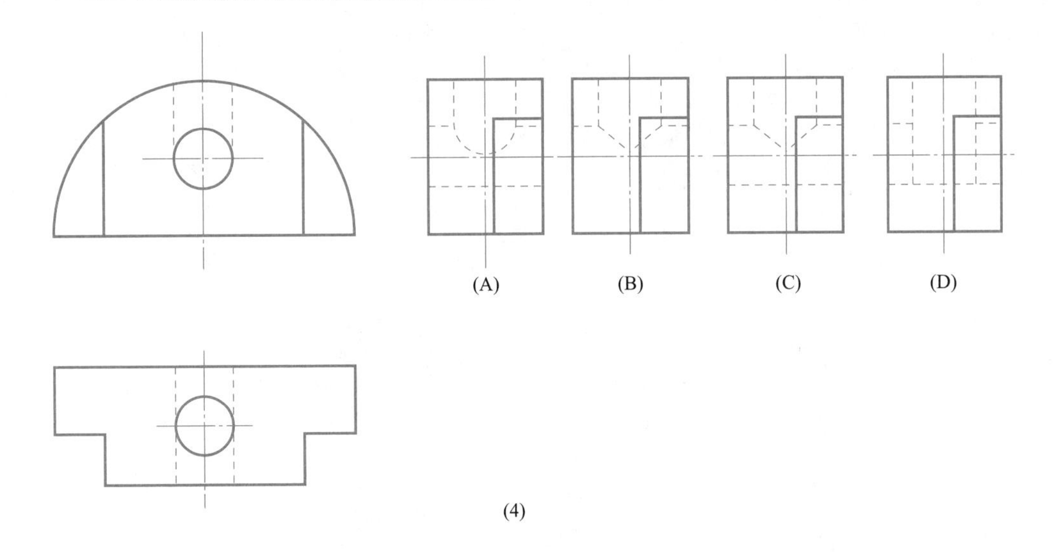

(4)

3. 根据投影规律，在三面投影图中，分别指出 *A*、*B*、*C*、*D*、*E* 五个平面在各个投影面中的投影。

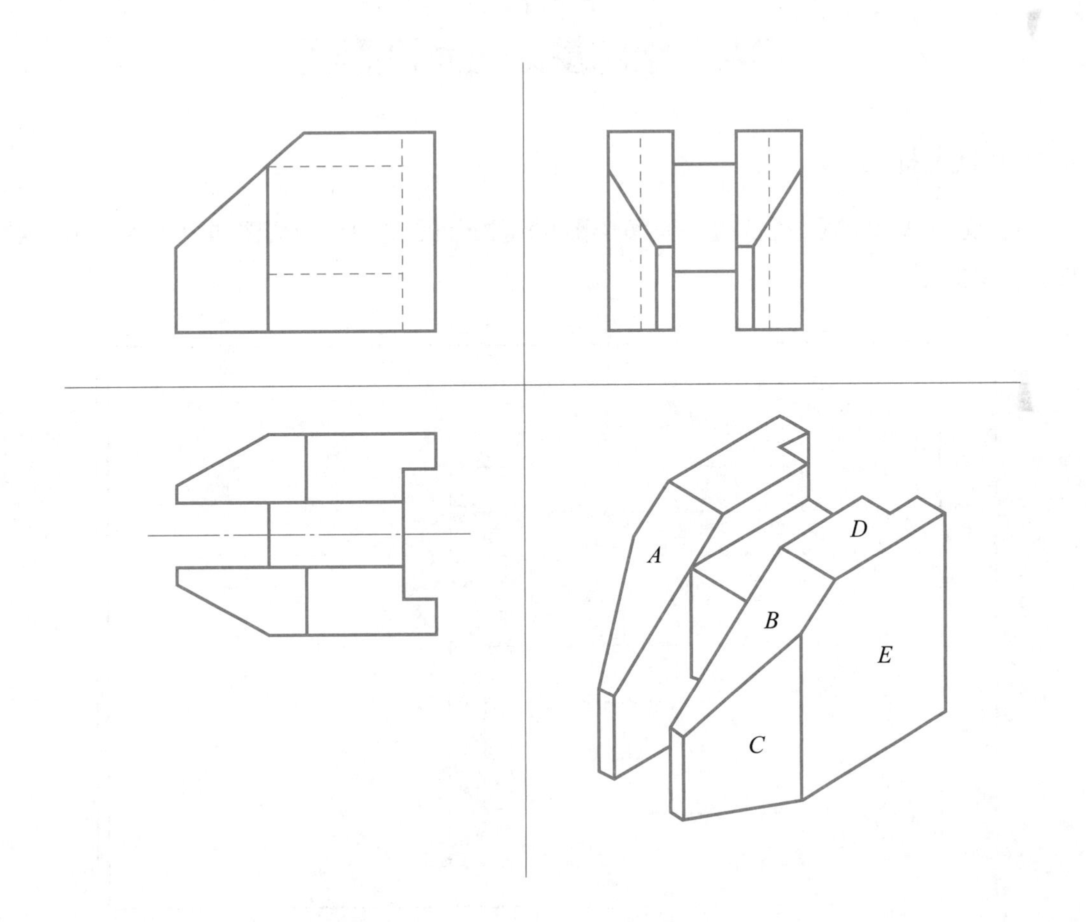

4. 根据所给的立体图形和两面投影图，绘制出第三个面的投影图。

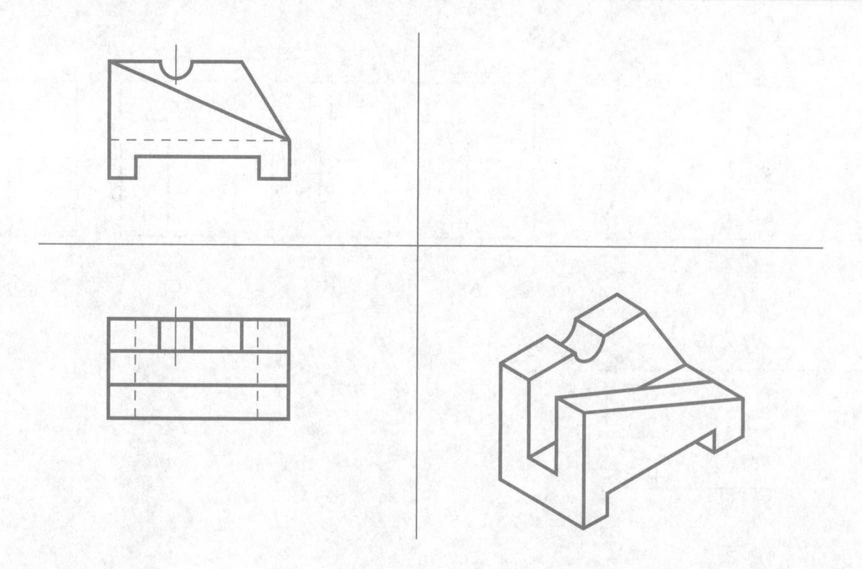

任务二 CAD 绘制基础三面投影图

任务提出

用 AutoCAD 2018 绘制基础三面投影图并标注尺寸，基础的投影图如图 2-18 所示，A3 图幅，比例自定。

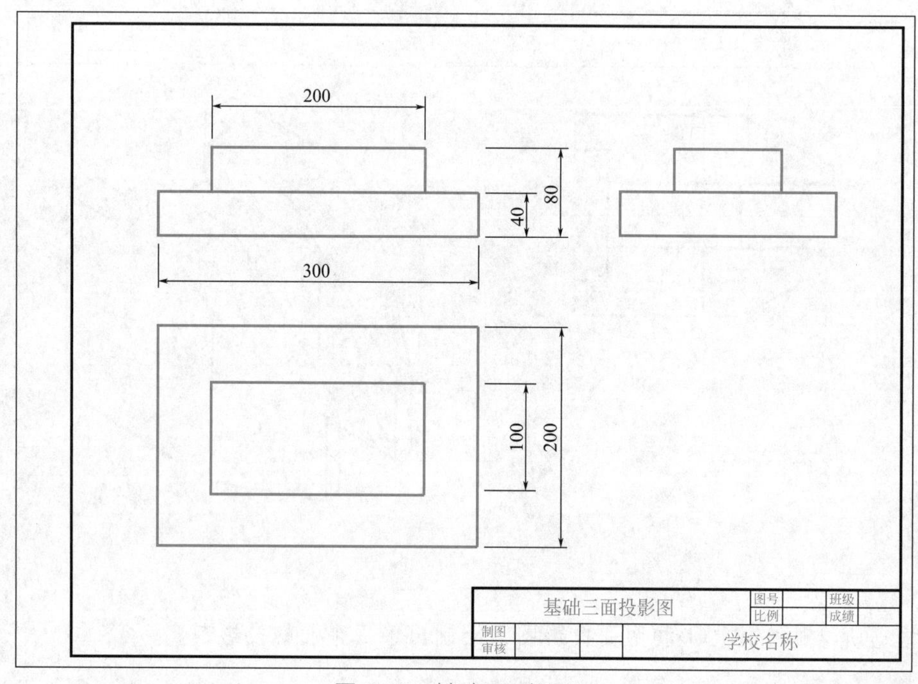

图 2-18　基础三面投影图

任务分析

如图 2-18 所示为基础三面投影图，从图中可以看出基础投影图是由正立面图、侧立面图和平面图组成，要绘制出任务图，则必须了解三面投影的概念、绘制方法以及 CAD 中极轴追踪、对象捕捉、对象追踪、正交模式、图形选择、删除等内容。

必备知识

一、极轴追踪

使用极轴追踪的功能可以用指定的角度来绘制对象。用户在极轴追踪模式下确定目标点时，系统会在光标接近指定的角度方向上显示临时的对齐路径，并自动地在对齐路径上捕捉距离光标最近的点（即极轴角固定、极轴距离可变），同时给出该点的信息提示，用户可据此准确地确定目标点。注意当【极轴追踪】模式设置为打开时，用户仍可以用光标在非对齐方向上指定目标点，这与“捕捉”模式不同。当这两种模式均处于打开状态时，只能以捕捉模式（包括栅格捕捉和极轴捕捉）为准。

可以用以下方式打开【极轴追踪】模式：

- 状态栏按钮：
- 快捷键：F10

二、对象捕捉

由于在绘图中需要频繁地使用对象捕捉功能，因此 AutoCAD 2018 中允许用户将某些对象捕捉方式缺省设置为打开状态，这样当光标接近捕捉点时，系统会自动产生捕捉标记、捕捉提示供用户使用。

在【草图设置】对话框的【对象捕捉】选项卡中可以看到各种对象捕捉模式，如图 2-19 所示，图中被选中的对象捕捉模式将会在绘图中缺省使用。用户可以单击【全部选择】按钮选中全部捕捉模式，或单击【全部清除】按钮取消所有已选中的捕捉模式。

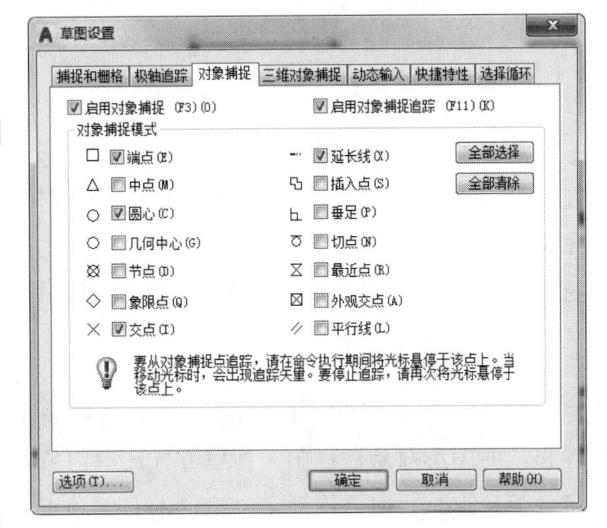

图 2-19 【对象捕捉】选项卡

建议尽量只打开几个常用的捕捉模式，如端点、交点等。在 AutoCAD 2018 中还提供了“对象捕捉追踪”功能，该功能可以看作是“对象捕捉”和“极轴追踪”功能的联合应用。即用户先根据“对象捕捉”功能确定对象的某一特征点，然后以该点为基准点进行追踪，来得到准确的目标点。

注意对象捕捉追踪应与对象捕捉配合使用。使用对象捕捉追踪时必须打开一个或多个对象捕捉，同时启用对象捕捉。但极轴追踪的状态不影响对象捕捉追踪的使用，即使极轴追踪处于关闭状态，用户仍可在对象捕捉追踪中使用极轴角进行追踪。

三、正交模式

在建筑绘图中需要绘制大量的水平线和垂直线，【正交】模式下可以快速准确地绘制水平线和垂直线。当打开【正交】模式时，无论光标怎样移动，在屏幕上只能绘制水平或垂直线。

可以用以下方式打开【正交】模式：

- 状态栏按钮：
- 命令行：ortho
- 快捷键：F8

如果已知水平线或垂直线的长度，在正交模式下，直接输入直线的长度，就可快速画出。

四、图形的选择

在对图形进行编辑操作时，首先要确定编辑的对象，即在图形中选择若干图形对象构成选择集。输入一个图形编辑命令后，命令行出现“选择对象”提示，这时可根据需要反复多次地进行选择，直至回车结束选择，转入下一步操作。为了提高选择的速度和准确性，AutoCAD 2018 提供了多种不同形式的选择对象方式，常用的选择方式有以下几种。

1. 直接选择对象

这是默认的选择对象方式，此时光标变为一个小方框（称拾取框），将拾取框移至待选图形对象上，单击鼠标左键，则该对象被选中。重复上述操作，可依次选取多个对象。被选中的图形对象以虚线高亮显示，以区别其他图形。利用该方式每次只能选取一个对象，且在图形密集的地方选取对象时，往往容易选错或多选。

2. 窗口 (W) 方式

键入“W”，选择窗口方式。通过光标给定一个矩形窗口，所有部分均位于这个矩形窗口内的图形对象被选中。窗口方式选择对象常用下述方法：在选择对象时首先确定窗口的左侧角点，再向右拖动定义窗口的右侧角点，则定义的窗口为选择窗口，此时只有完全包含在选择窗口中的对象才被选中，如图 2-20 所示。

3. 多边形窗口 (WP) 方式

键入“WP”，用多边形窗口方式选择对象，完全包含在窗口中的图形被选中。

4. 交叉 (C、CP) 窗口方式

该方式与用 W、WP 窗口方式选择对象的操作方法类似，不同点在于，在交叉窗口方式下，所有位于矩形 (或多边形) 窗口之内或者与窗口边界相交的对象都将被选中。如图 2-21 所示。在选择对象时，如果首先确定窗口的右侧角点，再向左拖动定义窗口的左侧角点，则定义的窗口为交叉窗口，这种方法是选择对象的通常方法。

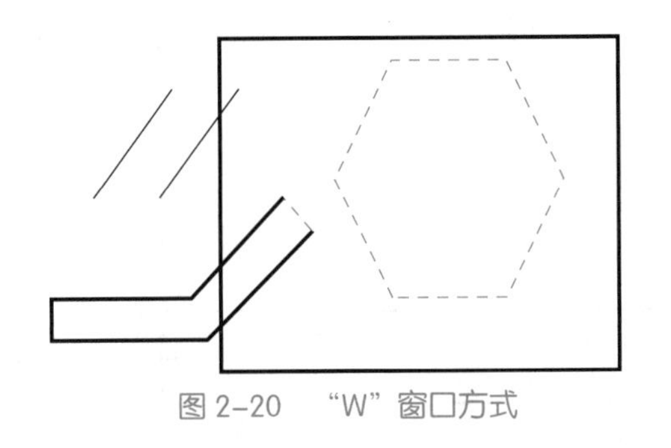

图 2-20　“W”窗口方式

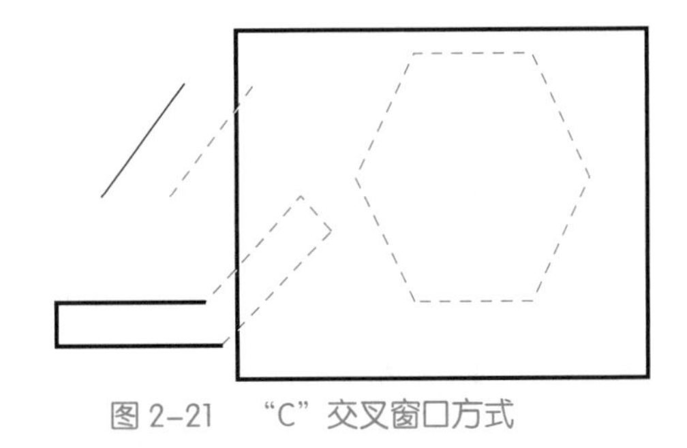

图 2-21　“C”交叉窗口方式

5. 全部（All）方式

键入“All”，选取屏幕上全部图形对象。

五、图形的删除

AutoCAD 2018 有三种常用的删除方式：

（1）选择“修改”工具栏上的按钮，或键入“ERASE”命令，十字光标变为拾取框后选择要删除的图形，选择完后单击右键删除图形。

（2）直接选择所要删除的图形，按键盘上【Delete】键删除。

（3）直接选择所要删除的图形，单击右键，在弹出的菜单中选择“删除”，即可删除图形。

通常，当发出删除命令后，用户需要选择要删除的对象，然后按回车或空格键结束对象选择，同时删除已选择的对象。

使用“OOPS”命令，可以恢复最后一次使用删除命令删除的对象。

任务实施

（1）图形环境设置（图层设置、文字样式设置、标注样式设置），参考前面任务。

（2）绘制 A3 图框。利用直线、偏移、修剪命令，按照国标要求绘制出 A3 图框。

（3）绘制基础三面投影图，如图 2-22 所示，打开极轴追踪和对象捕捉、对象追踪可以帮助快速、准确绘图。

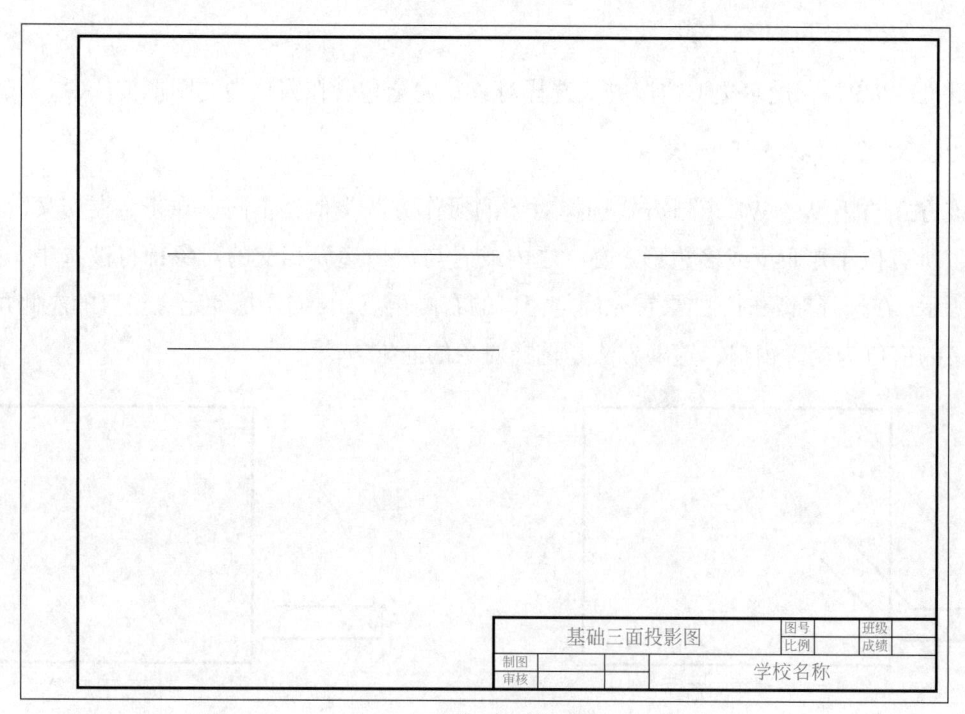

(a) 定位，辅助线

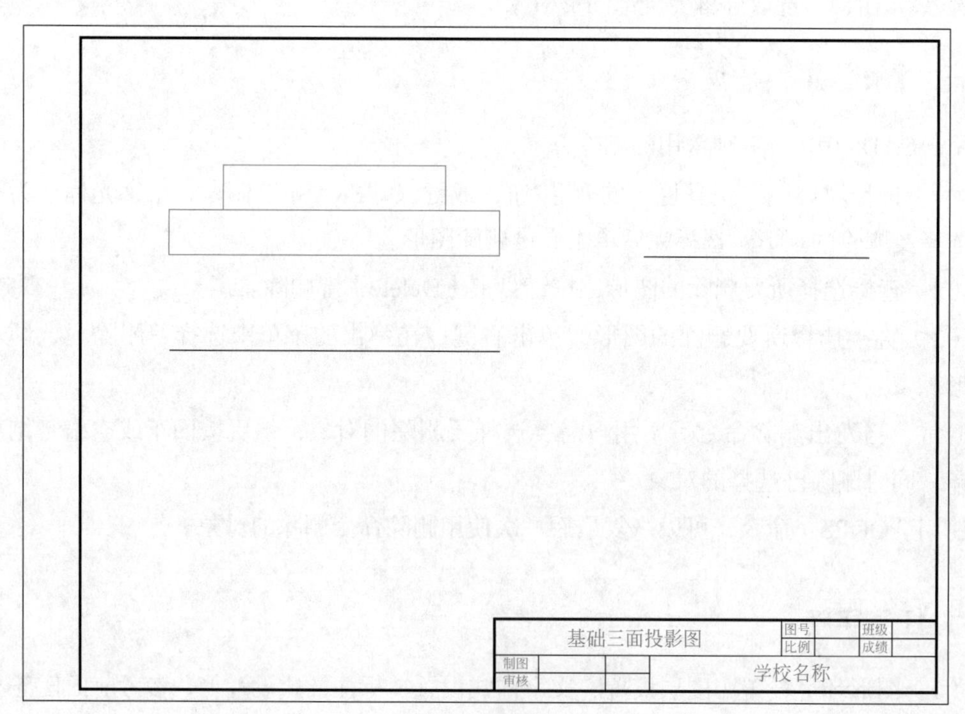

(b) 绘制正面投影图

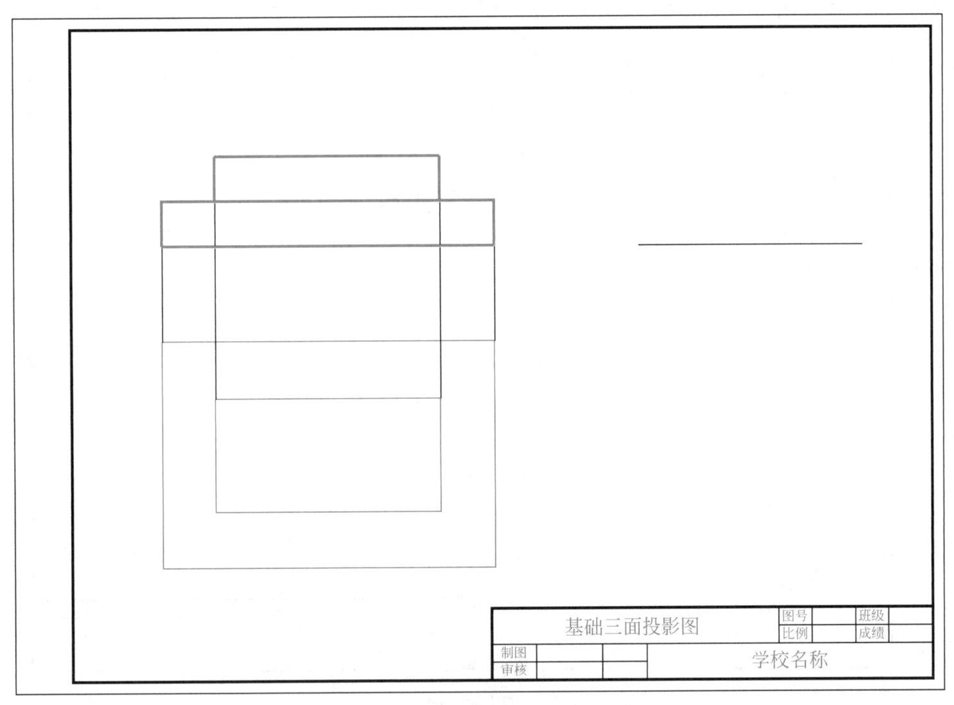

(c) 根据长对正，绘制平面图

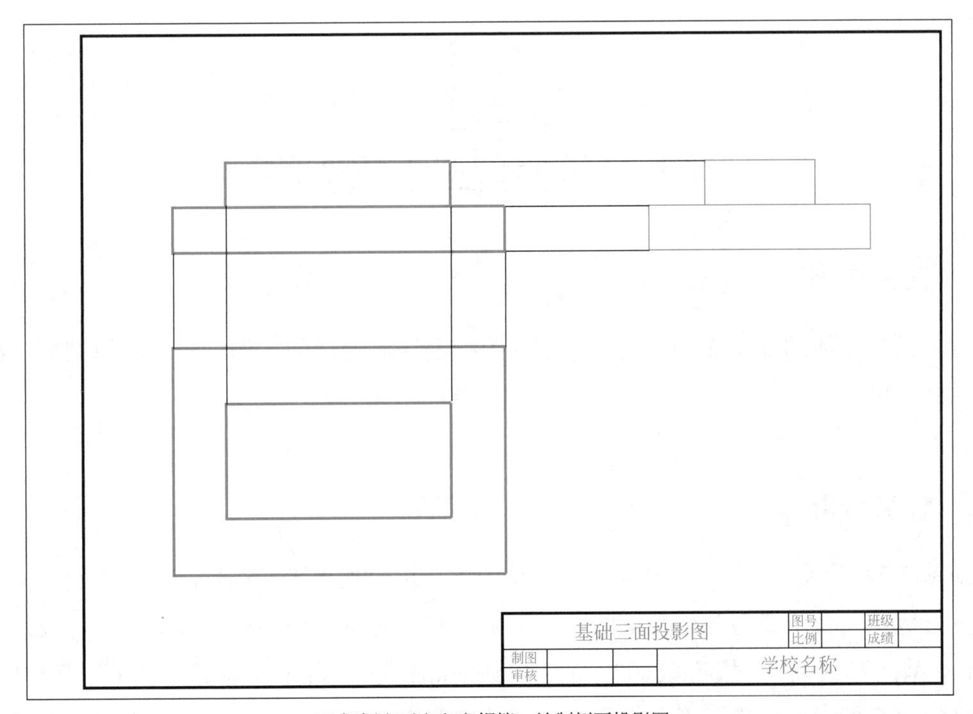

(d) 根据高平齐和宽相等，绘制侧面投影图

图 2-22　CAD 绘制基础三面投影图

（4）尺寸标注。如图 2-23 所示。

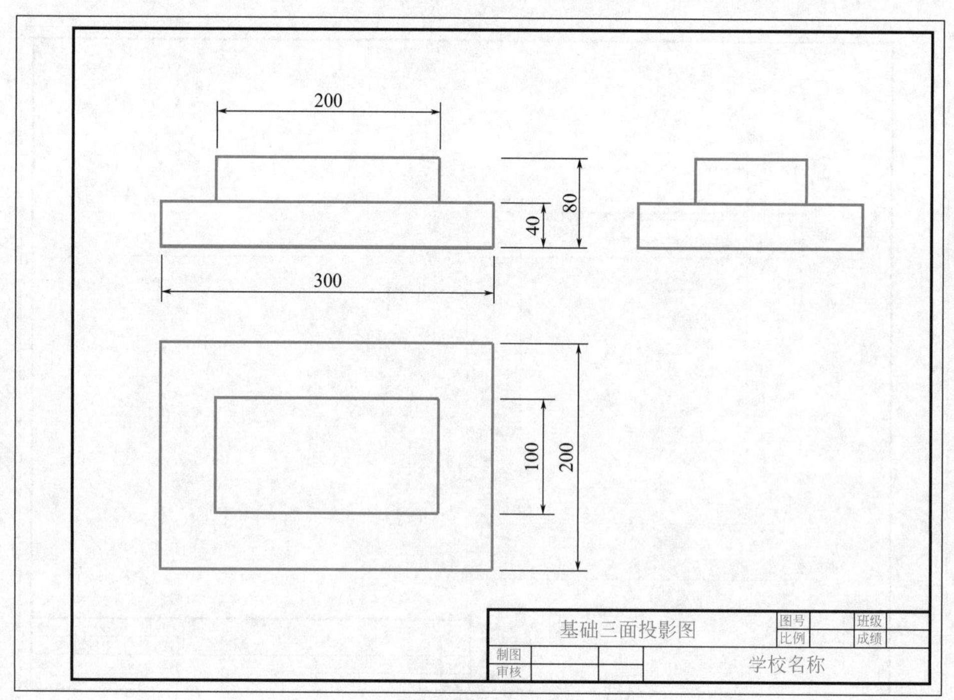

图 2-23 基础三面投影图 CAD 尺寸标注

任务三 绘制台阶模型三面投影图

任务提出

台阶模型立体图如图 2-24 所示，在 A3 图纸上选取合适的比例绘制台阶模型的三面投影图并标注尺寸。

任务分析

如图 2-24 所示为一台阶模型立体图，从图中，可以把台阶看作是由几个平面基本体组合叠加形成的，台阶模型为带坡道的两面台阶，其中台阶模型共有三级踏步，每级踢面高150mm，踏面宽 300mm，坡道宽 600mm，长 1500mm，高 450mm。绘制该台阶的三面投影图，除了必须要掌握投影原理、形体三面投影图的绘制方法等，还应了解各种平面基本形体的三面投影规律，掌握平面基本体的投影特点和绘图方法。本图采用 A3 图幅，比例自定，要求标注尺寸。

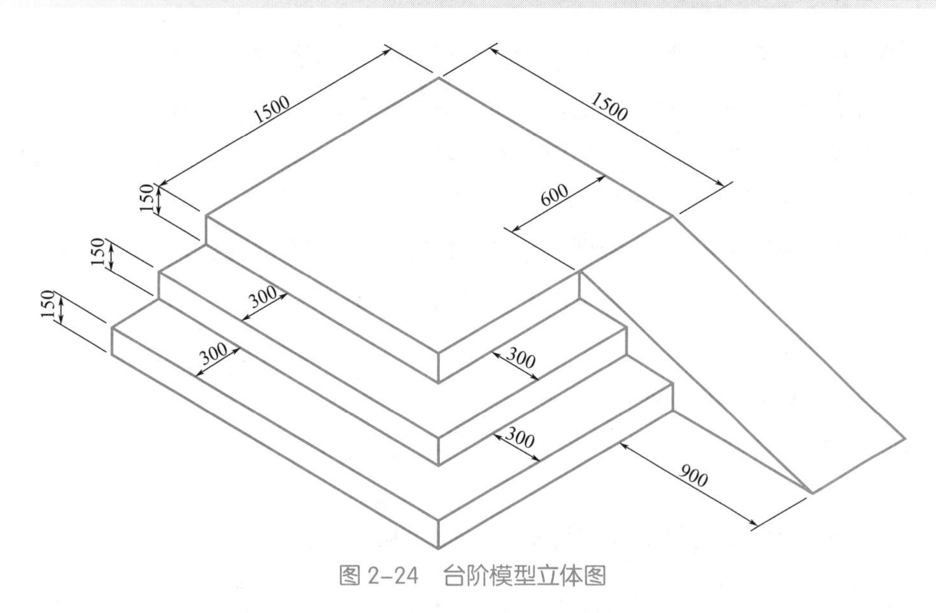

图 2-24　台阶模型立体图

必备知识

工程制图中，通常把棱柱、棱锥、棱台等简单平面立体称为平面基本体。

一、棱柱体的投影

图 2-25 为正六棱柱的直观图和投影图。该体上下底面是全等的正六边形且为水平面，各侧面是全等的矩形，前后侧面为正平面，左右侧面为铅垂面。

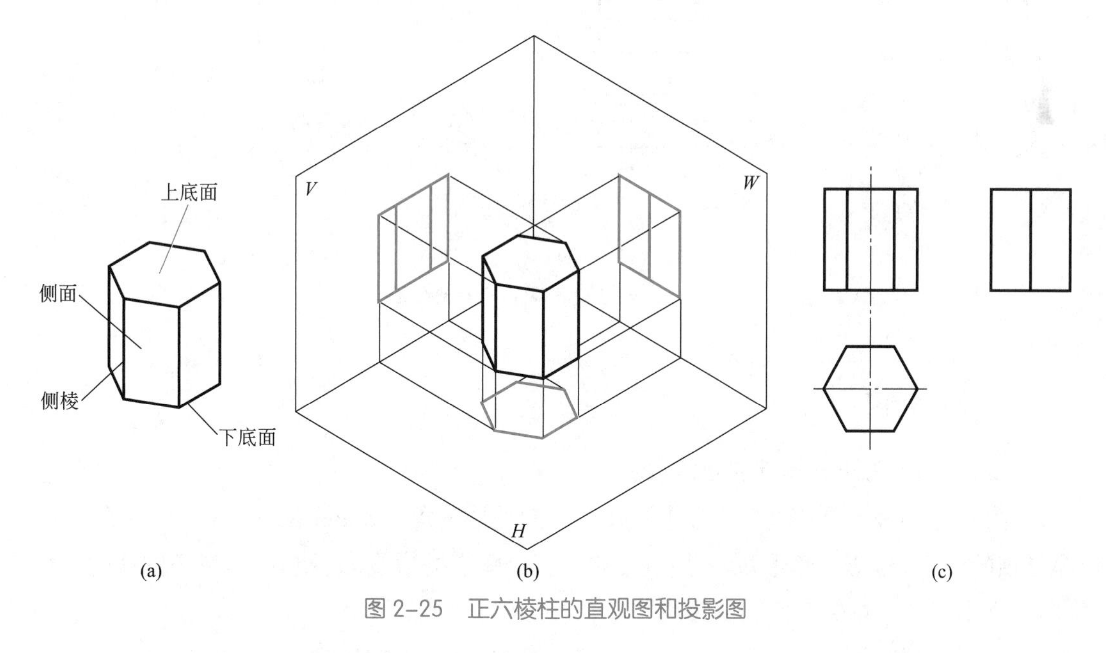

图 2-25　正六棱柱的直观图和投影图

从图 2-25（b）中可以看出，其水平投影为一正六边形，反映上下底面的实形；六边形的各边为六个侧面的积聚投影；六个角点是六条侧棱的积聚投影。

正面投影是并列的三个矩形线框，中间的线框是棱柱前后侧面的投影，反映实形；左右的线框是其余四个侧面的投影，为类似形；线框上下两条水平线是上下底面的积聚投影；四条竖直线是侧棱的投影，反映实长。

侧面投影是并列的两个矩形线框，它是棱柱左右四个侧面的投影，为类似形；两侧竖直线是棱柱前后侧面的积聚投影；中间的竖直线是侧棱的投影；上下水平线则为底面的积聚投影。

图 2-25（c）是其三面投影图。

棱柱体的投影特征：一个投影反映底面的实形（多边形），其他两个投影为矩形或几个并列的矩形。

工程形体的绝大部分是由棱柱体组成的。如图 2-26 所示为各种棱柱体的投影图。

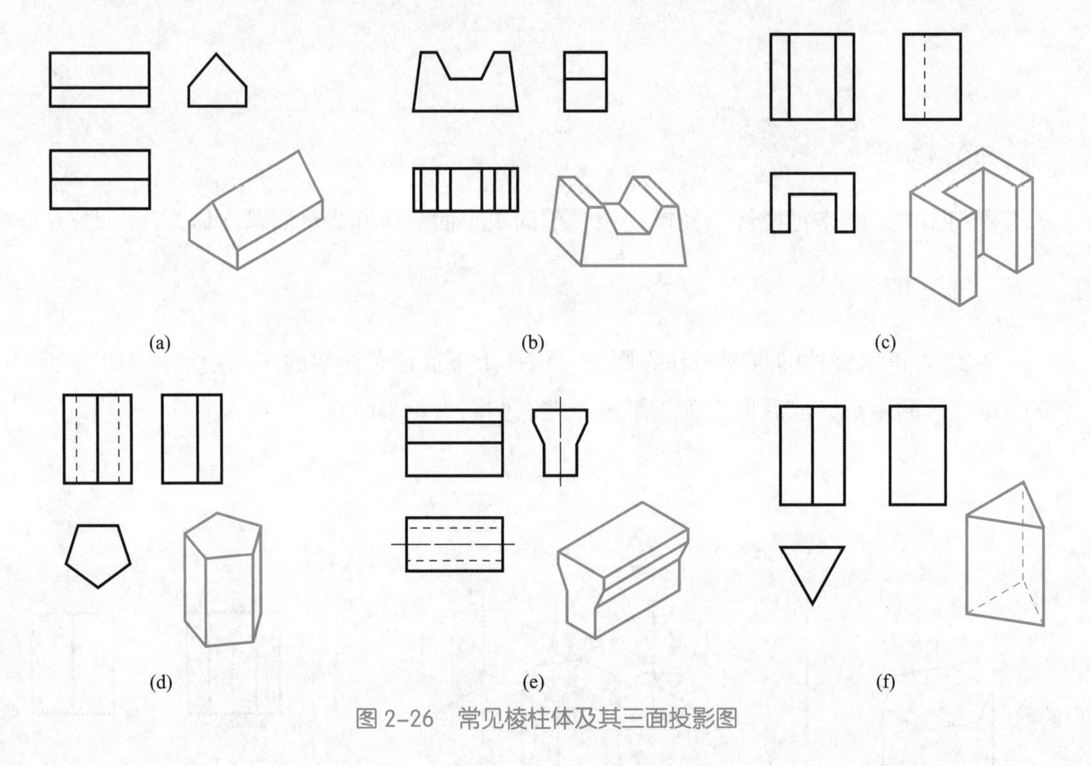

图 2-26 常见棱柱体及其三面投影图

二、棱锥体的投影

图 2-27（a）为正三棱锥的立体直观图。

从图 2-27（b）中看出，三棱锥水平投影中的外形三角形 *abc* 是底面的投影，反映实形；*s* 是锥顶的投影，位于三角形 *abc* 的中心，它与三个角点的边线 *sa*、*sb*、*sc* 是三条侧棱的投影；中间三个小三角形是三个侧面的投影。

正面投影是两个并列的全等三角形，是三棱锥三个侧面的投影。底面及侧棱的正面投影读者自行分析。

侧面投影是一个非等腰三角形，$s''a''$（c''）为三棱锥后侧面的积聚投影，$s''b''$ 为三棱锥侧棱的投影，其他部分的投影由读者自行分析。

图 2-27（c）为其三面投影图。

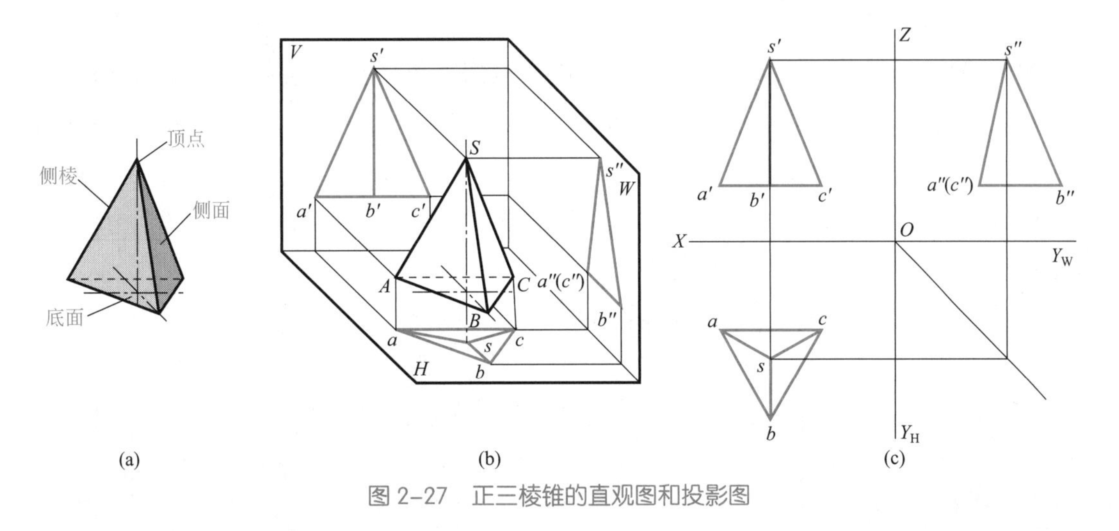

图 2-27　正三棱锥的直观图和投影图

棱锥的投影特征：一面投影为反映底面实形的多边形（内含反映侧表面的几个三角形），另外的两面投影为并列的三角形。

三、棱台体的投影

图 2-28（a）为六棱台的立体直观图，图 2-28（b）为其三面投影图。

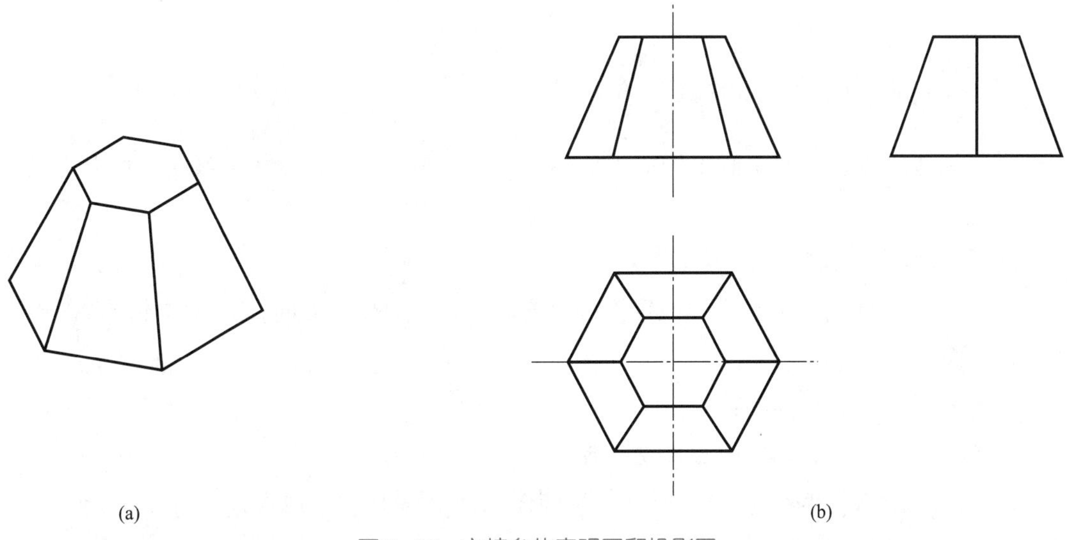

图 2-28　六棱台的直观图和投影图

图 2-28 中六棱台的水平面投影是两个大小不同的六边形，反映底面实形，两六

边形之间夹绕六个梯形，反映六个侧面的类似形；夹绕的六根线为六根侧棱的类似投影。

正面投影为三个并列梯形，是六个梯形侧面的重影，上下两根水平线是上下底面的积聚投影，左右两个腰线是左右侧棱的等长投影。

侧面投影为两个并列梯形，是六个侧面的重影，上下两根水平线是上下底面的积聚投影，左右两个腰线是前后侧面的积聚投影，中间一根线是其余两条侧棱类似投影的重影。

棱台体的投影特征：一个投影为反映上下底面实形的多边形和反映侧面的多个梯形；其他两个投影为梯形或几个并列的梯形。

四棱台是常见的工程形体，如图 2-29 所示为各种四棱台的投影图。

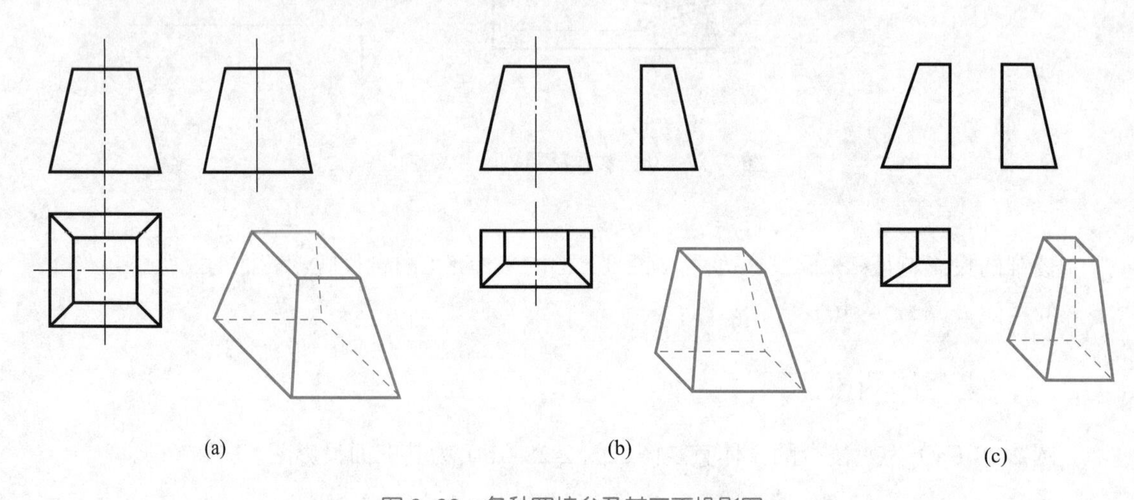

图 2-29　各种四棱台及其三面投影图

四、平面体投影图的画法

画平面体的投影，就是画出构成平面体的侧面（平面）、棱线（直线）、角点（点）投影。

画平面体投影图的一般步骤如下：

① 研究平面体的几何特征，决定安放位置即确定正面投影方向，通常将体的表面尽量平行投影面；

② 分析该体三面投影的特点；

③ 布图（定位），画出中心线或基准线；

④ 先画出反映形体底面实形的投影，再根据投影关系作出其他投影；

⑤ 检查、整理加深，标注尺寸。

图 2-30 为正六棱柱投影图的作图步骤（已知正六边形外接圆直径及柱高 L）。

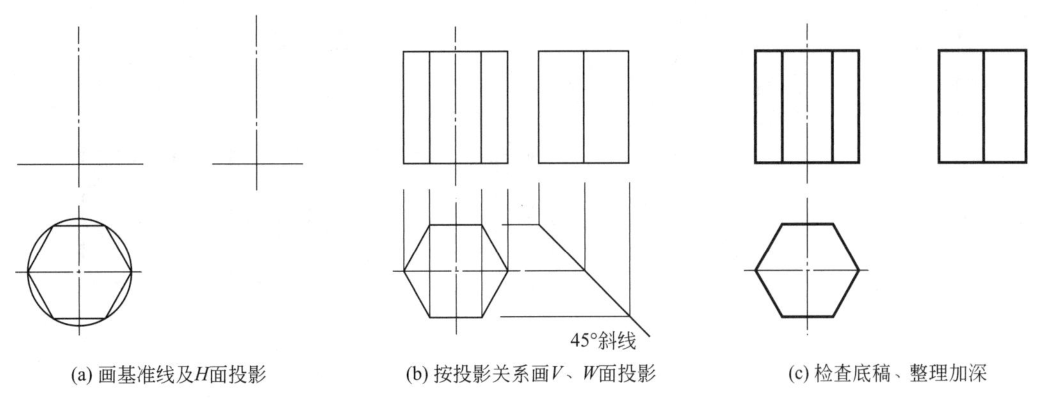

(a) 画基准线及*H*面投影　(b) 按投影关系画*V*、*W*面投影　(c) 检查底稿、整理加深

图 2-30　正六棱柱三面投影图的作图步骤

五、平面基本体的投影特征和尺寸标注

平面基本体的投影特征和尺寸标注方法见表 2-1。

表 2-1　平面基本体的投影特征和尺寸标注方法

平面体名称	三面投影图	应注尺寸
直角梯形四棱柱		
正六棱柱		
三棱柱		

续 表

平面体名称	三面投影图	应注尺寸
正五棱柱	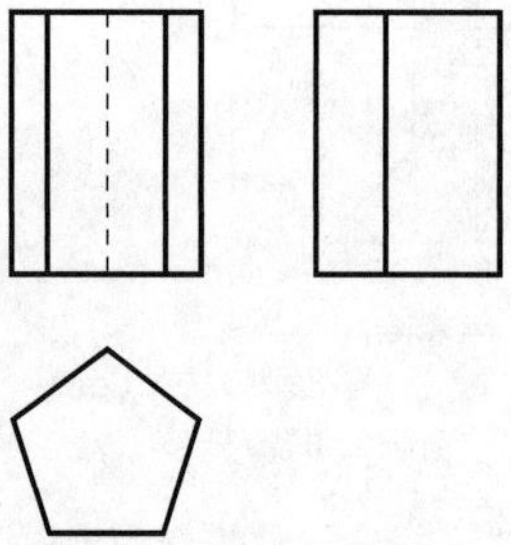	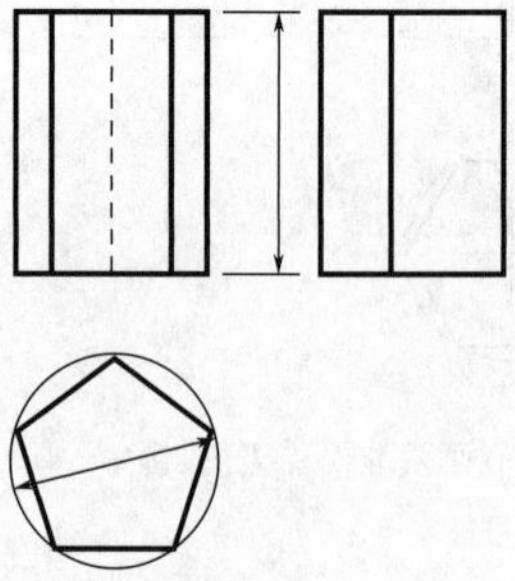
矩形四棱锥		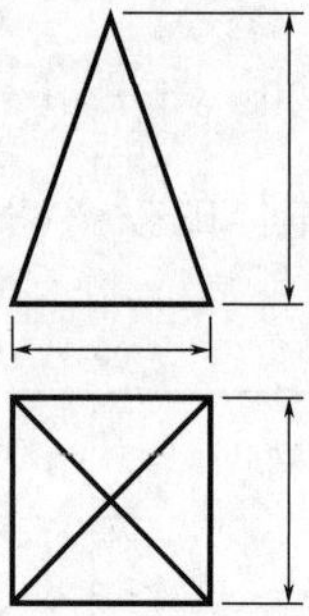
正三棱锥	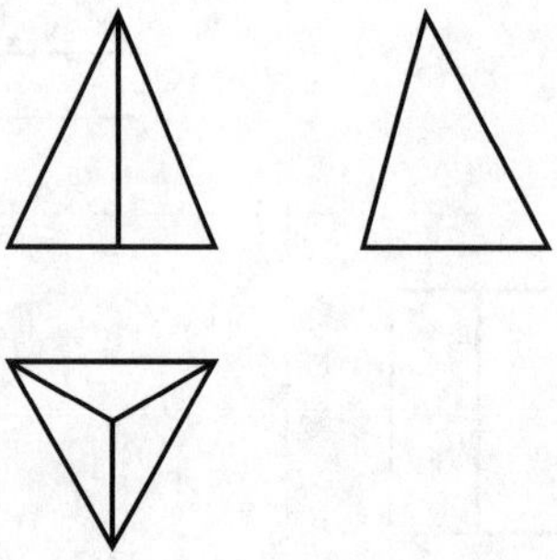	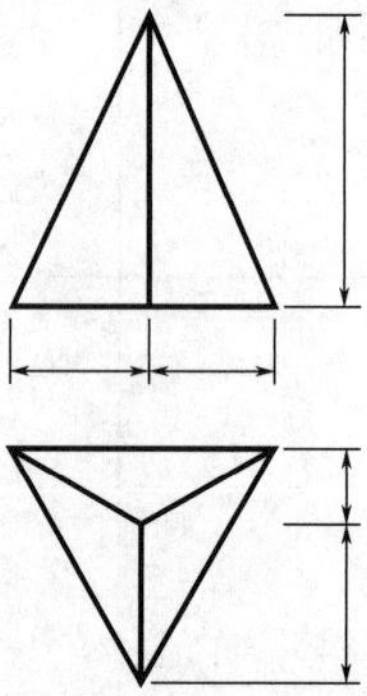
矩形四棱台	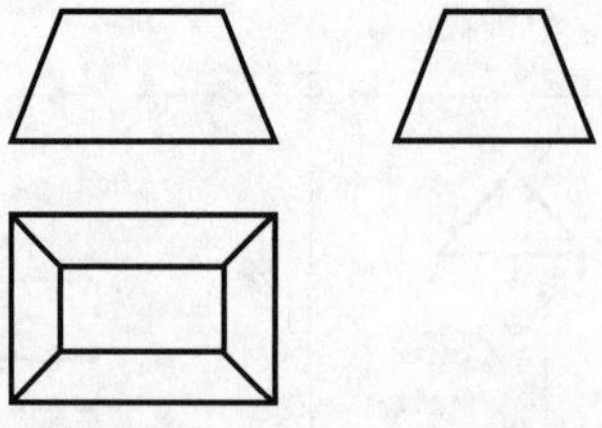	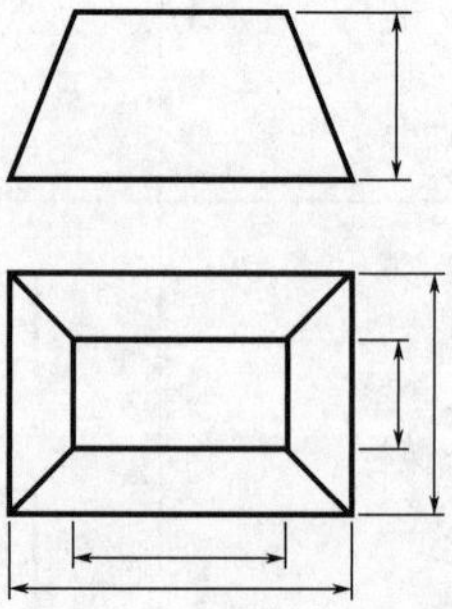

注意：平面体的尺寸标注，可以参考表2-1中的标注方法。在标注时，应注意平面体的几何特征，准确合理地标注好相应的尺寸。

【例 2–1】根据图 2-31 的形体立体图，绘制出该形体的三面投影图。

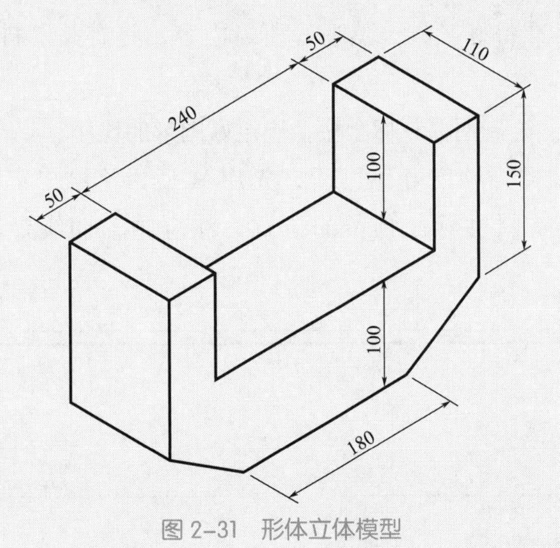

图 2–31　形体立体模型

分析：该形体可以简单地看作一多边形棱柱体，参考棱柱体的投影特征绘制。具体绘制过程见图2-32。

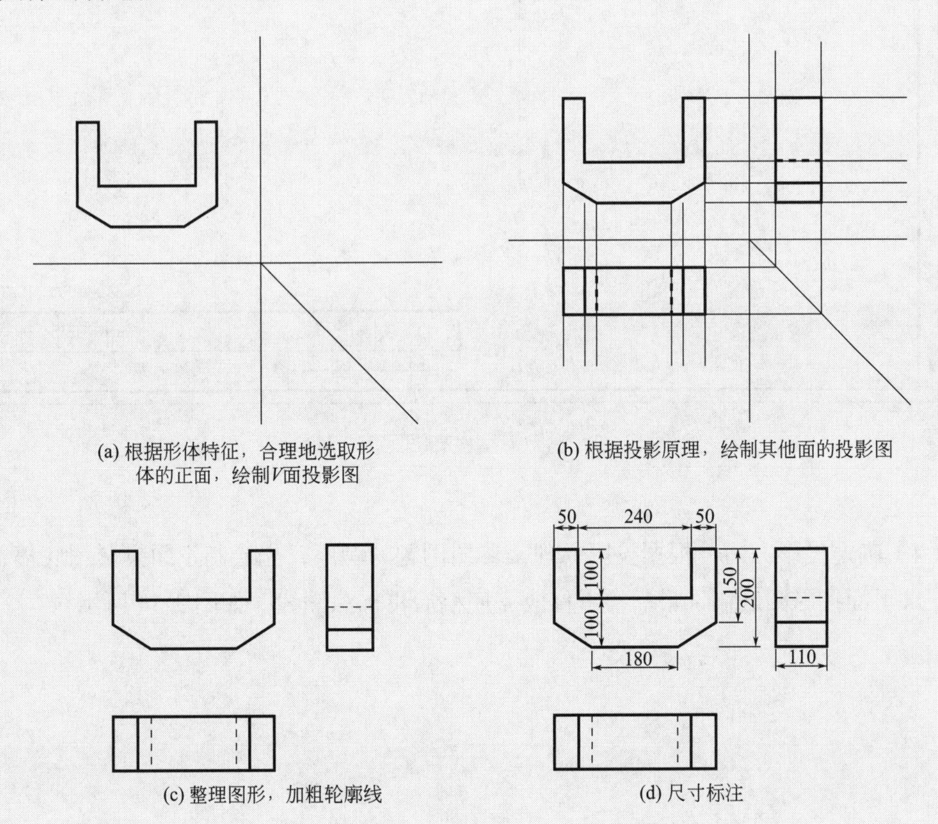

图 2–32　形体三面投影图绘制过程

任务实施

（1）准备工作。准备好工具，熟悉好所绘内容，将有关资料或图纸放在手边，方便查阅。

（2）确定好图幅，绘制图框、标题栏，确定好图形的比例。

（3）根据图形尺寸，确定好比例后，先用 H 型铅笔绘出定位基准线，居中布好图形位置，注意要考虑尺寸标注预留的位置，注意画辅助线要轻，方便擦拭。如图 2-33 所示。

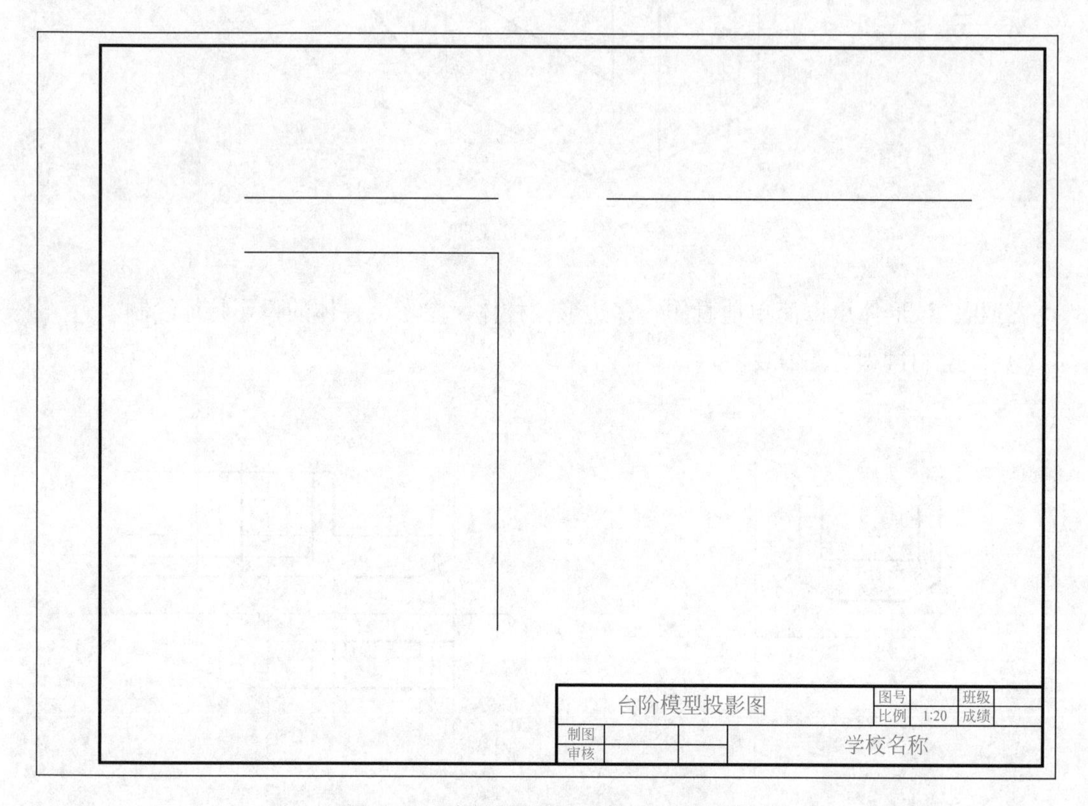

图 2–33　台阶模型投影图定位，辅助线

（4）确定投影方向，根据投影原理，参照例题的顺序，先绘制正面投影图底稿，再画侧面、水平面投影图底稿，最后检查修改完底稿后再加深图线。如图 2-34 所示。

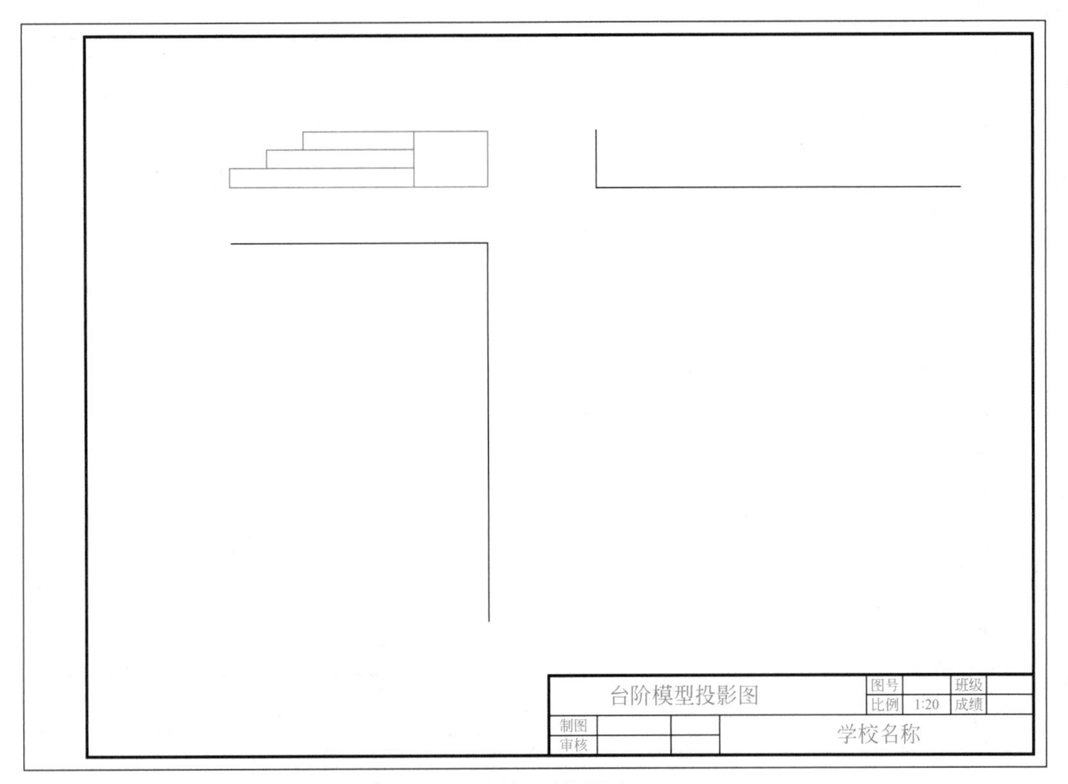

(a) 绘制正面投影图

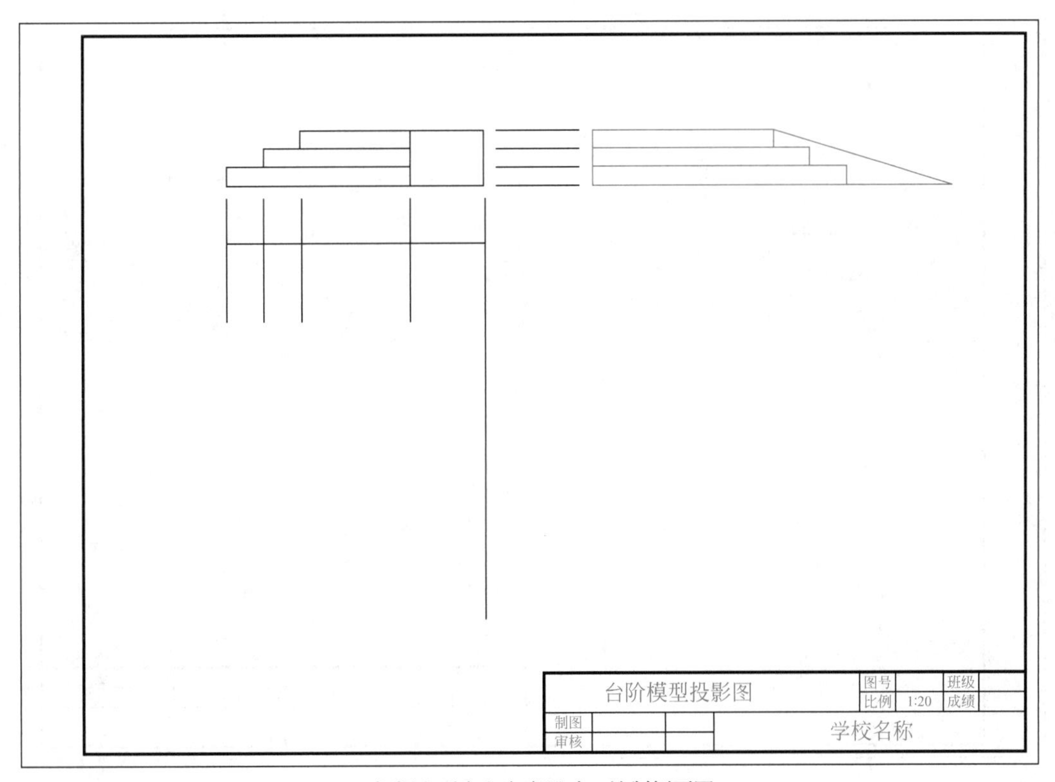

(b) 根据高平齐和宽度尺寸，绘制侧面图

图 2-34

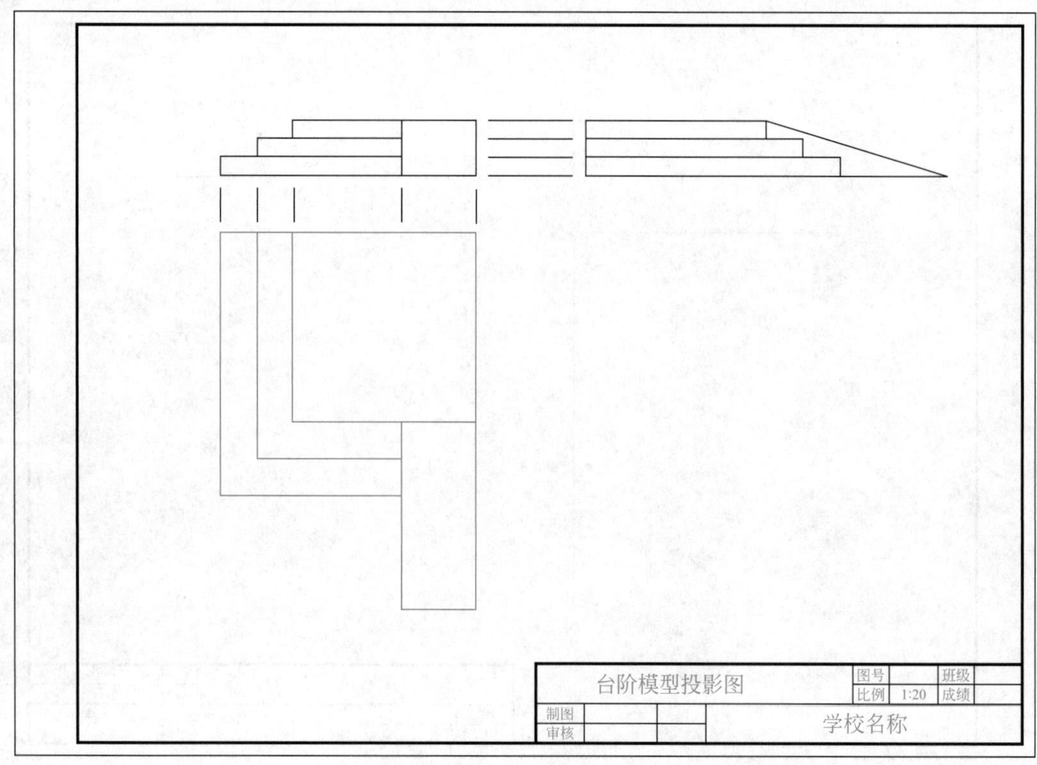

(c) 根据长对正，绘制平面图

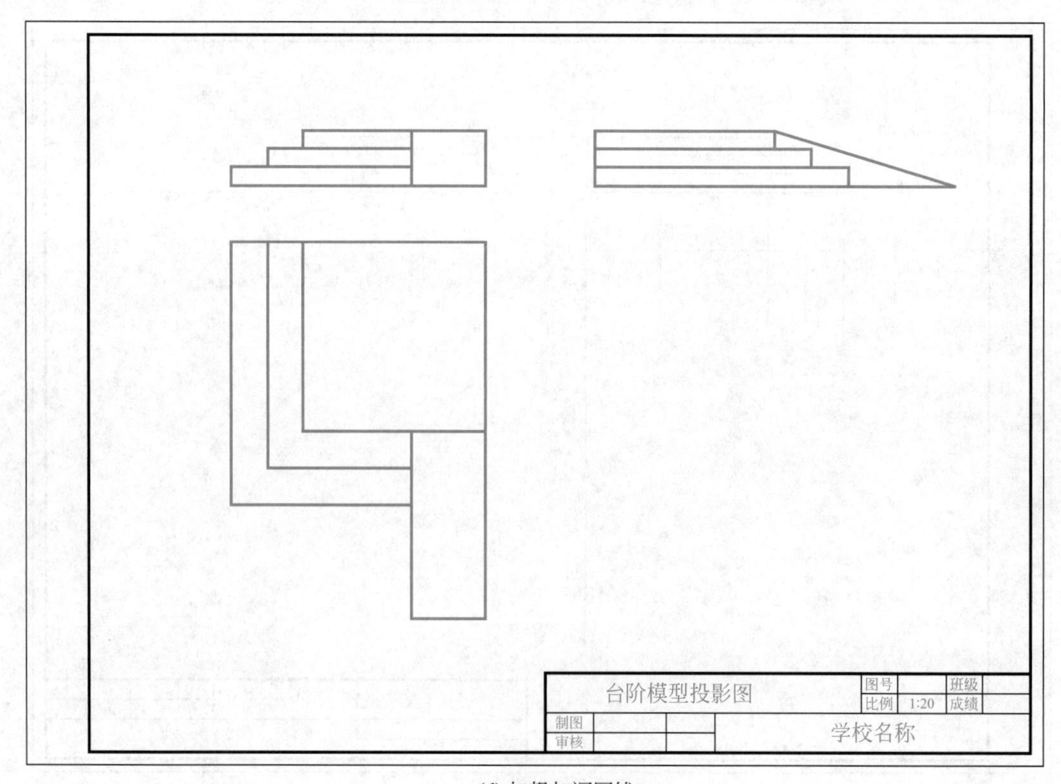

(d) 加粗加深图线

图 2-34　绘制台阶模型投影图

（5）尺寸标注。如图 2-35 所示。

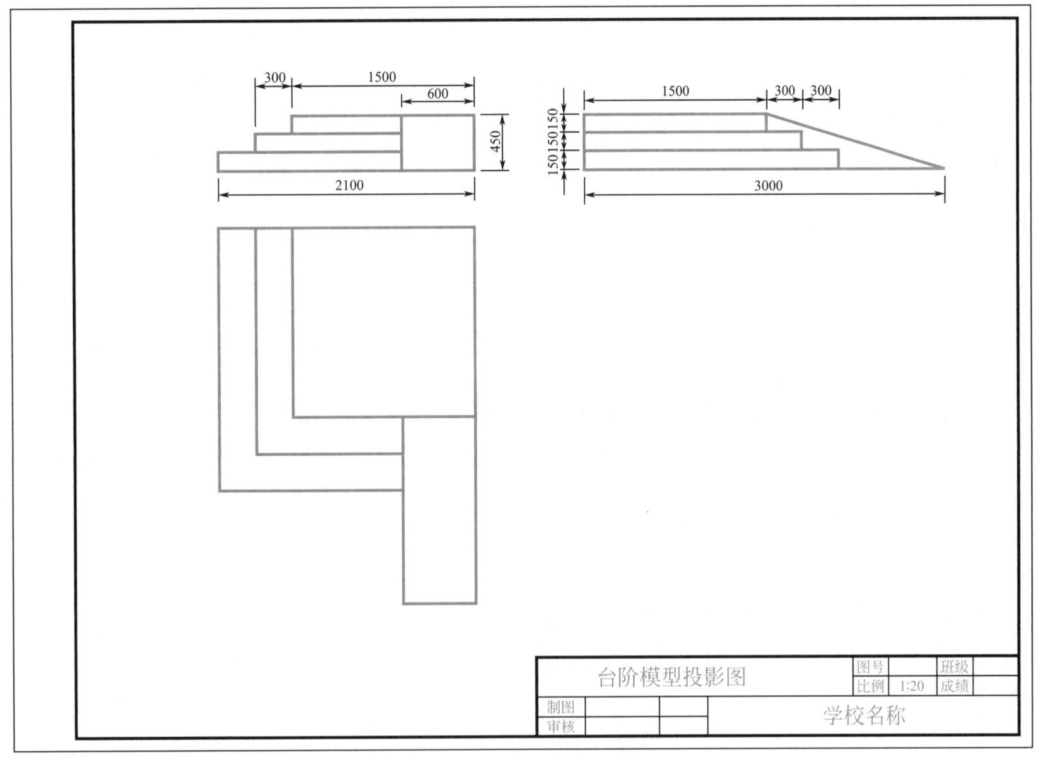

图 2-35　台阶模型投影图的尺寸标注

能力训练题

识图与绘图能力训练

1. 已知正五棱柱的高度为 25mm，补充完第三个面的投影图并标注尺寸。

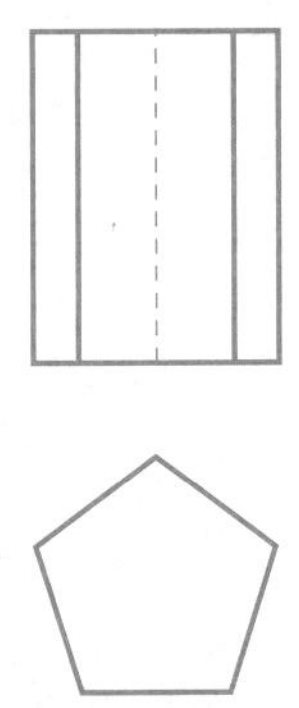

2. 已知一个四棱台的上表面矩形尺寸为 25mm × 35mm，下表面尺寸为 35mm × 45mm，高度为 30mm，试绘制出形体的三面投影图，并标注尺寸。

3. 已知正三棱锥的高度为 25mm，补充完形体的投影图并标注尺寸。

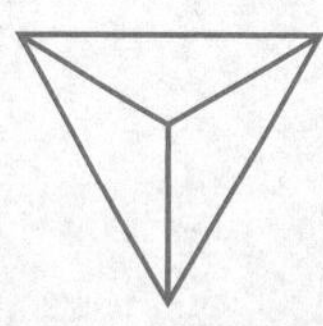

4. 根据所给的立体图形，绘制出形体的投影图。尺寸 1 : 1 量取。

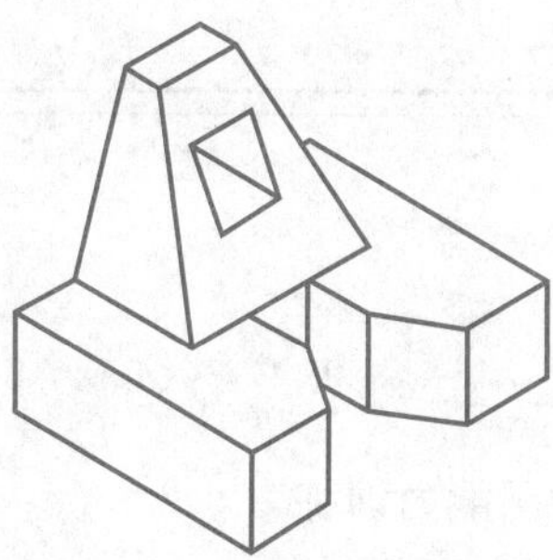

5. 根据所给的立体图形，绘制出形体的投影图。尺寸 1 : 1 量取。

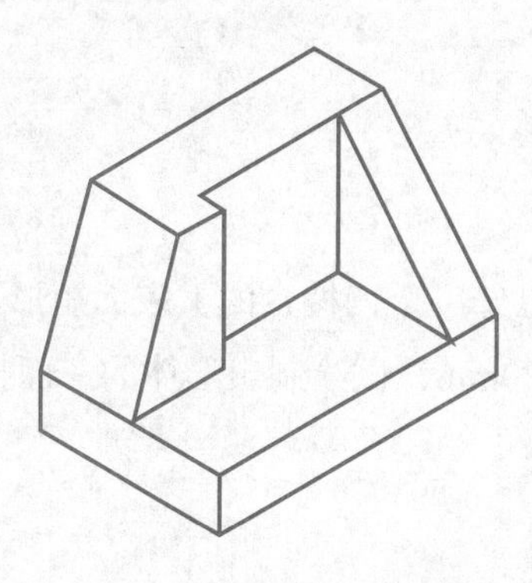

任务四
CAD 绘制台阶模型三面投影图

任务提出

用 AutoCAD 2018 绘制台阶三面投影图并标注尺寸，台阶的投影图如图 2-36 所示，A3 图幅，比例自定。

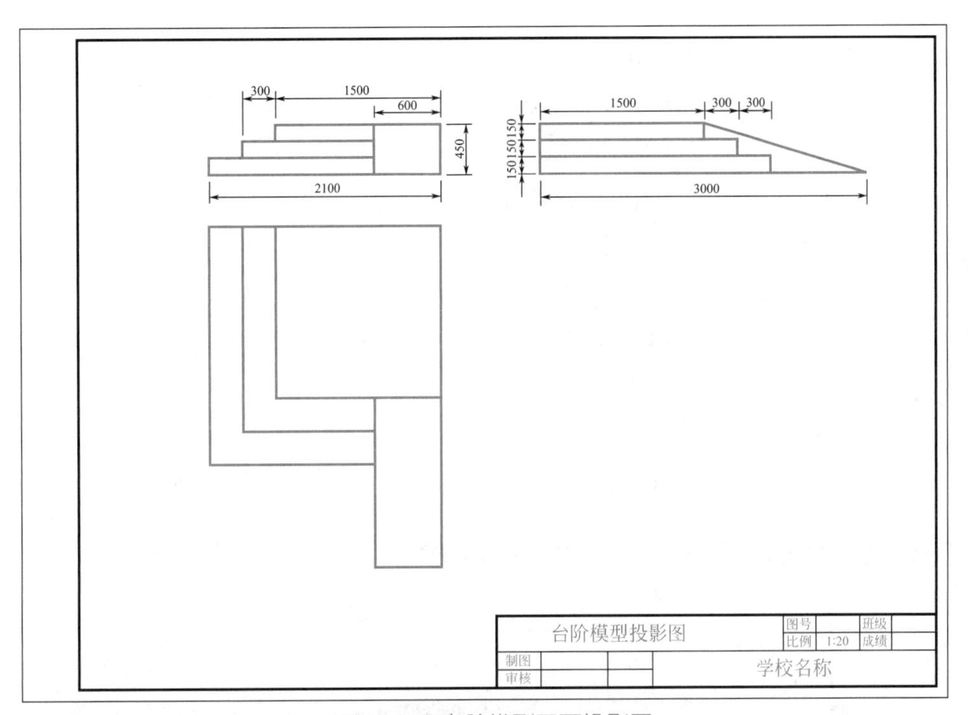

图 2-36　台阶模型三面投影图

任务分析

如图 2-36 所示为台阶投影图，从图中可以看出投影图是由正立面图、侧立面图和平面图组成。要绘制出任务图，则必须了解三面投影的概念、绘制方法以及对象捕捉、对象追踪、尺寸标注等，要学会如何识读尺寸，合理选取比例，正确布图，从而最后正确地绘制好本任务图，图形难度不大，应由学生自己独立动手完成。

必备知识

一、多段线

多段线是由几段线段或圆弧构成的连续线条。它是一个单独的图形对象。

在 AutoCAD 中绘制的多段线，无论有多少个点（段），均为一个整体，不能对其中的某一段进行单独编辑（除非把它分解后再编辑）。

可以用以下方式打开【多段线】模式：

- 工具栏按钮：
- 快捷键：PL
- 下拉菜单：【绘图】→【多段线】
- 命令行：pline

执行命令后，命令行将显示如下：

指定下一点或 [圆弧 (A)/ 闭合 (C)/ 半宽 (H)/ 长度 (L)/ 放弃 (U)/ 宽度 (W)]

圆弧 (A)：可以利用多段线绘制圆弧。当利用绘制多段线中的圆弧时，会有以下操作选项可选：指定圆弧的端点或 [角度 (A)/ 圆心 (CE)/ 闭合 (CL)/ 方向 (D)/ 半宽 (H)/ 直线 (L)/ 半径 (R)/ 第二个点 (S)/ 放弃 (U)/ 宽度 (W)]。

闭合 (C)：可以将多段线的首尾自动连接起来，形成闭合区域。

半宽 (H)：指线的宽度。如果输入半宽的值为 1，则线实际宽度为 2。

长度 (L)：指所绘制的线的长度。

放弃 (U)：放弃刚刚所执行的操作。

宽度 (W)：指线的宽度。它输入的值就是实际上所绘制出来的宽度值。

【例 2-2】利用多段线绘制一个如图 2-37 的箭头。

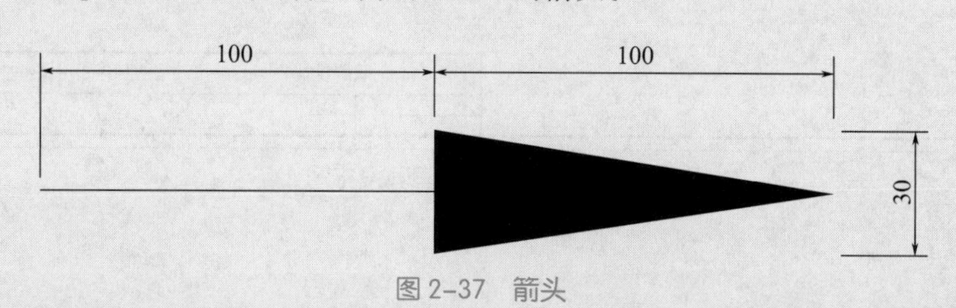

图 2-37　箭头

绘图操作命令如图 2-38 所示。

```
命令: PL
PLINE
指定起点:
当前线宽为 0.0000
指定下一个点或 [圆弧(A)/半宽(H)/长度(L)/放弃(U)/宽度(W)]: 100
指定下一点或 [圆弧(A)/闭合(C)/半宽(H)/长度(L)/放弃(U)/宽度(W)]: w
指定起点宽度 <0.0000>: 30
指定端点宽度 <30.0000>: 0
指定下一点或 [圆弧(A)/闭合(C)/半宽(H)/长度(L)/放弃(U)/宽度(W)]: 100
指定下一点或 [圆弧(A)/闭合(C)/半宽(H)/长度(L)/放弃(U)/宽度(W)]:
```

图 2-38　箭头操作命令

二、点的坐标输入

AutoCAD 的坐标输入方法通常采用绝对直角坐标、相对直角坐标、绝对极坐标和相对极坐标四种。下面分别介绍这四种坐标输入。

1. 绝对直角坐标

在绝对直角坐标系中，左下方坐标轴的交点称为原点，绝对坐标是指相对于当前坐标原点的坐标。在 AutoCAD 中，默认原点的位置在图形的左下角。

当输入点的绝对直角坐标（X，Y，Z）时，其中 X、Y、Z 的值就是输入点相对于原点的坐标距离。通常，在二维平面的绘图中，Z 坐标值默认等于 0，所以用户可以只输入 X 的坐标值。当确切知道了某点的绝对直角坐标值时，在命令行窗口用键盘直接输入 X、Y 坐标值来确定点的位置非常快捷。

【例 2-3】已知 A（100，100）、B（300，200）、C（400，50）三点的坐标，绘图如图 2-39 所示的三角形。

点击【绘图】→【直线】，根据命令行提示，进行如下程序操作完成三角形的绘制：

```
命令： line 指定第一点： 100,100
指定下一点或 [放弃(U)]： 300,200
指定下一点或 [放弃(U)]： 400,50
指定下一点或 [闭合(C)/放弃(U)]:C
```

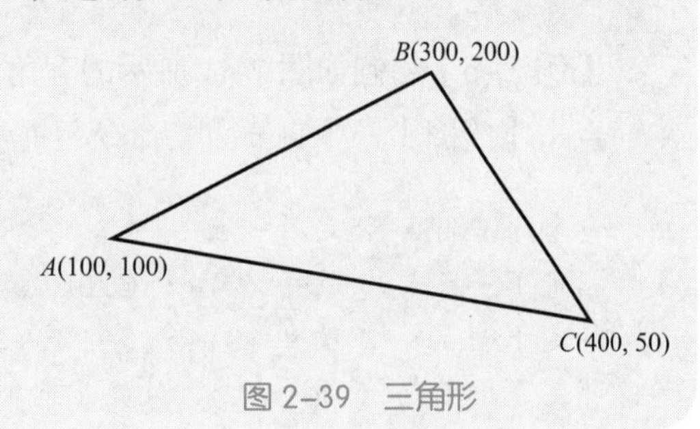

图 2-39　三角形

2. 相对直角坐标

相对直角坐标就是用相对于上一个点的坐标来确定当前点，也就是说用上一个点的坐标加上一个偏移量来确定当前点的坐标，即直接通过点与点的相对位移来绘制图形。相对直角坐标输入与绝对直角坐标输入的方法基本相同，只是 X、Y 坐标值表示的是相对于前一个点的坐标差，并且要在输入的坐标值的前面加上“@”符号。在后面的绘图中将经常用到相对直角坐标。

【例 2-4】用直线命令绘制如图 2-40 所示的矩形。

点击【绘图】→【直线】，命令行提示如下：

```
命令： line 指定第一点：
指定下一点或 [放弃(U)]： @200,0
```

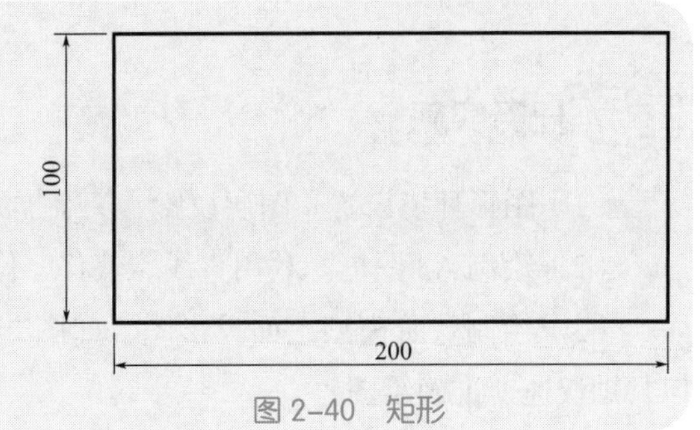

图 2-40　矩形

```
指定下一点或 [放弃(U)]: @0,100
指定下一点或 [闭合(C)/放弃(U)]: @-200,0
指定下一点或 [闭合(C)/放弃(U)]: @0,-100
指定下一点或 [闭合(C)/放弃(U)]:
```

3. 绝对极坐标

极坐标是一种以极径 *R* 和极角 & 来表示点的坐标。绝对极坐标是从点（0，0）或（0，0，0）出发的位移，但给定的是距离或角度。其中距离和角度用“<”分开，如“*R*< &”。计算方法是从 *X* 轴正向转向两点连线的角度，以逆时针方向为正，如 *X* 轴正向为 0°，*Y* 轴正向为 90°。绝对极坐标在 AutoCAD 中较少采用。

4. 相对极坐标

相对极坐标中 *R* 为输入点相对前一点的距离长度，& 为这两点的连线与 *X* 轴正向之间的夹角。在 AutoCAD 中，系统默认角度测量值以逆时针为正，反之为负值。输入格式为“@*R*< &”。

【例 2–5】绘制如图 2-41 所示的五角星。

点击【绘图】→【直线】，命令行提示如下：

```
命令：line 指定第一点：
指定下一点或 [放弃(U)]: @100<0
指定下一点或 [放弃(U)]: @-100<36
指定下一点或 [闭合(C)/放弃(U)]: @100<72
指定下一点或 [闭合(C)/放弃(U)]: @-100<108
指定下一点或 [闭合(C)/放弃(U)]: c
```

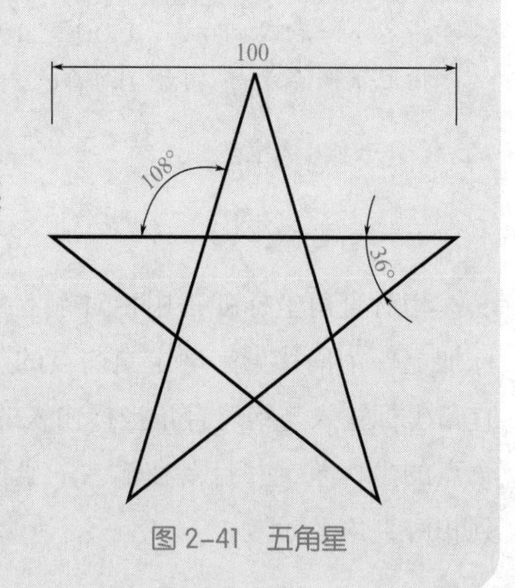

图 2–41 五角星

任务实施

（1）图形环境设置（图层设置、文字样式设置、标注样式设置），参考前面任务。

（2）绘制 A3 图框。利用直线、偏移、修剪命令，按照国标要求绘制出 A3 图框。

（3）绘制台阶模型三面投影图，如图 2-42 所示，打开极轴和对象捕捉、对象追踪可以帮助快速、准确绘图。

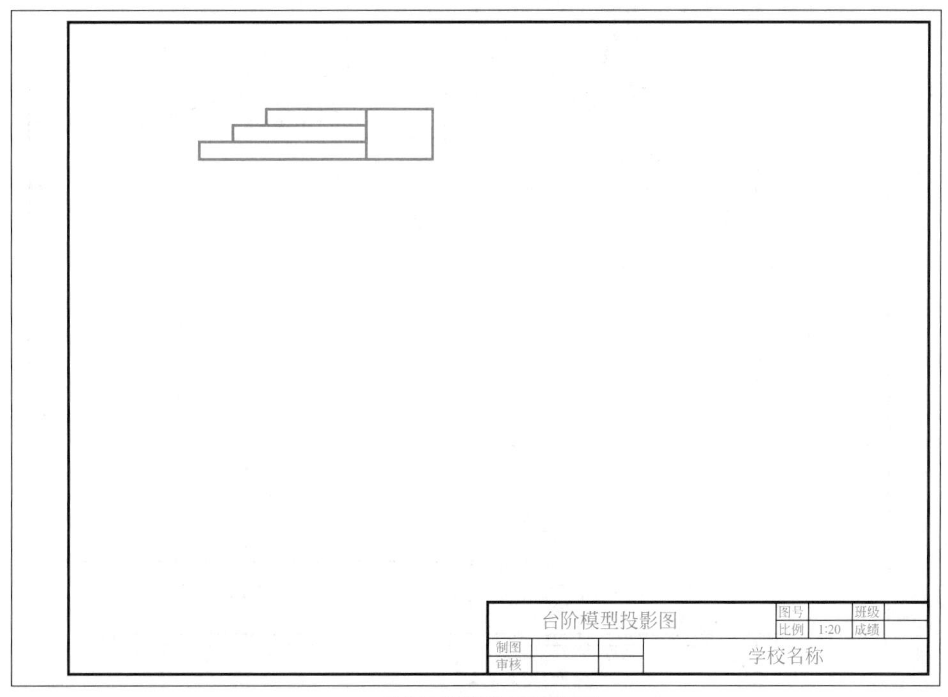

(a) 绘制台阶模型正面投影图

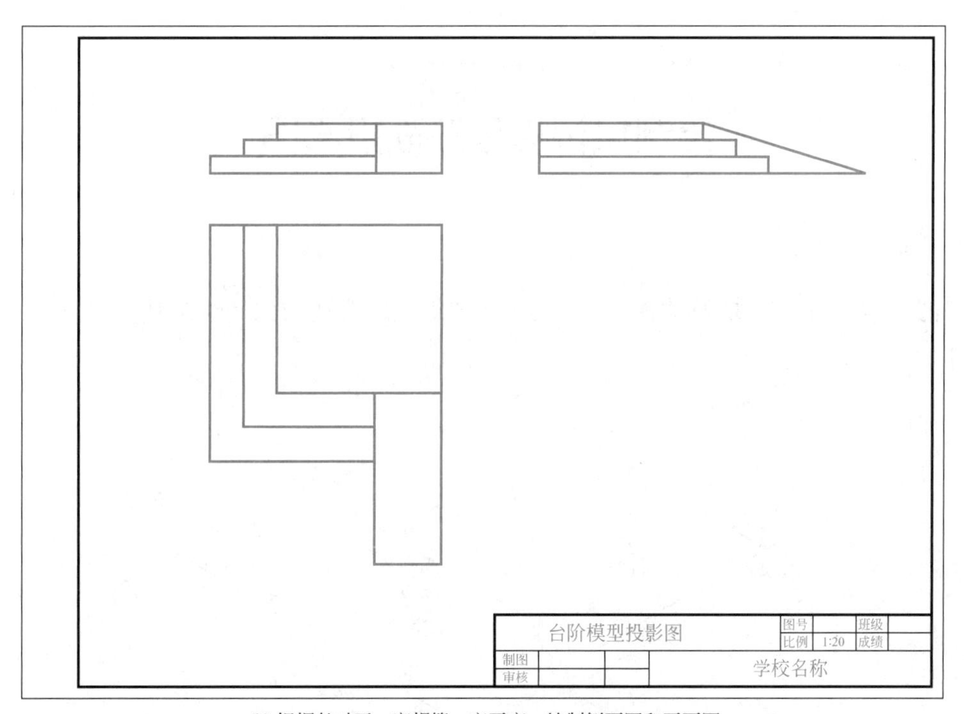

(b) 根据长对正、宽相等、高平齐，绘制侧面图和平面图

图 2-42　CAD 绘制台阶模型三面投影图

（4）尺寸标注。如图 2-43 所示。

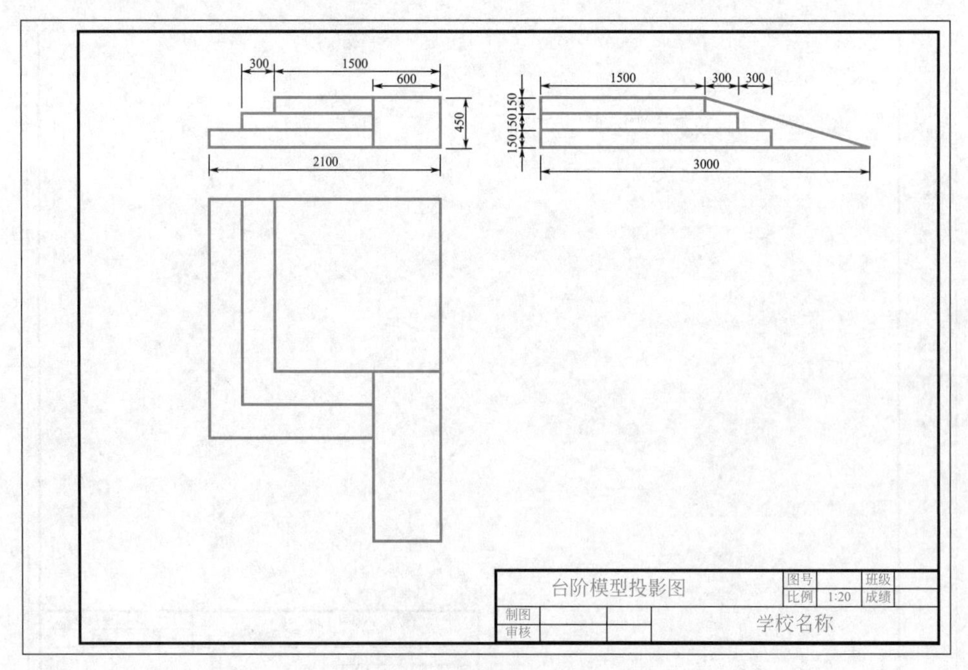

图 2-43 CAD 尺寸标注

任务五 绘制拱桥模型三面投影图

任务提出

如图 2-44 所示为一拱桥的模型图，在 A3 图纸上取合适的比例绘制其三面投影图并标注尺寸。

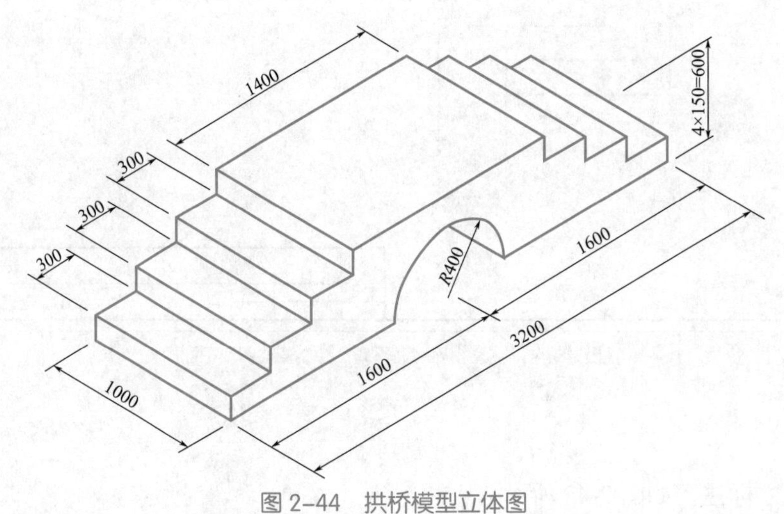

图 2-44 拱桥模型立体图

任务分析

从图 2-44 的拱桥模型立体图可以看出，拱桥模型中除了有平面立体外，还出现了半径为 400mm 的半圆柱桥洞。在工程图纸中，除了平面基本形体外，还有许多这种由曲面或曲面和平面围成的几何体，因此，绘制该拱桥的三面投影图，除了要掌握平面体三面投影的内容外，还应了解各种曲面基本形体的三面投影规律，掌握平面体、曲面体的投影特点和绘图方法。本图采用 A3 图幅，比例自定，要求尺寸标注。

必备知识

工程制图中，各表面均为曲面或曲面和平面的几何体通常称为平面立体。如球、圆柱、圆锥和圆台等。

一、圆柱

圆柱由圆柱面和两端圆平面组成。圆柱面是一母线 AA_1 绕与之平行的轴线 OO_1 旋转而成。如图 2-45（a）所示。

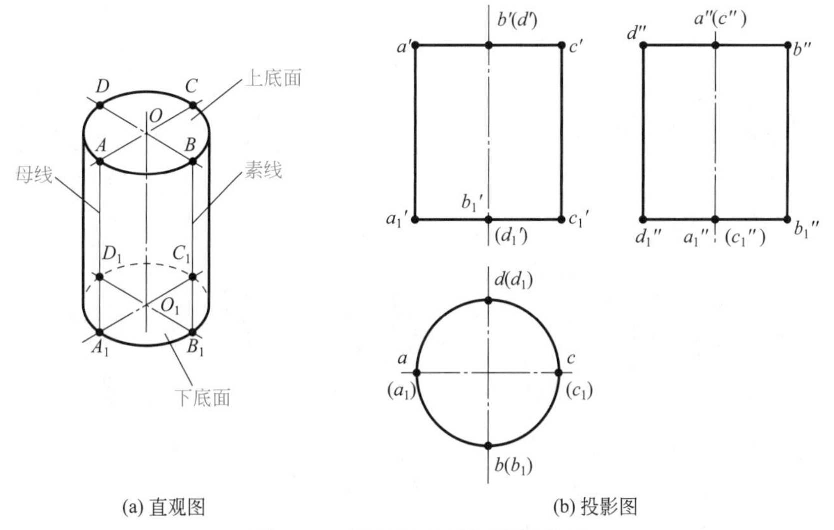

(a) 直观图　　(b) 投影图

图 2-45　圆柱的直观图和投影图

图 2-45（b）为圆柱的投影图，从图中可以分析到圆柱的 H 面投影为一反映上下底面实形的圆，圆柱面的投影积聚为圆的周线，如素线 BB_1 积聚为点 b 和重影点 b_1；V 面投影为一矩形，为前后两个圆柱面的重影，矩形上下水平线是圆柱上下底面的积聚投影，左右竖线是最左和最右素线 AA_1、CC_1 的实长投影。因为这两条素线构成了圆柱面投影的轮廓线，故称之为轮廓素线。V 面投影的轮廓素线也是圆柱面对 V 面的可见与不可见部分的分界线。W 面投影亦为一矩形，唯其两条竖线是圆柱面上最前 BB_1 和最后 DD_1 的素线的投影，这两条素线也是圆柱面对 W 面的可见与不可见部分的分界线。

由于圆柱面是光滑曲面，圆柱面上最左和最右的两条素线在 W 面上不画出来了，轴线的 V、W 面投影均用细点画线绘出。

圆柱投影的特征：一个投影为反映上下底面实形的圆，另两个投影为两个全等的矩形。

圆柱投影的画法：①画图时，应先画中心线和轴线；②再画投影为圆形的那一面投影图；③最后画其余两个面的投影图。

二、圆锥

圆锥面可以看作是由一条直母线 SA 绕着与它相交的轴线 SO 旋转而形成的，圆锥的素线 SB 是通过锥顶的直线，如图 2-46（a）所示。

图 2-46（b）为圆锥的投影图，从图中可以分析到圆锥的 H 面投影为一圆形，也就是圆锥面与底面的重影，圆心为锥顶 S 及轴线的投影；V 面投影为一等腰三角形，圆锥面的转向轮廓线是圆锥面可见与不可见的分界线，如图中素线 $s'a'$ 和 $s'c'$ 为圆锥面前后两部分的分界线，三角形底边 $a'c'$ 为底面圆的积聚投影；W 面投影也为一等腰三角形，素线 $s''d''$ 和 $s''b''$ 也是圆锥面对 W 面的可见与不可见部分的分界线。

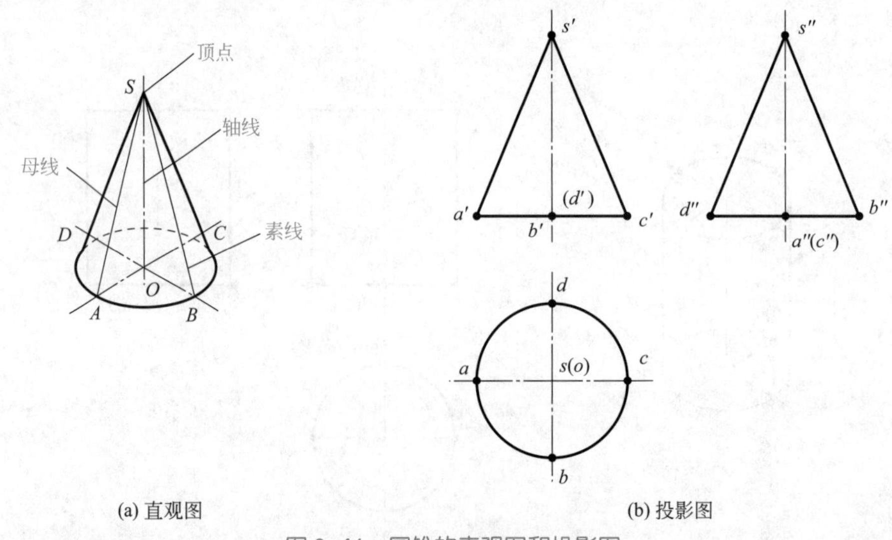

(a) 直观图　　(b) 投影图

图 2-46　圆锥的直观图和投影图

圆锥的投影特征：一个投影为反映底面实形及圆锥面投影的圆，另两个面投影为两个全等的等腰三角形。

圆锥投影的画法：①画图时，应先画中心线和轴线；②再画投影为圆的那一面投影图；③最后画其余两个面投影为等腰三角形的投影图。

三、圆台

如图 2-47 所示为圆台的直观图及其三面投影图，从直观图中可以看出，圆台可以看作圆锥切掉锥顶部分以后的形体。

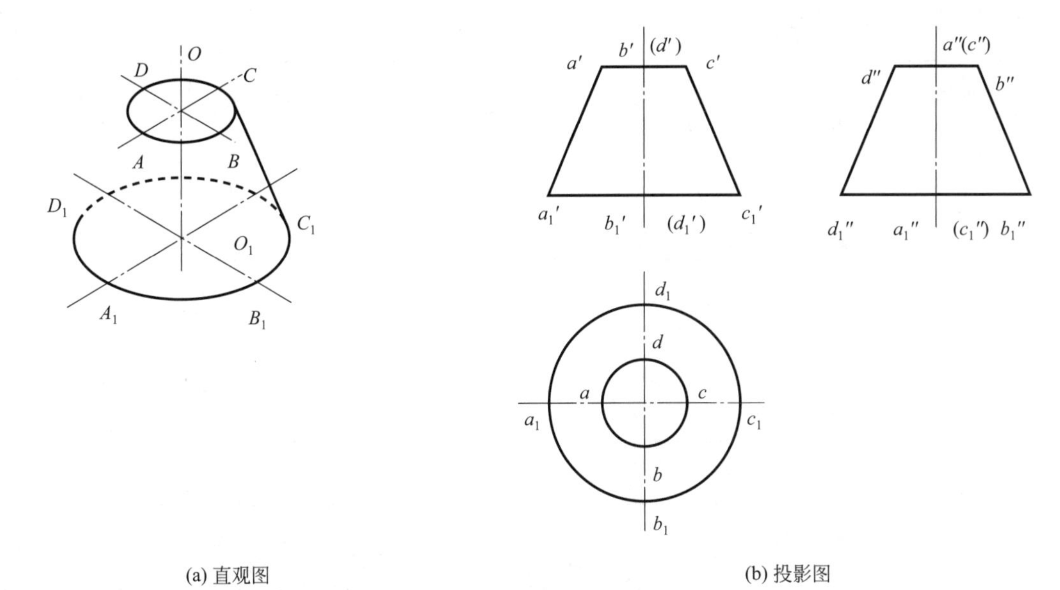

(a) 直观图　　(b) 投影图

图 2-47　圆台的直观图和投影图

图 2-47（b）为圆台的投影图，从图中可以分析到圆台的 H 面投影为两个同心圆形，V 面投影为一等腰梯形，W 面投影也为一等腰梯形。

圆台的投影特征：一个投影为反映上下底面实形的两个同心圆形，另两个面投影为两个全等的等腰梯形。

圆台投影的画法：①画图时，应先画中心线和轴线；②再画投影为同心圆的那一面投影图；③最后画其余两个投影为等腰梯形的投影图。

四、曲面体的投影图特征和尺寸标注

常见的曲面体投影图的画法及尺寸标注，如表 2-2 所示。

表 2-2　常见曲面体投影图画法及尺寸标注

曲面体名称	三面投影图	应注尺寸
圆柱		

续 表

曲面体名称	三面投影图	应注尺寸
圆锥		ϕ
圆台		ϕ ϕ
球		Sϕ
圆管		ϕ ϕ

注意：曲面体的尺寸标注，可以参考表 2-2 中的标注方法。在标注时，应注意曲面体的几何特征，准确合理地标注好相应的尺寸。

【例 2–6】根据图 2-48 所给形体的立体图，绘制其三面投影图。

分析：该形体可以简单地看作一多边形棱柱中切割了一个半圆柱体。

作图思路：（1）先不考虑切割的半圆柱体形状，作出的投影图如图 2-49（a）。

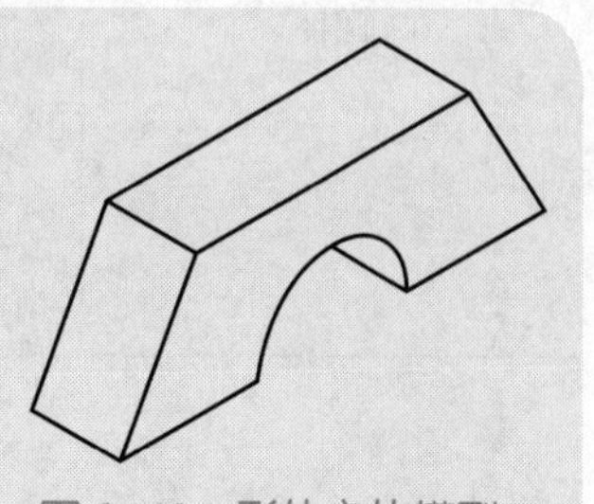

图 2–48　形体立体模型

（2）在图 2-49（a）的基础上，再考虑切割的半圆柱体，作出的投影图如图 2-49（b）。

（3）尺寸标注（1∶1 量取，完成标注）。

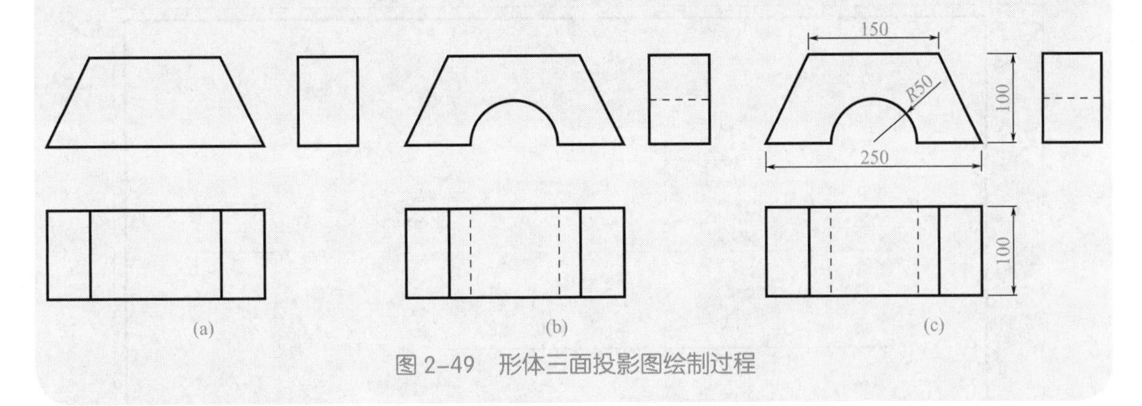

图 2-49　形体三面投影图绘制过程

注意：此作图思路，对于部分空间想象力不够好的同学可以多加练习，它能把复杂的形体更加简单化，适合大家练习时使用。

任务实施

（1）准备工作。准备好工具，熟悉好所绘内容，将有关资料或图纸放在手边，方便查阅。

（2）确定好图幅，绘制图框、标题栏，确定好图形的比例。

（3）根据图形尺寸，确定好比例后，先用 H 型铅笔绘出定位基准线，居中布好图形位置，注意要考虑尺寸标注预留的位置，注意画辅助线要轻，方便擦拭。如图 2-50 所示。

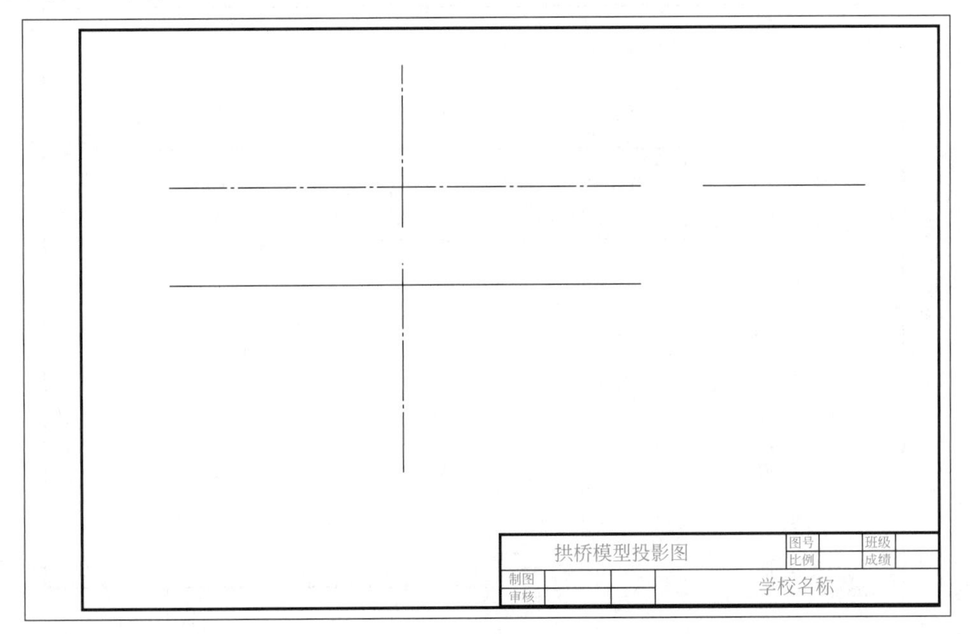

图 2-50　定位，画辅助线

（4）确定投影方向，根据投影原理，参照例题的顺序，先绘制正面投影图底稿，再画侧面、水平面投影图底稿，最后检查修改完底稿后再加深图线。如图 2-51 所示。

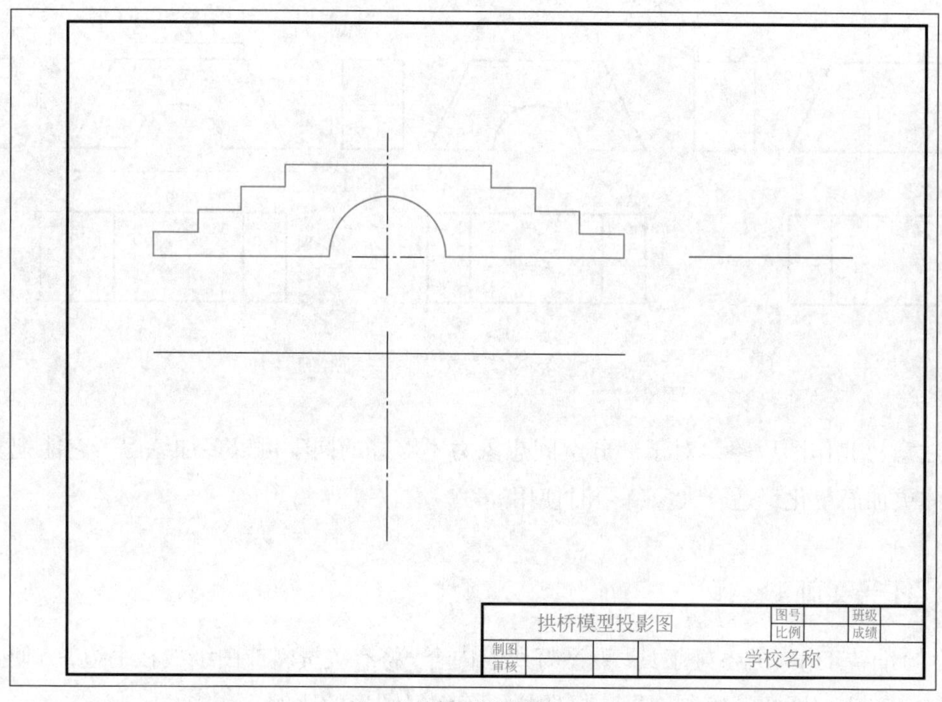

(a) 绘制正面投影图

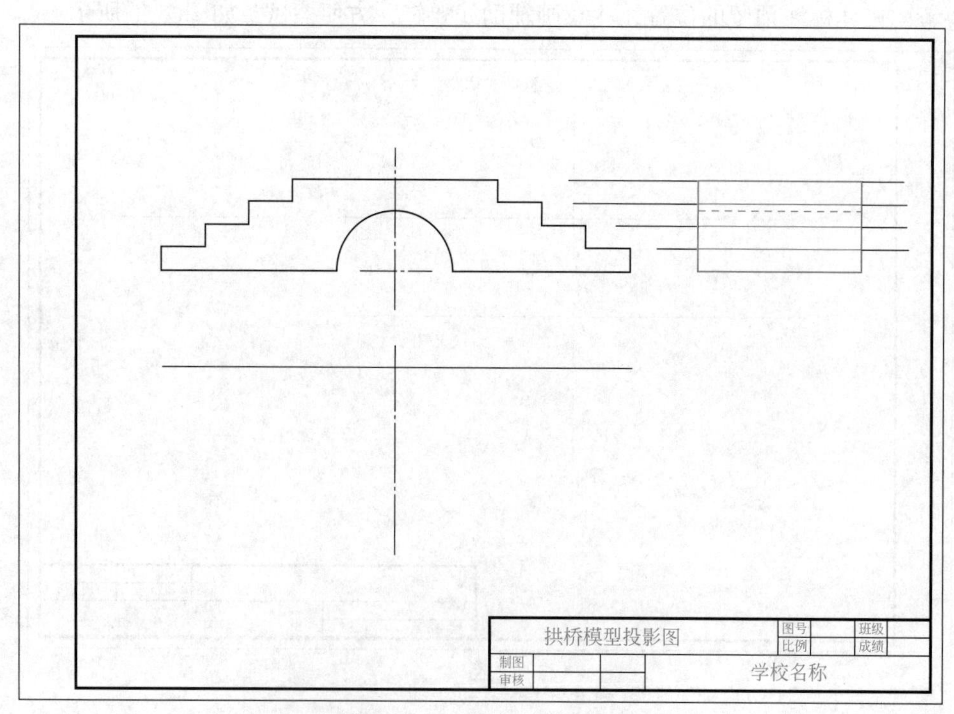

(b) 根据高平齐、宽度相等，绘制侧面投影图

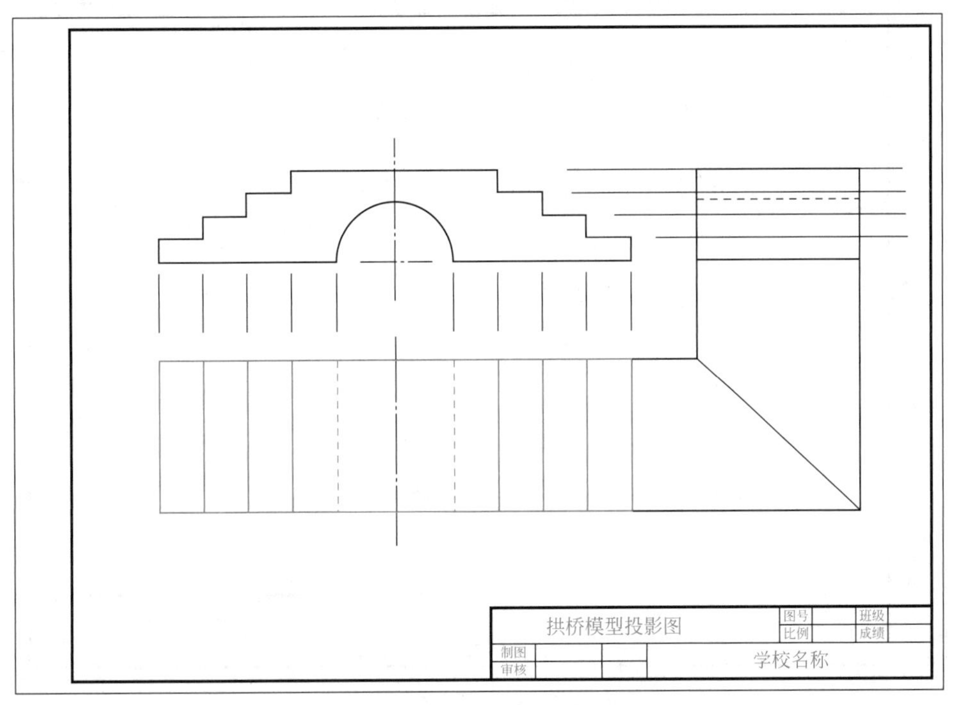

(c) 根据长对正，绘制水平面投影图

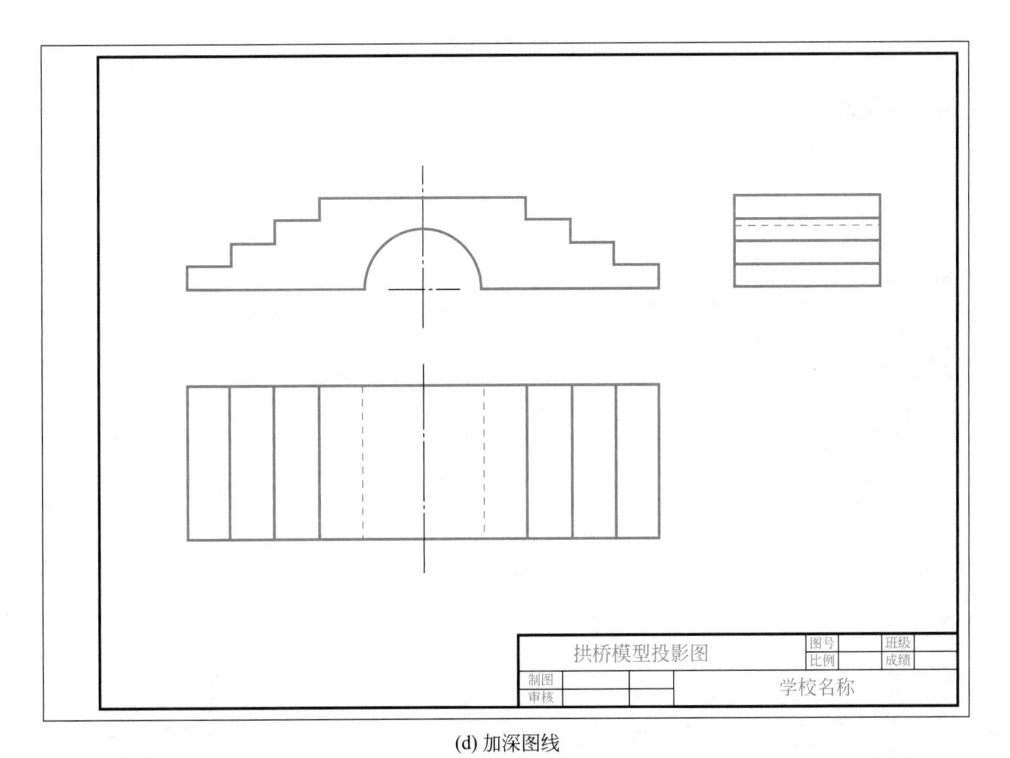

(d) 加深图线

图 2-51　绘制拱桥三面投影图

（5）尺寸标注，如图 2-52 所示。

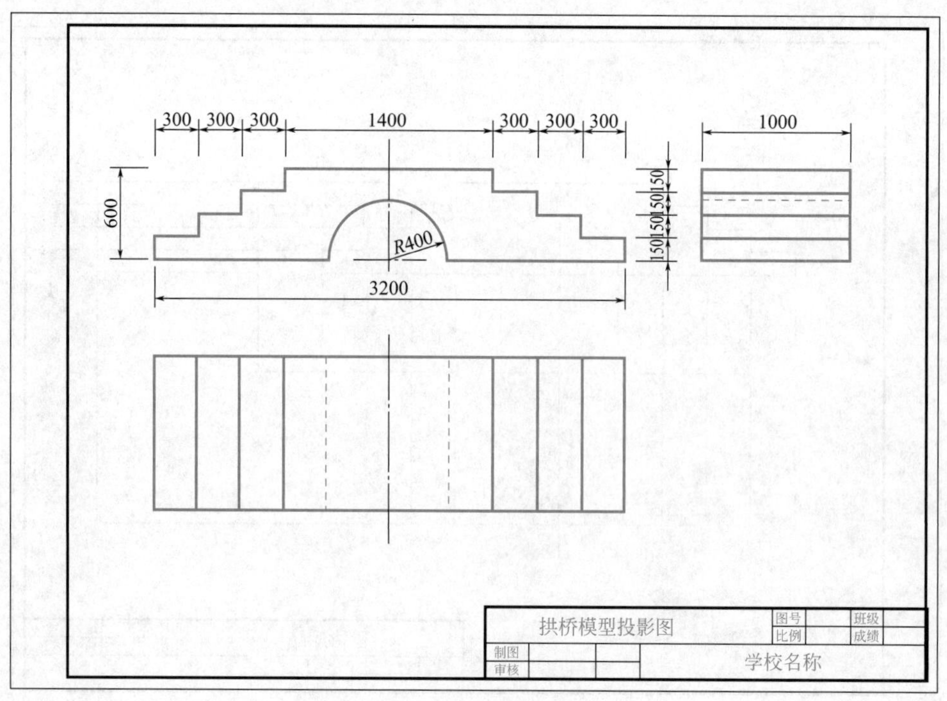

图 2-52　拱桥模型尺寸标注

能力训练题

识图与绘图能力训练

1. 已知圆柱的高度为 25mm，补充完第三个面的投影图并标注尺寸。

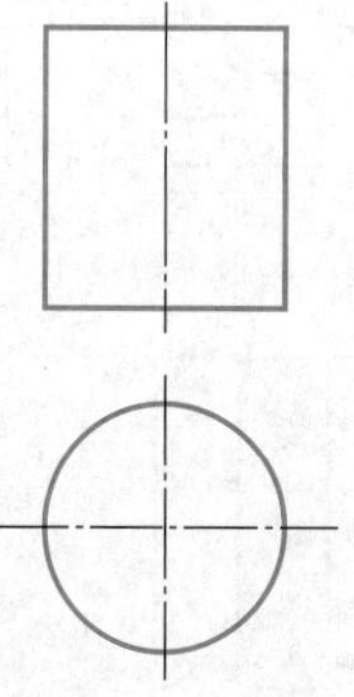

2. 已知圆锥的高度为 25mm，补充完形体的投影图并标注尺寸。

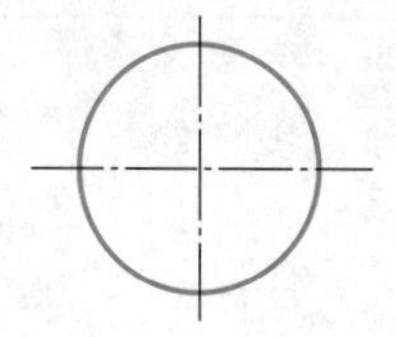

3. 已知圆台的平面图如下，高度为 30mm，试绘制出形体的三面投影图，并标注尺寸。

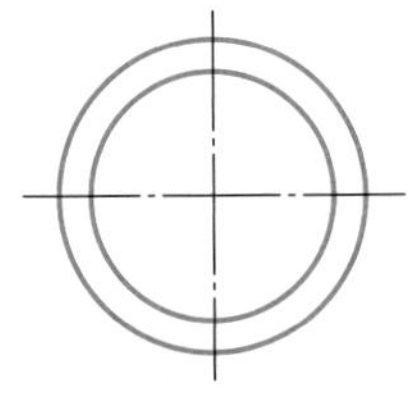

4. 已知圆管的平面图如下，高度为 30mm，试绘制出形体的三面投影图，并标注尺寸。

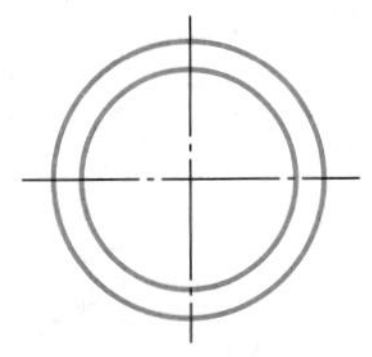

5. 根据所给的立体图形，绘制出形体的投影图。尺寸 1∶1 量取。

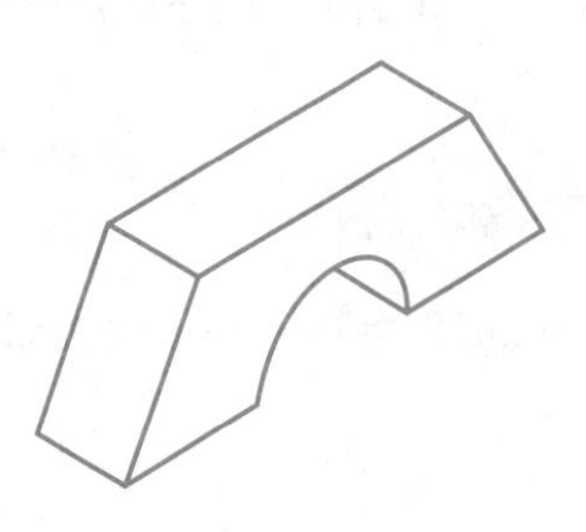

6. 根据所给的立体图形，绘制出形体的投影图。尺寸 1∶1 量取。

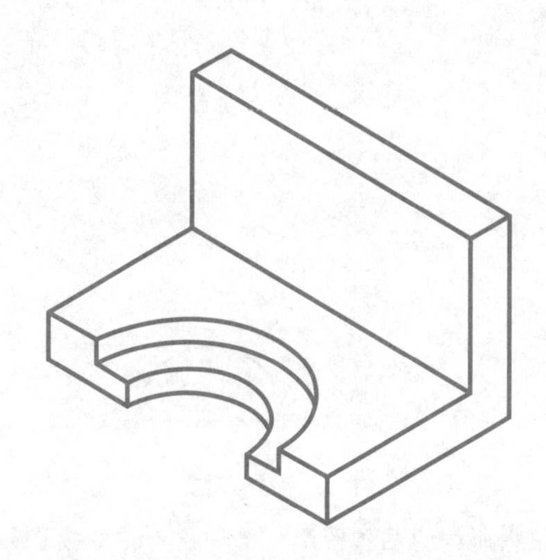

任务六
CAD 绘制拱桥模型三面投影图

任务提出

用 AutoCAD 2018 绘制拱桥三面投影图并标注尺寸，拱桥模型的投影图如图 2-53 所示，A3 图幅，比例自定。

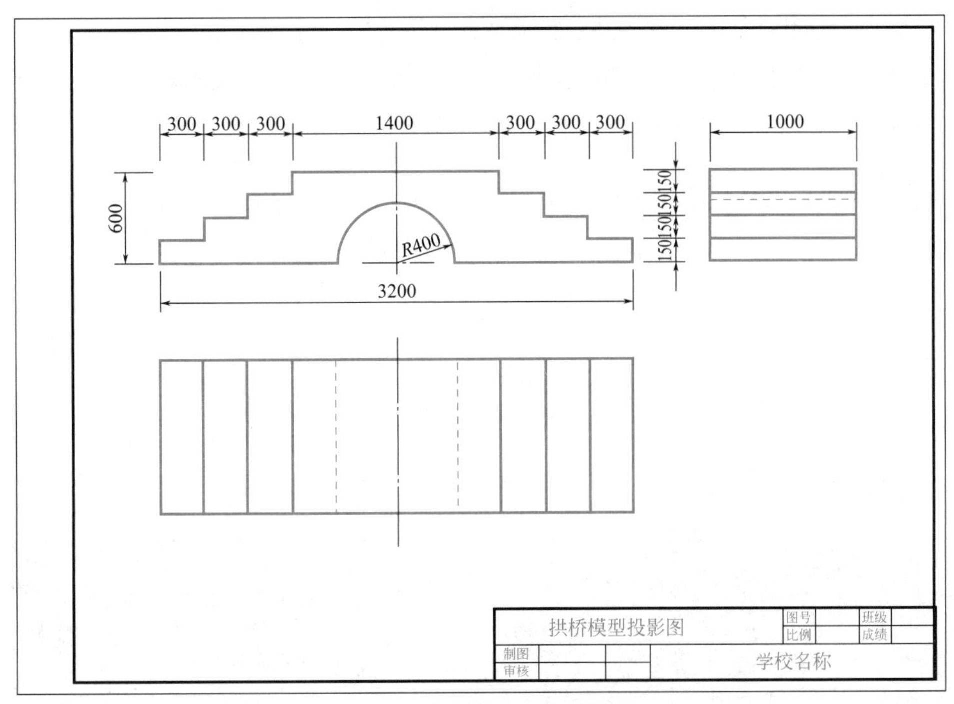

图 2-53　拱桥模型三面投影图

任务分析

如图 2-53 所示为拱桥模型三面投影图，从图中可以看出投影图是由正立面图、侧立面图和平面图组成，要绘制出任务图，除了要学会如何识读尺寸，理解投影原理，合理选取比例，正确布图外，还要学会根据一些编辑修改命令，进行图形的快速绘制，比如复制、移动、镜像等命令。

必备知识

一、复制

在指定方向上按指定距离复制对象。

可以用以下方式打开【复制】模式：

- 工具栏按钮：
- 快捷键：CO
- 下拉菜单：【修改】→【复制】
- 命令行：copy

执行命令后，命令行将显示如下：

选择对象 : 使用对象选择方法并在完成选择后按【Enter】键

指定基点或 [位移 (D)/ 模式 (O)/ 多个 (M)] < 位移 >: 指定基点或输入选项

指定第二个点或 [阵列 (A)] < 使用第一个点作为位移 >: 指定第二个点或输入选项

【例 2–7】利用复制命令绘制一个如图 2-54 的踏步。

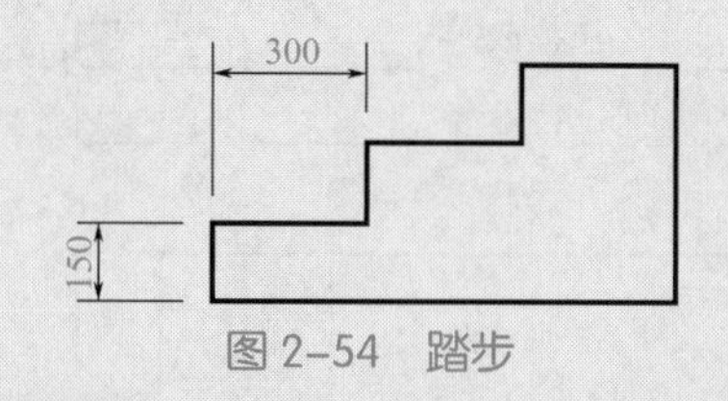

图 2–54　踏步

绘制操作命令如图 2-55 所示。

```
命令: L LINE
指定第一个点:
指定下一点或 [放弃(U)]: 150
指定下一点或 [放弃(U)]: 300
指定下一点或 [闭合(C)/放弃(U)]:
窗交(C) 套索  按空格键可循环浏览选项
窗交(C) 套索  按空格键可循环浏览选项
命令:
命令:
命令: _copy 找到 2 个
当前设置:  复制模式 = 多个
指定基点或 [位移(D)/模式(O)] <位移>:
指定第二个点或 [阵列(A)] <使用第一个点作为位移>:
指定第二个点或 [阵列(A)/退出(E)/放弃(U)] <退出>:
指定第二个点或 [阵列(A)/退出(E)/放弃(U)] <退出>:
命令:
命令:
命令: _line
指定第一个点:
指定下一点或 [放弃(U)]:
指定下一点或 [放弃(U)]:
指定下一点或 [闭合(C)/放弃(U)]: *取消*
```

图 2–55　踏步的绘制操作命令

二、镜像

创建选定对象的镜像图形。可以创建表示半个图形的对象，选择这些对象并沿指定的线进行镜像以创建另一半。

注意：默认情况下，镜像文字对象时，不更改文字的方向。如果确实要反转文字，请将 MIRRTEXT 系统变量设置为 1，如图 2-56 所示。

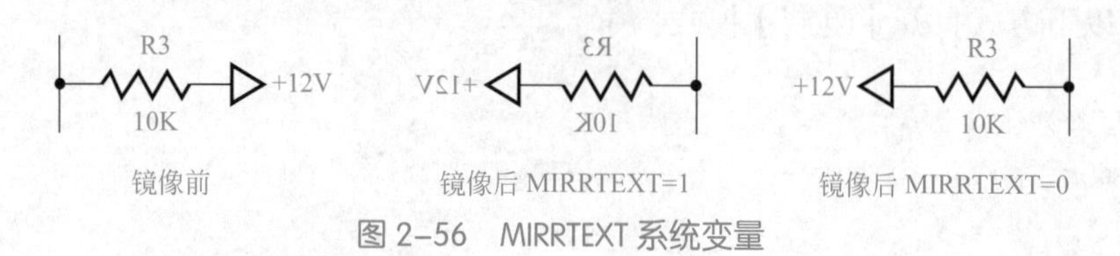

图 2–56　MIRRTEXT 系统变量

可以用以下方式打开【镜像】模式：

- 工具栏按钮：
- 快捷键：MI

绘制命令将显示以下提示：

【选择对象】使用一种对象选择方法来选择要镜像的对象。按【Enter】键完成。

【指定镜像线的第一个点和第二个点】指定的两个点将成为直线的两个端点，选定对象相对于这条直线被镜像。对于三维空间中的镜像，这条直线定义了与用户坐标系 (UCS) 的 *XY* 平面垂直并包含镜像线的镜像平面。

【删除源对象】确定在镜像原始对象后，是删除还是保留它们。

三、移动

在指定方向上按指定距离移动对象。使用坐标、栅格捕捉、对象捕捉和其他工具可以精确移动对象。

可以用以下方式打开【移动】模式：

- 工具栏按钮：
- 快捷键：M

绘制命令将显示以下提示：

【选择对象】指定要移动的对象。

【基点】指定移动的起点。

【第二点】结合使用第一个点来指定一个矢量，以指明选定对象要移动的距离和方向。如果按【Enter】键以接受将第一个点用作位移值，则第一个点将被认为是相对（*X*，*Y*，*Z*）位移。例如，如果将基点指定为（2，3），然后在下一个提示下按【Enter】键，则对象将从当前位置沿 *X* 方向移动 2 个单位，沿 *Y* 方向移动 3 个单位。

【位移】指定相对距离和方向。指定的两点定义一个矢量，指示复制对象的放置离原位置有多远以及以哪个方向放置。

【例 2-8】如图 2-57 所示，利用移动命令，将左边的图形位置移动至右边的图形区域。

点击【修改】→【移动】，根据命令行提示，进行如下程序操作完成图形移动：

```
命令 : move
选择对象 : 指定对角点 : 找到 14 个
选择对象 :
指定基点或 [ 位移 (D)] < 位移 >: 基点选择编号 3 的点位置
指定第二个点或 < 使用第一个点作为位移 >: 选择 4 的位置
```

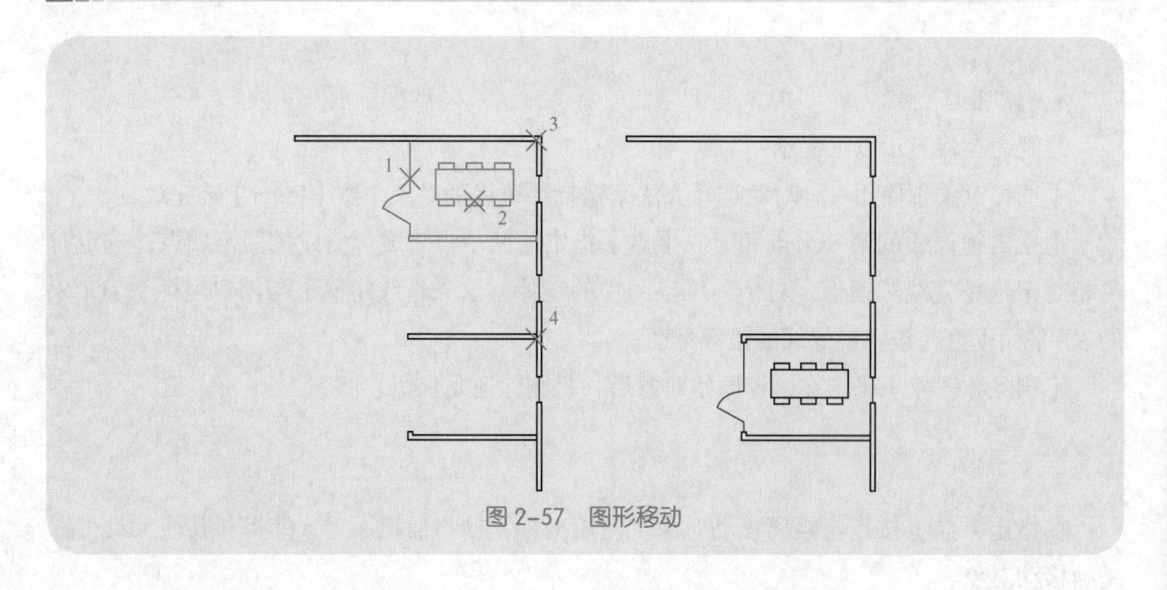

图 2–57　图形移动

任务实施

（1）图形环境设置（图层设置、文字样式设置、标注样式设置），参考前面任务。

（2）绘制 A3 图框。利用直线、偏移、修剪命令，按照国标要求绘制出 A3 图框。

（3）绘制拱桥模型三面投影图，如图 2-58 所示，打开极轴和对象捕捉、对象追踪，利用镜像、复制等命令可以帮助快速、准确绘图。

（4）尺寸标注。如图 2-59 所示。

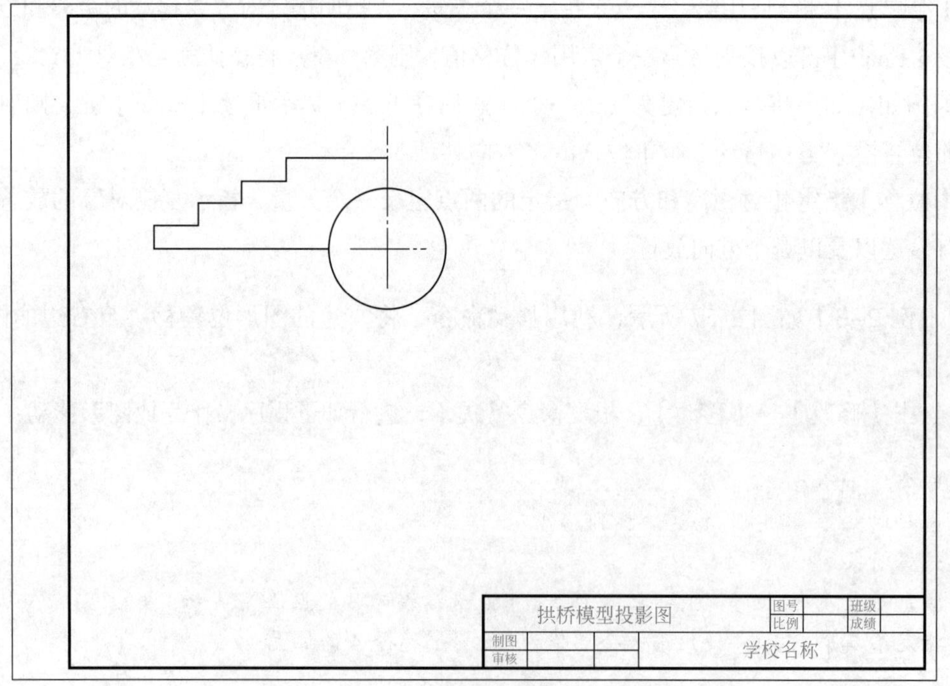

(a) 利用复制命令绘制

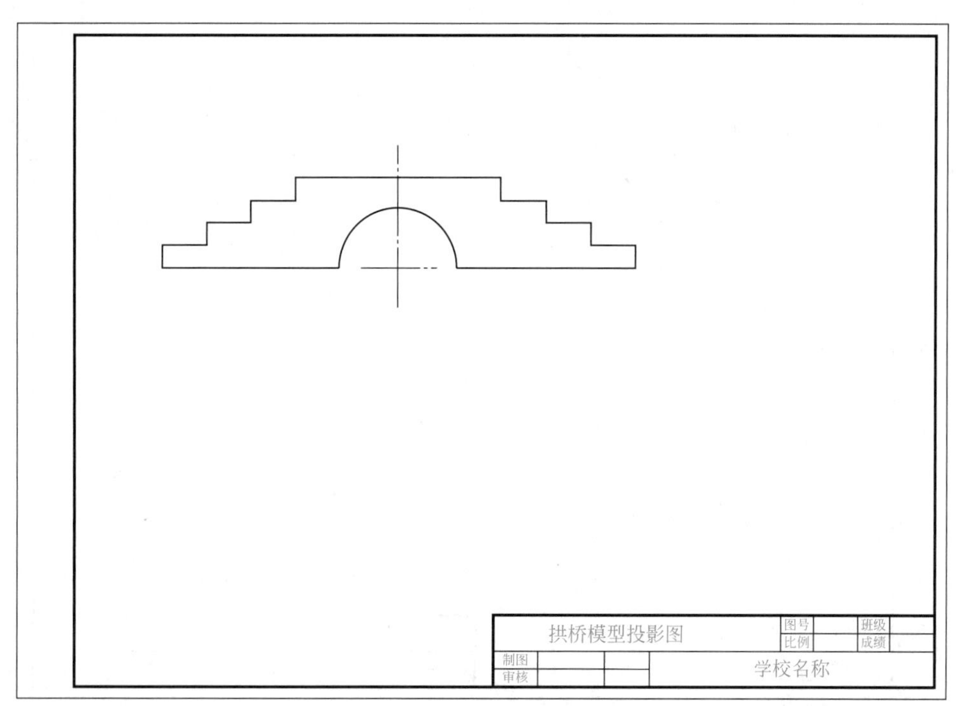

(b) 利用镜像命令绘制

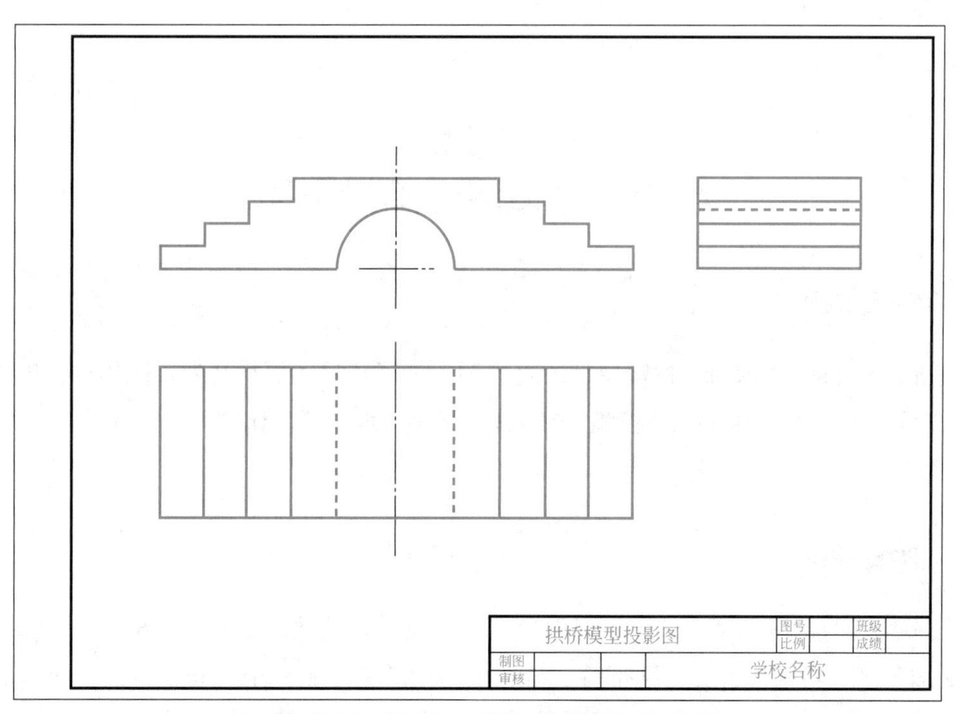

(c) 根据长对正、高平齐、宽相等，绘制侧面图和平面图

图 2-58 CAD 绘制拱桥模型三面投影图

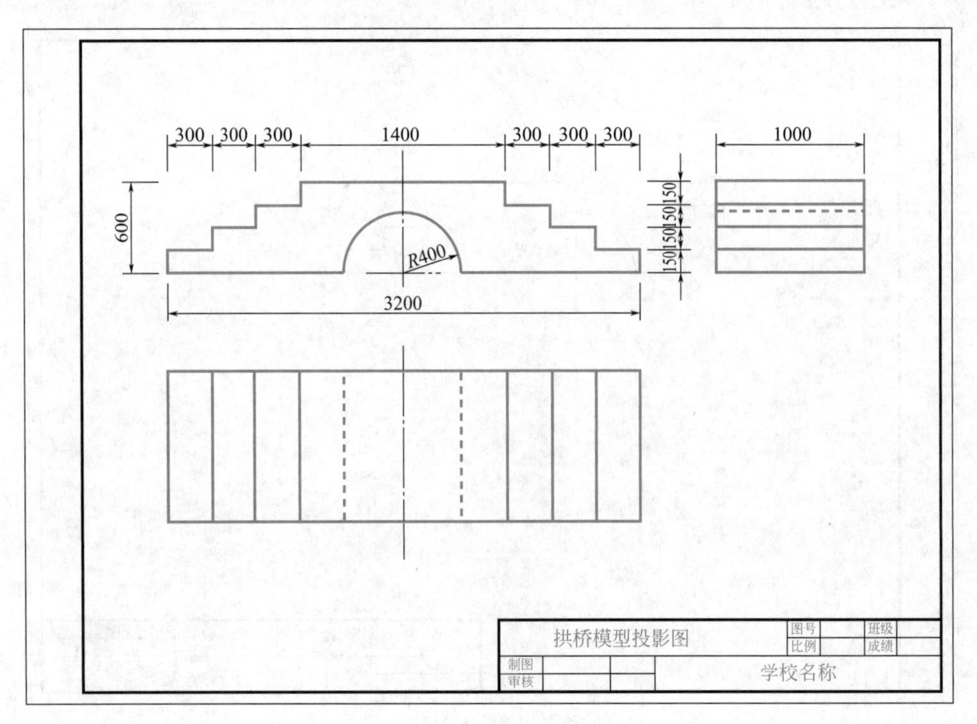

图 2–59 CAD 尺寸标注

任务七 绘制桥墩模型三面投影图

任务提出

如图 2-60（a）所示为一桥墩模型的直观图，为了让尺寸更加清晰，图 2-60（b）将桥墩进行拆分。根据所提供的立体模型，在 A3 图纸上，取合适的比例，绘制其三面投影图并标注尺寸。

任务分析

从图 2-60 的桥墩模型立体图可以看出桥墩模型整体的效果，在图 2-60（b）中，为了尺寸更加清晰，将模型拆分为两部分。桥墩模型的基础是由一个 130mm × 210mm × 10mm 的长方体和一个 100mm × 180mm × 10mm 的长方体组成，而墩身则是一个上表面为 50mm × 130mm 的矩形，下表面为 70mm × 150mm 的矩形，高度为 120mm 的四棱台。由此可见，要正确绘制出桥墩模型的投影图，除了必须要掌握投影原理、形体三面投影图的绘制方法、平面体、曲面体等内容外，还应了解各种组合体的投影分类、形体分析法、组合体的尺寸标注等内容。本图采用 A3 图幅，比例自定，要求标注尺寸。

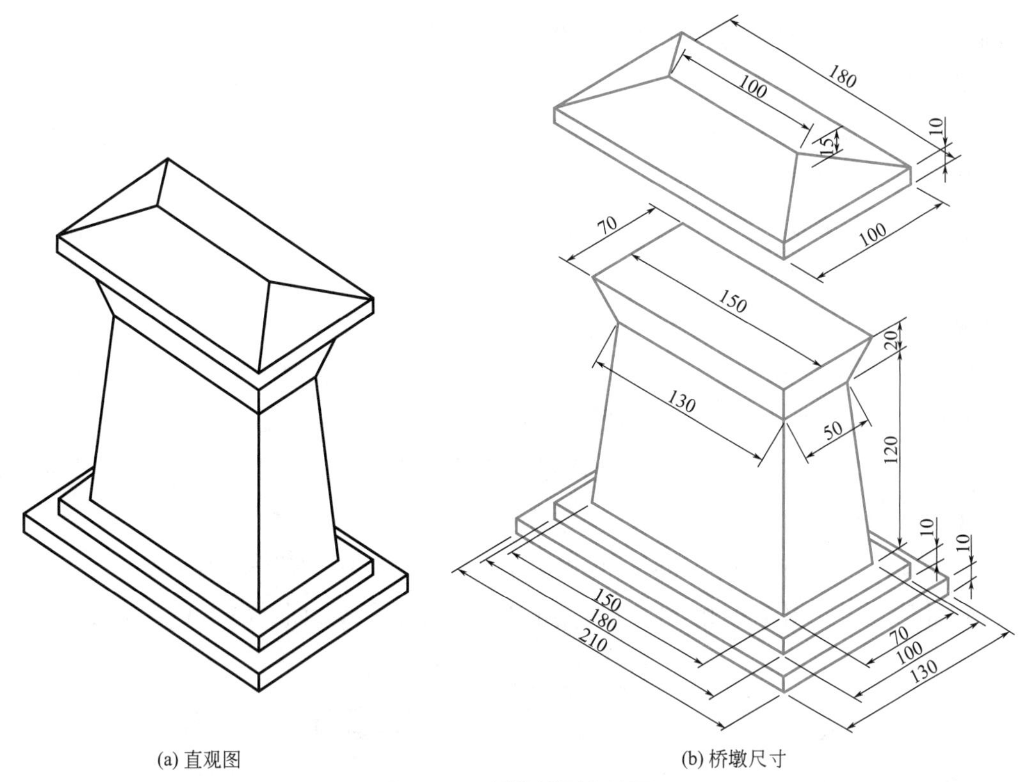

(a) 直观图　　(b) 桥墩尺寸

图 2-60　桥墩模型立体图

必备知识

工程制图中，工程实体均可看作不同复杂程度的组合体。组合体主要由各个基本体经过一定的形式组合而成。

如图 2-61 所示，组合体的组合方式一般有叠加型、挖切型、综合型三种。实际工程构筑物多为综合型。

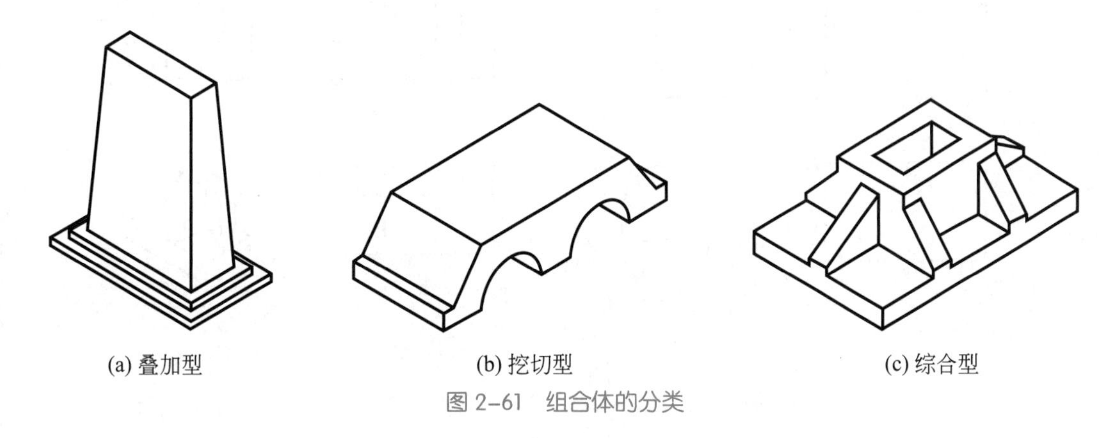

(a) 叠加型　　(b) 挖切型　　(c) 综合型

图 2-61　组合体的分类

一、组合体分析法

画组合体投影图的基本方法是形体分析法。

所谓形体分析法就是：假想将组合体分解成几个基本体，分析它们的形状、相对位置、组合形式和表面交线，将基本体的投影图按其相互位置进行组合，便得出组合体的投影图。

组成组合体的各基本体，其表面结合情况不同，分清它们的相互关系，才能避免绘图中出现漏线或多画线的问题。

体表面交结处的关系可分为平齐、不平齐、相切和相交四种。

（1）平齐　如图 2-62（a）、（b）所示，由三个长方体叠加而成的台阶，左侧面结合处的表面平齐没有交线，在侧面投影中不应画出分界线，图 2-62（c）是错误的。

（2）不平齐　当形体表面结合成不平齐而形成台阶时，则在投影图中应画出交线，如图 2-62（b）中的水平投影和正面投影。

（3）相切　当形体表面相切时，在相切处不画线，如图 2-63（a）所示。

（4）相交　当形体表面相交时，相交处必须画出交线，如图 2-63（b）所示。

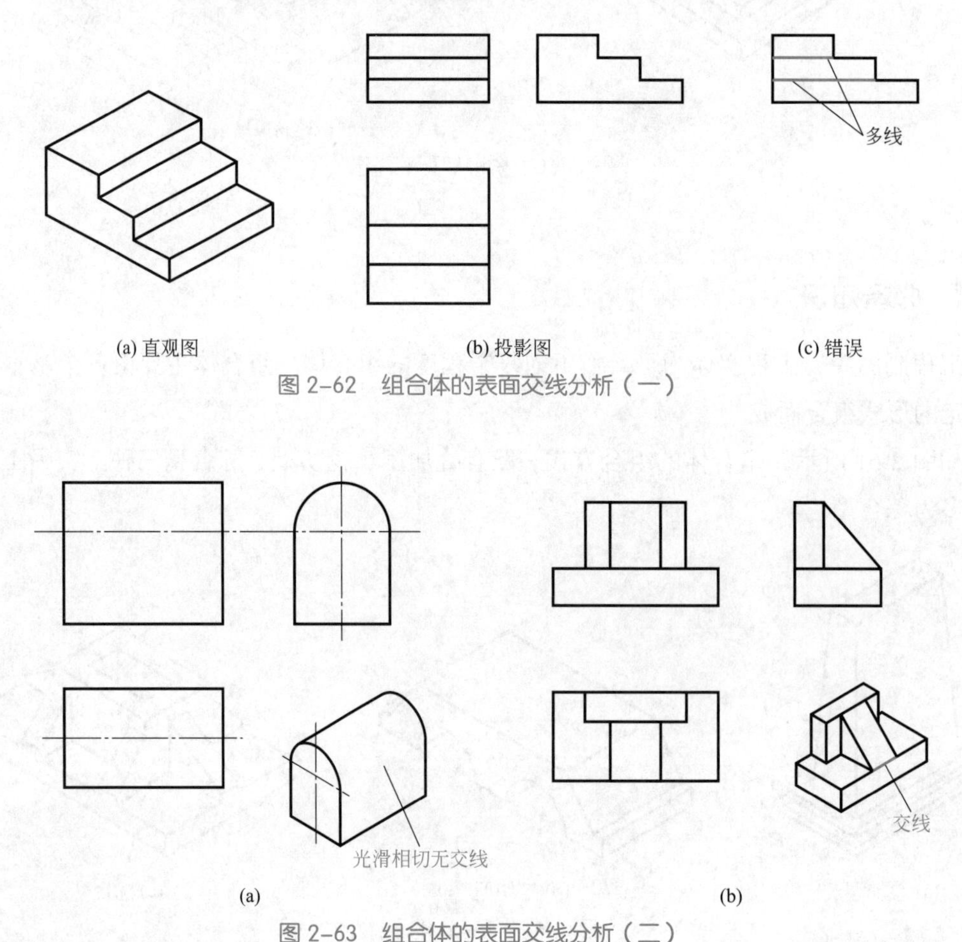

图 2-62　组合体的表面交线分析（一）

图 2-63　组合体的表面交线分析（二）

二、组合体投影图作图方法

现以图 2-64 所示的组合体为例，分析一般作图步骤。

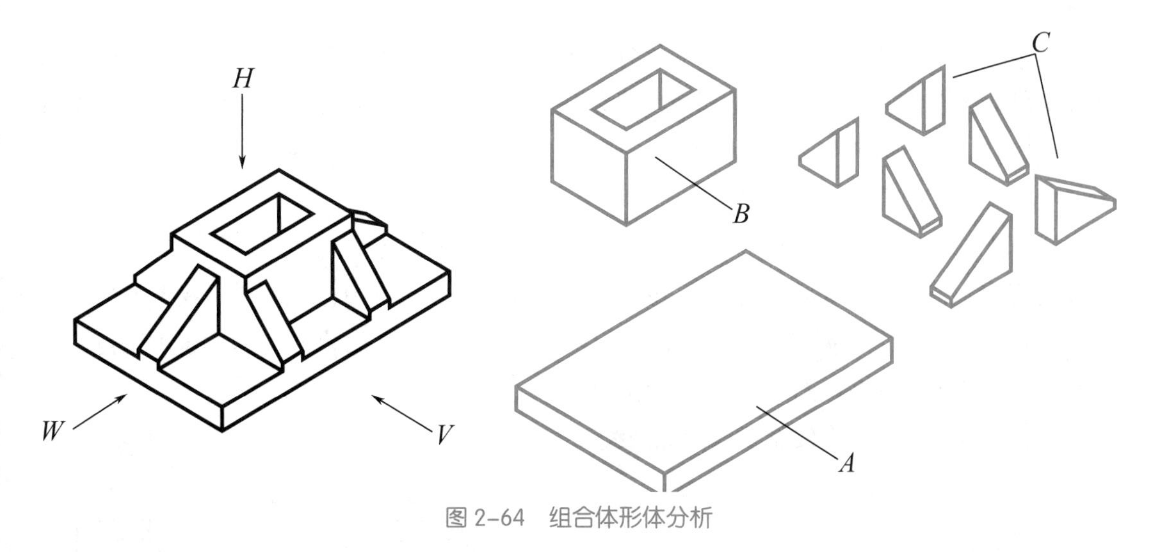

图 2-64　组合体形体分析

1. 形体分析

该组合体可以看成由三部分叠加而成，*A* 为一水平放置的四棱柱，*B* 是一个竖立在正中位置的四棱柱，*C* 为六块支撑板（可以看成立放的四棱台）。

2. 选择投影图

（1）考虑安放位置，确定正面投影方向

形体对投影面处于不同的位置就可得到不同的投影图。一般应使形体自然安放且形态稳定；并将主要面与投影面平行，以便使投影反映实形；正面投影应反映形体的形状特征，并使各投影图中尽量少出现虚线。

在图 2-64 中，考虑到形体放置的稳定，而且 *V* 方向表达其形状特征明显，又便于布图，因此确定 *V* 面方向为正面投影方向。

（2）确定投影图的数量

投影图的数量是指准确、清晰地表达形体时所必需的最少投影图个数。

图 2-64 中的形体，在选取 *V* 方向为正方向后，根据形体分析，可确定用三个投影图来表示：*V* 向为正面投影图，*H* 向为水平投影图，*W* 向为侧面投影图。

（3）画组合体草图

绘制工程图，一般先画草图。草图不是潦草的图，它是目测形体大小比例徒手绘制的图形。画草图是在用仪器画图之前的构思准备过程。因此掌握制作草图的绘制技能是工程技术人员不可缺少的基本功。草图上的线条要基本平直，方向正确，长短大致符合比例，线型符合制图标准。

草图基本画法步骤如下。

① 布图。用轻、细的线条在纸上定出投影图中长、宽、高方向的基准线，如图 2-65（a）所示。

② 画投影图。将组成形体的三部分分别按顺序画出其投影，每个基本体要先画出反映底面实形的投影，如图 2-65（b）所示。必须注意，建筑物或构件形体，实际上是一个不可分割的整体，形体分析仅是一种假想的分析方法，因此，画图时要准确反映它们的相互位置并考虑交接处的情况（不标注尺寸）。

③ 读图复核，加深图线。一是复核有无漏线和多余的线条，用形体分析法检查每个基本体是否表达清楚，相对位置是否正确，交结关系处理是否得当；二是提高读图能力。不对照直观图或实物，根据草图仔细阅读、想象立体的形状，然后再与实物比较，坚持画、读结合，就能不断提高识图能力。

检查无误后，按各类线型要求加深图线。

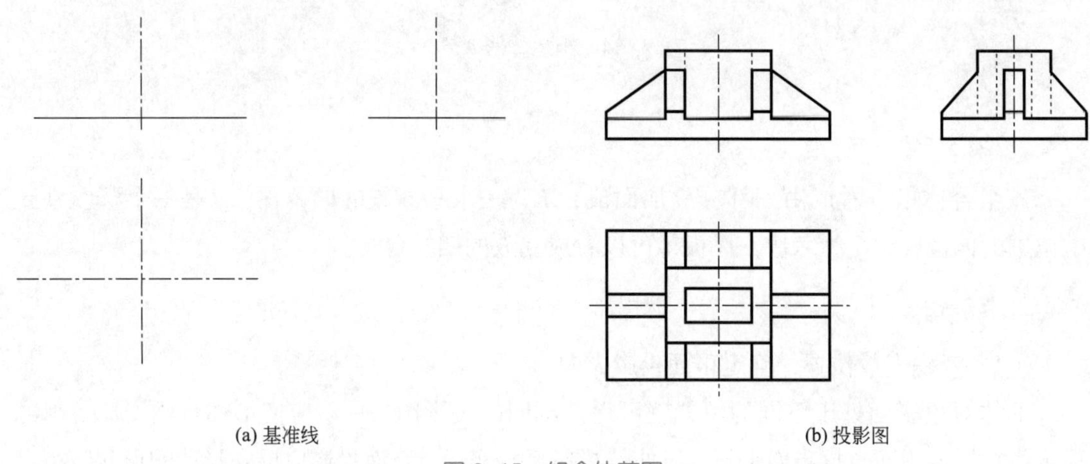

图 2-65　组合体草图

（4）用仪器画图

草图复核无误后，根据草图用仪器绘制图形。

① 选择比例和图幅。

② 布图、确定基准线。

③ 画投影图底稿。

④ 检查并加深图线。

⑤ 标注尺寸（图中未注数字）。

⑥ 填写标题栏。

用仪器画图要求布图均匀合理，投影关系正确，尺寸标注齐全，图面整洁，字体、线型符合国家标准。

三、组合体尺寸标注

在工程图中，除了用投影图表达形体的形状和形体各部分的相互关系外，还必须标注出形体的实际尺寸和各组成部分的相对位置。

1. 尺寸的分类

根据形体分析法，任何建筑形体都可以看作是基本形体的组合。按形体分析法来标注建筑形体的尺寸，其尺寸可分成三类：

（1）定形尺寸——确定组合体各组成部分形状大小的尺寸；

（2）定位尺寸——确定各基本体在组合体中的相对位置的尺寸；

（3）总体尺寸——表示组合体的总长、总宽和总高的尺寸。

2. 尺寸基准

标注组合体的定位尺寸必须确定尺寸基准——即标注尺寸的起点。组合体需要有长、宽、高三个方向的尺寸基准，才能确定各组成部分的左右、前后、上下关系。组合体通常以其底面、端面、对称平面、回转体的轴线和圆的中心线作尺寸基准。

3. 标注尺寸顺序

由于组合体是由一些基本体通过叠加、切割等方式形成的，因此，标注组合体尺寸应遵循先标注各基本体的定形尺寸、后标注各基本体之间的定位尺寸、最后再标注组合体的总体尺寸的顺序。

4. 注意事项

（1）尺寸标注要求完善、清晰、易读；

（2）各基本体的定形、定位尺寸，宜注在反映该物体形状、位置特征的投影上，且尽量集中排列；

（3）尺寸一般标注在图形之外和两投影之间，便于读图；

（4）以形体分析为基础，逐个标注各组成部分的定形、定位尺寸，不能遗漏。

任务实施

（1）准备工作。准备好工具，熟悉好所绘内容，将有关资料或图纸放在手边，方便查阅。

（2）确定好图幅，绘制好图框、标题栏。

（3）进行形体分析，绘制草图。

（4）根据图形尺寸，确定好比例后，先用H型铅笔定位，居中布好图形位置，注意要考虑尺寸标注预留的位置，注意画辅助线要轻，方便擦拭。

（5）根据形体分析所确定的投影方向和投影原理，按基本体叠加的顺序逐个叠加画出投影图，最后检查修改完底稿后再加深图线。如图2-66所示。

图 2-66　绘制桥墩三面投影图

（6）尺寸标注。如图 2-67 所示。

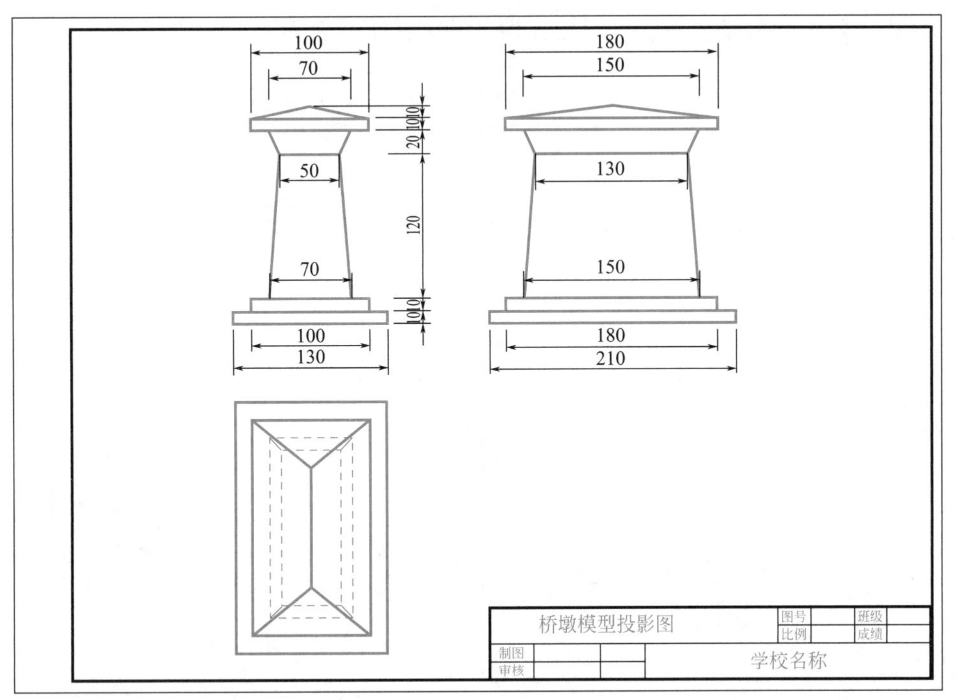

图 2-67　桥墩模型尺寸标注

能力训练题

识图与绘图能力训练

1. 根据所给的两面投影图，补充完平面图。

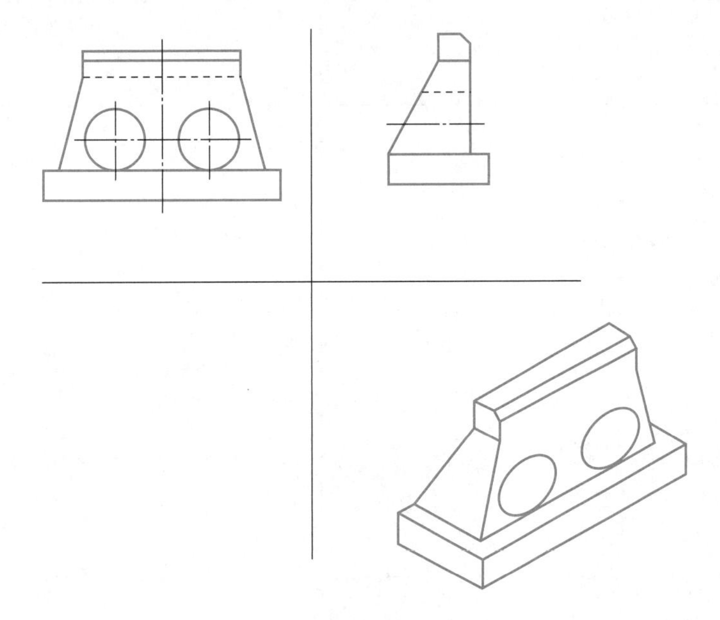

2. 根据所给的两面投影图，参考立体图，补充完正立面图。

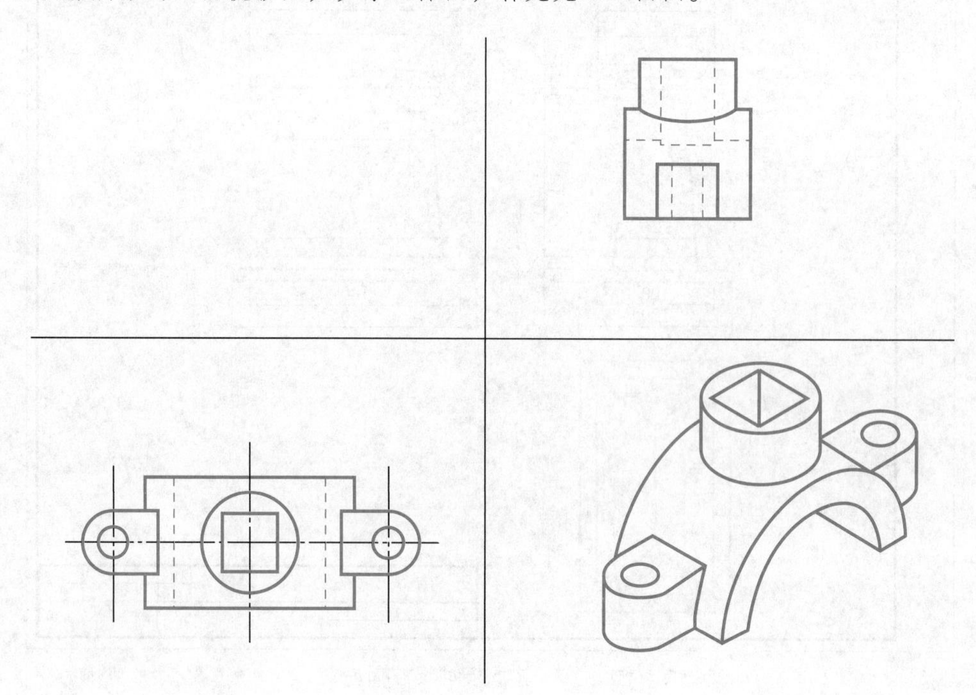

3. 根据所给的两面投影图，补充完平面图。

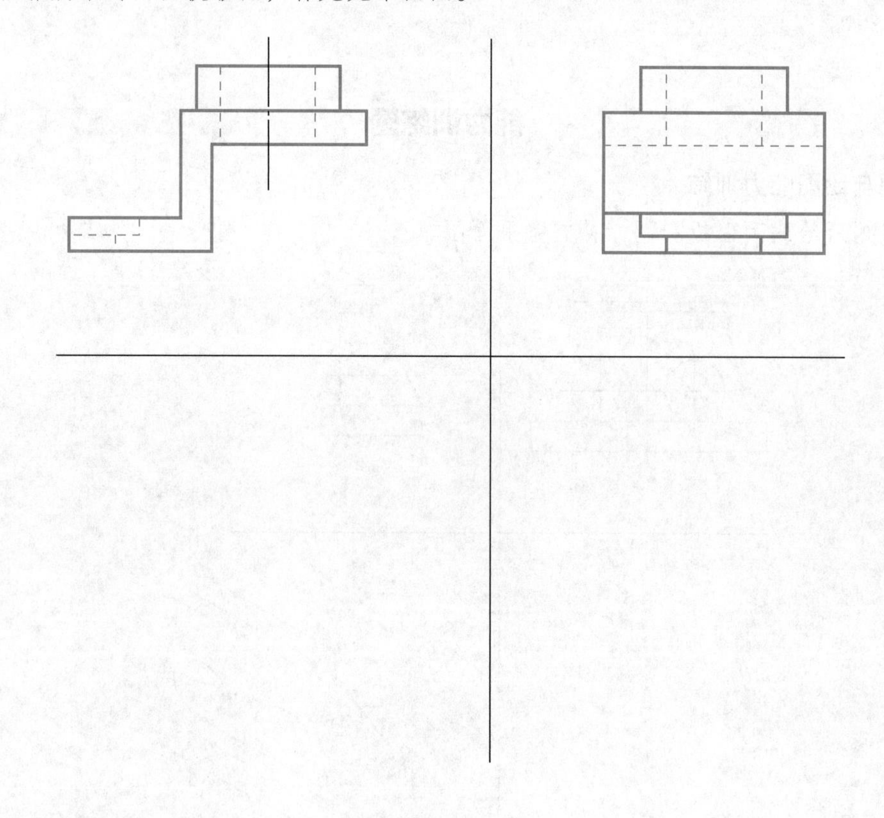

4. 根据所给的两面投影图，补充完侧面图。

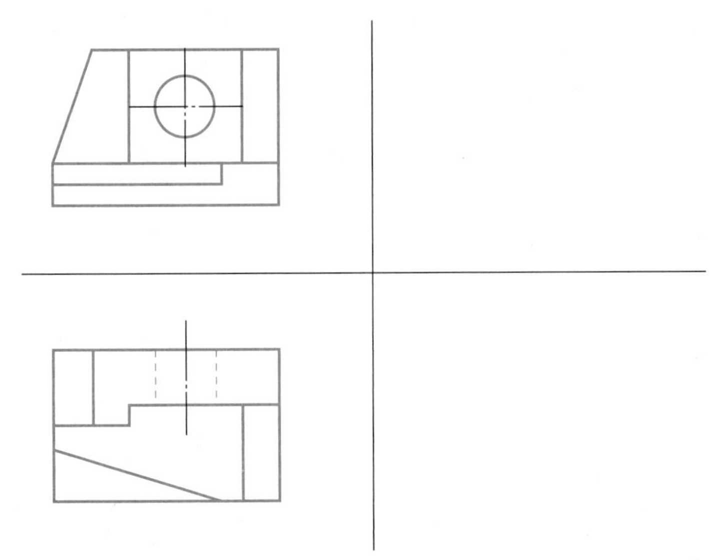

5. 根据所给的立体图形，选取合适的比例，绘制出形体的投影图，并标注尺寸。

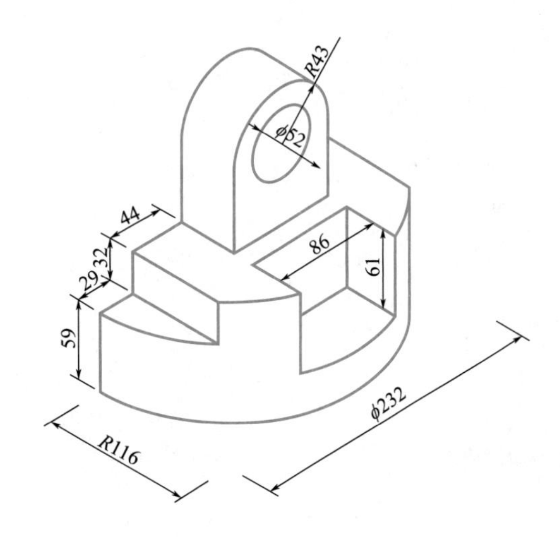

6. 根据所给的立体图形，绘制出形体的投影图。尺寸 1∶1 量取。

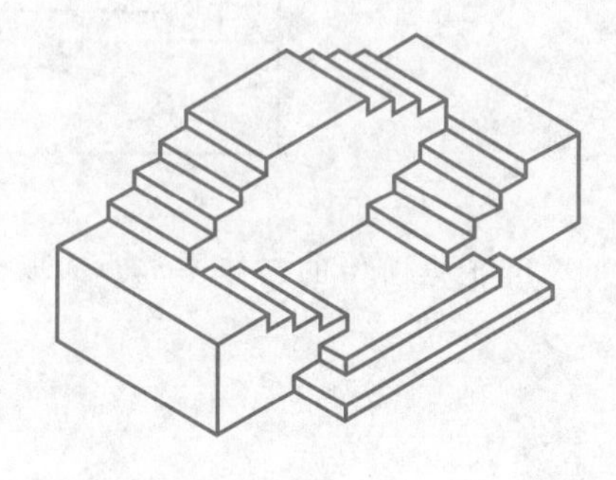

7. 根据所给的立体图形，绘制出形体的投影图。尺寸 1∶1 量取。

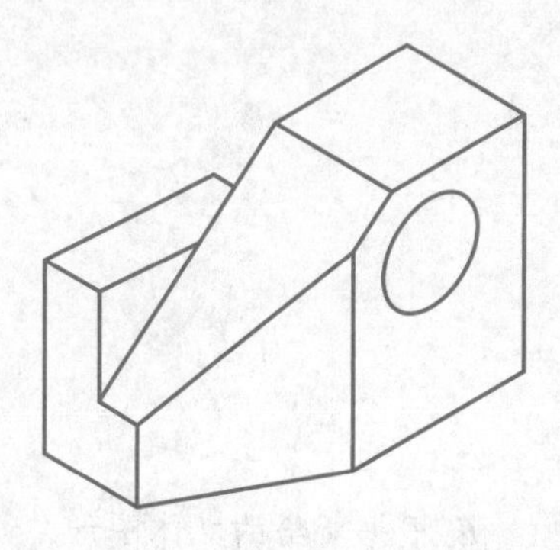

8. 根据所给的立体图，选择合适的比例，绘制形体的三面投影图，并标注尺寸。

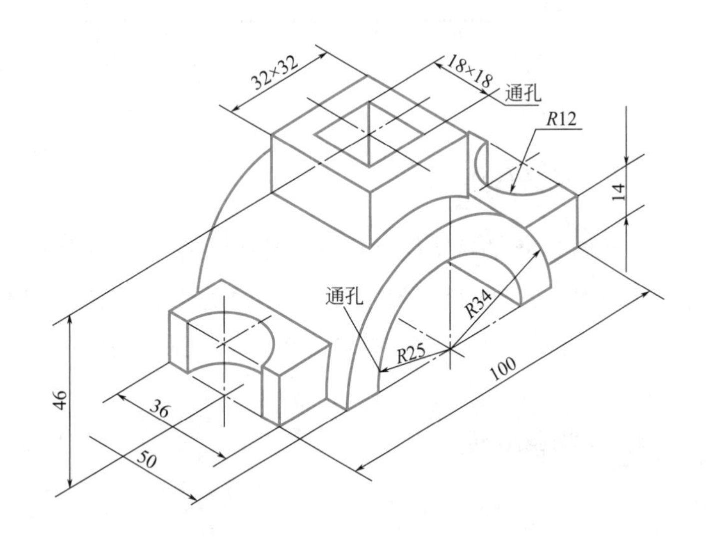

任务八
CAD 绘制桥墩模型三面投影图

任务提出

用 AutoCAD 2018 绘制桥墩模型三面投影图并标注尺寸，桥墩模型的投影图如图 2-68 所示，A3 图幅，比例自定。

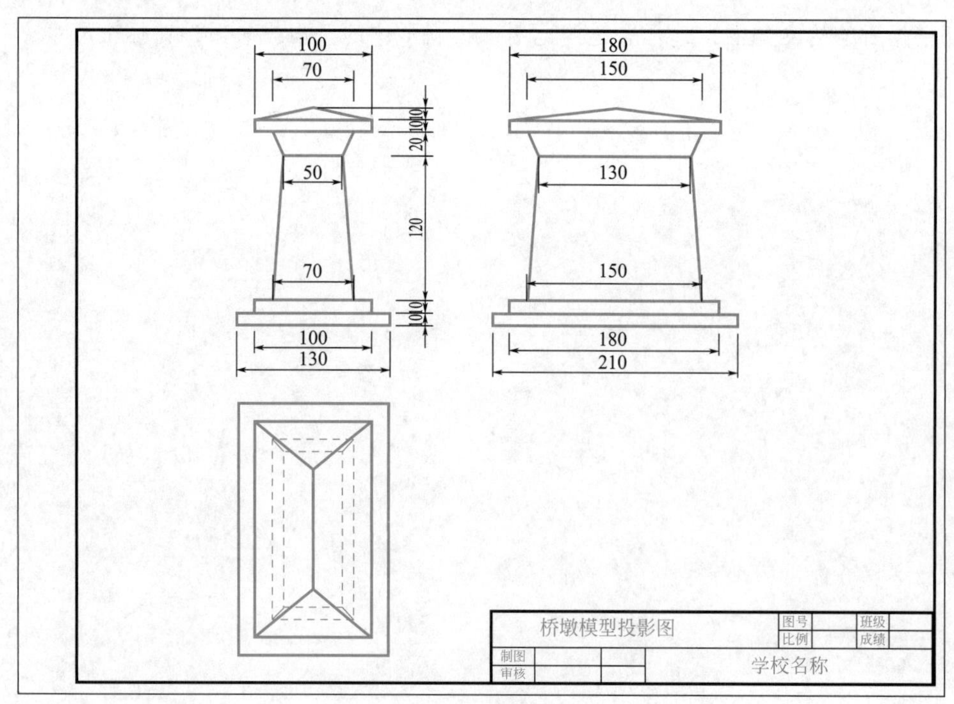

图 2-68　桥墩模型三面投影图

任务分析

从图 2-68 的桥墩模型投影图可以看出，投影图由正立面图、侧立面图和平面图组成，要绘制出任务图，除了要学会如何识读尺寸，理解投影原理，合理选取比例，正确布图外，还要学会根据一些绘图、修改命令，进行图形的快速绘制，比如矩形命令等。

必备知识

一、矩形

矩形 (rectangle) 是一种平面图形，矩形的四个角都是直角，同时矩形的对角线相等，而且矩形所在平面内任一点到其两对角线端点的距离的平方和相等。

可以用以下方式打开【矩形】模式：

- 工具栏按钮：▭ ▾
- 快捷键：REC

【例 2–9】利用矩形命令绘制一个如图 2-69 的矩形。

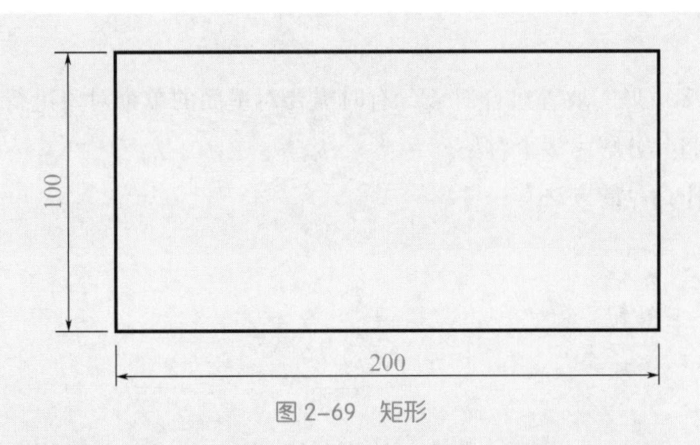

图 2-69 矩形

绘制操作命令如图 2-70 所示。

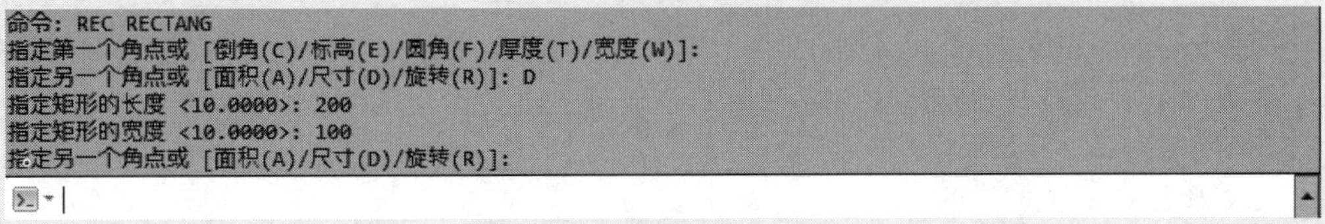

```
命令: REC RECTANG
指定第一个角点或 [倒角(C)/标高(E)/圆角(F)/厚度(T)/宽度(W)]:
指定另一个角点或 [面积(A)/尺寸(D)/旋转(R)]: D
指定矩形的长度 <10.0000>: 200
指定矩形的宽度 <10.0000>: 100
指定另一个角点或 [面积(A)/尺寸(D)/旋转(R)]:
```

图 2-70 矩形绘制操作命令

二、正多边形

创建等边闭合多段线。可以指定多边形的边数，还可以指定它是内接还是外切。

启动【正多边形】命令的方法有：

- 下拉菜单：【绘图】→【正多边形】
- 标准工具栏按钮：
- 快捷键：POL

运行命令后，根据命令行提示，将有如下内容：

【边数】指定多边形的边数 (3-1024)。

【多边形的中心点】指定多边形的中心点的位置，以及新对象是内接还是外切。

【内接于圆】指定外接圆的半径，正多边形的所有顶点都在此圆周上。用定点设备指定半径，决定正多边形的旋转角度和尺寸。指定半径值将以当前捕捉旋转角度绘制正多边形的底边。

【外切于圆】指定从正多边形圆心到各边中点的距离。用定点设备指定半径，决定正多边形的旋转角度和尺寸。指定半径值将以当前捕捉旋转角度绘制正多边形的底边。

【边】通过指定第一条边的端点来定义正多边形。

三、分解

对于矩形、多边形、块等组合对象，有时需要对里面的单个对象进行编辑，这时可使用【分解】命令将其分解为多个对象。

启动【分解】命令的方法有：

- 下拉菜单：【修改】→【分解】
- 标准工具栏按钮：
- 快捷键：X

【例 2-10】如图 2-71 所示，将正五边形分解成单个对象，并删除右侧一条边。

执行【分解】命令，操作程序如下：

```
命令 : Explode
选择对象 : 选择五边形
命令 :erase
选择对象 : 找到 1 个
```

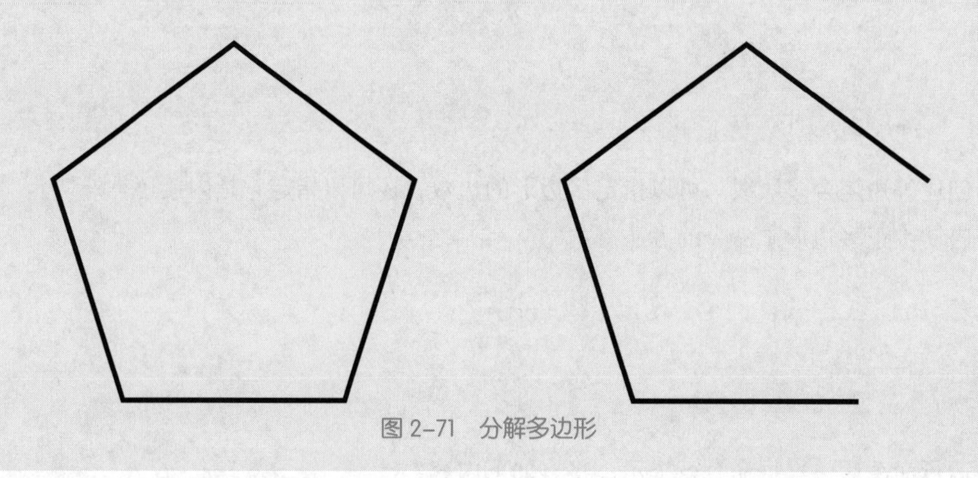

图 2-71　分解多边形

任务实施

（1）图形环境设置（图层设置、文字样式设置、标注样式设置），参考前面任务。

（2）绘制 A3 图框。利用直线、偏移、修剪命令，按照国标要求绘制出 A3 图框。缩放图框至相应的倍数，一般不动原图。

（3）绘制桥墩三面投影图，如图 2-72 所示，打开极轴和对象捕捉、对象追踪，利用矩形、偏移等命令可以帮助我们快速、准确绘图。

（4）尺寸标注。如图 2-73 所示。

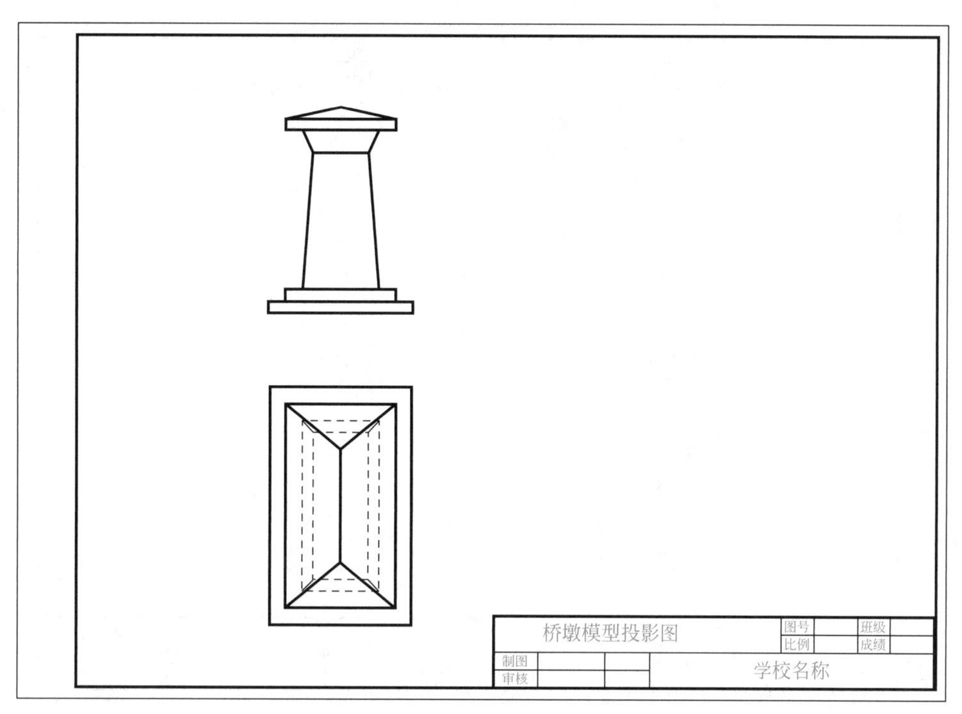

(a) 利用矩形、偏移、分解命令绘制

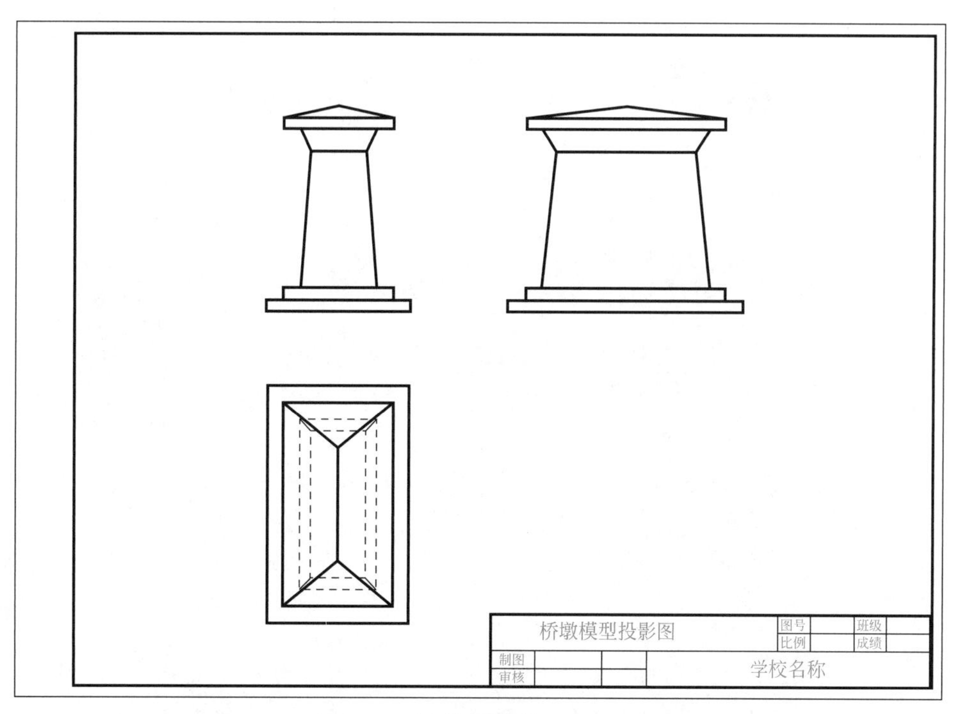

(b) 绘制侧面图

图 2-72　CAD 绘制桥墩模型三面投影图

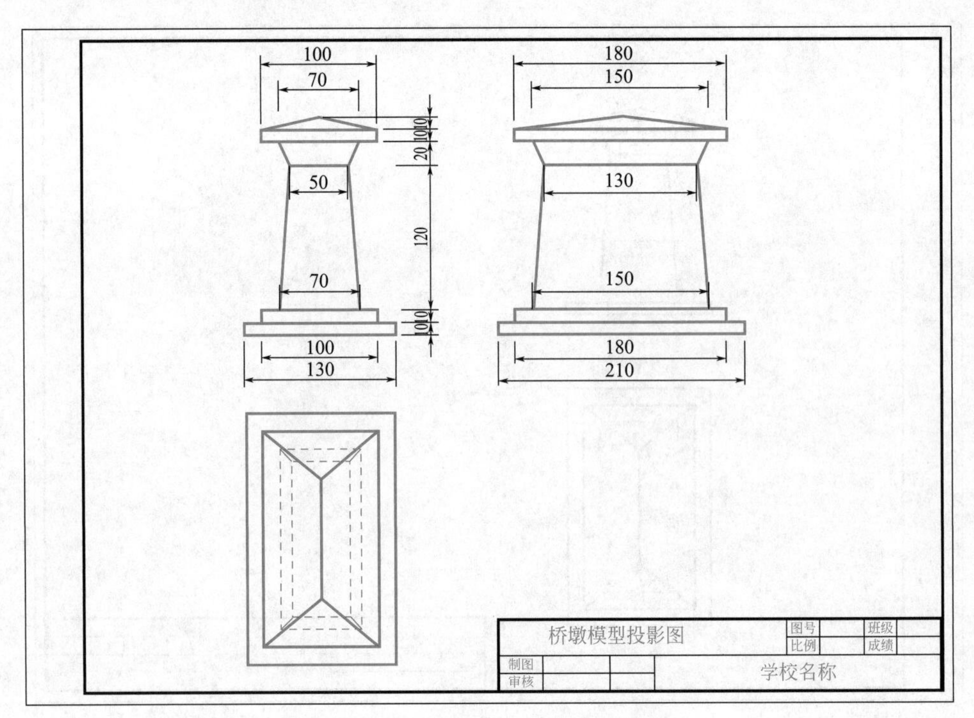

图2-73　桥墩模型CAD尺寸标注

模块三 工程形体轴测图的绘制

知识目标

了解轴测投影图的概念和分类

了解各种轴测图的特性

掌握形体轴测图的绘制方法

能力目标

能利用制图工具、仪器绘制简单工程形体的轴测投影图

能正确、合理、清晰地标注所绘制的形体轴测投影图

能在 CAD 三维建模中绘制简单工程形体的立体模型

任务一 绘制拱门轴测图

任务提出

拱门三面投影图如图 3-1 所示，在 A4 图纸上绘制拱门正等轴测图。

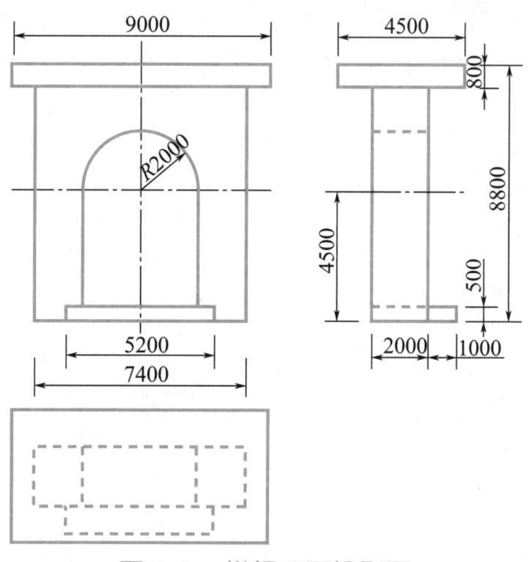

图 3-1 拱门三面投影图

任务分析

如图 3-1 所示为拱门三面投影图，在想象其立体图时，可以看作是几个棱柱体的叠加，然后再挖去了一个半圆拱。要画该形体的正等轴测图，就要掌握轴测图的投影原理和轴测图的绘制方法。

必备知识

一、轴测图的基本概念

1. 轴测图的形成

如图 3-2 所示，将形体连同确定形体长、宽、高方向的空间坐标轴一起沿 S 方向，用平行投影法向 P 面进行投影，应用这种方法绘出的投影图称轴测投影图，简称轴测图。

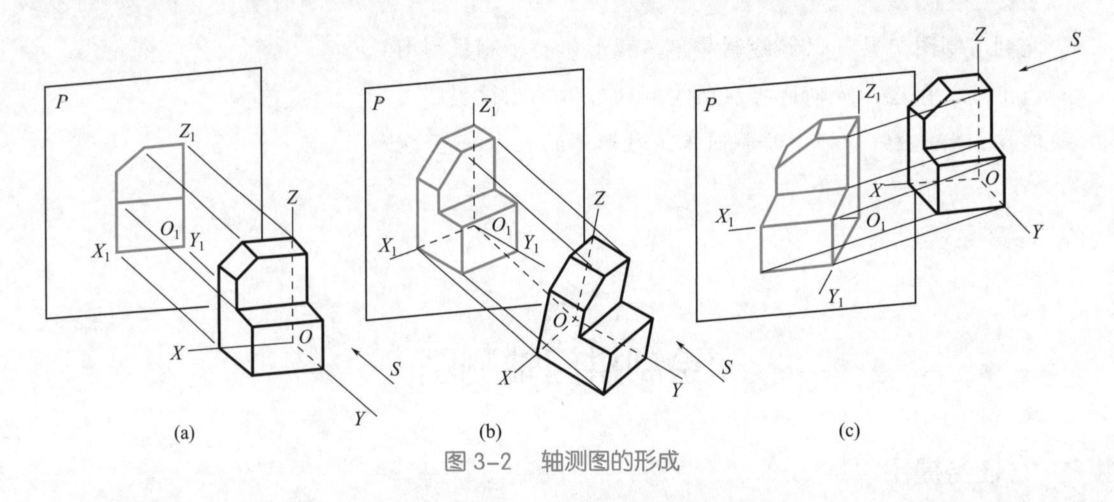

图 3–2　轴测图的形成

图 3-2（b）、（c）中，P 面称轴测投影面，空间坐标轴 OX、OY、OZ 在轴测投影面上的投影 O_1X_1、O_1Y_1、O_1Z_1 称轴测投影轴（轴测轴），轴测轴之间的夹角 $\angle X_1O_1Y_1$、$\angle X_1O_1Z_1$、$\angle Y_1O_1Z_1$ 称轴间角，平行于空间坐标轴的线段，其轴测投影长度与实际长度之比称轴向变化率。

X 轴的轴向变化系数 $\dfrac{O_1X_1}{OX}=p$

Y 轴的轴向变化系数 $\dfrac{O_1Y_1}{OY}=q$

Z 轴的轴向变化系数 $\dfrac{O_1Z_1}{OZ}=r$

2. 轴测图的种类

（1）如图 3-2（b）所示，将形体放斜，使立体上互相垂直的三个棱均与 P 面倾斜，用

垂直于 P 面的 S 方向进行投影，称正轴测图；

（2）如图 3-2（c）所示，当形体上坐标面如 XOZ 与 P 面平行，用倾斜于 P 面的 S 方向进行投影，称斜轴测图。

常用的轴测图有正等轴测图和斜二轴测图。常用的轴测图有正等轴测图和斜二轴测图。常用的轴测图有正等轴测图和斜二轴测图。

3. 轴测投影的特点

由于轴测投影采用的是平行投影法，所以它具有平行投影的基本性质：

（1）平行性——形体上相互平行的线段，其轴测投影仍互相平行；与空间坐标轴平行的线段，其轴测投影与相应的轴测轴平行；

（2）定比性——形体上平行于坐标轴的线段，其轴测投影的变化率与相应轴测轴的轴向变化率相同，形体上成比例的平行线段，其轴测投影仍成相同比例。

由轴测投影的定比性可知，凡与 OX、OY、OZ 坐标轴平行的线段，其轴测投影不但与相应的轴测轴平行，且可直接度量尺寸，与坐标轴不平行的线段，则不能直接量取尺寸。

二、正等轴测图

当形体的三个坐标轴与轴测投影面的倾角相等时，投影得到的轴测图称为正等轴测投影图，简称正等轴测图，如图 3-3 所示。

1. 轴间角及轴向变化率

（1）轴间角

正等轴测图的轴间角 $\angle X_1O_1Y_1=\angle X_1O_1Z_1=\angle Y_1O_1Z_1=120°$，$O_1Z_1$ 一般画成竖直方向，如图 3-4 所示，O_1X_1 轴和 O_1Y_1 轴可用 30° 三角板很方便地画出。

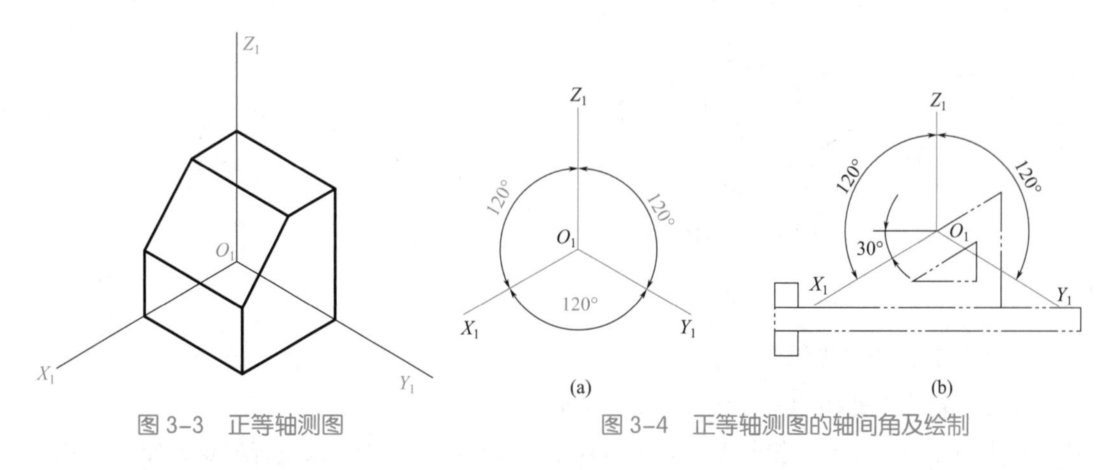

图 3-3　正等轴测图　　图 3-4　正等轴测图的轴间角及绘制

（2）轴向变化率

经计算可知：$p=q=r\approx 0.82$。画图时，应按这个系数将形体的长、宽、高尺寸缩短，但为了简化作图，在实际作图时取其实长，即 $p=q=r=1$，称简化的轴向变化率。用此法画出的图，三个轴向尺寸都相应放大了 1/0.82=1.22 倍，这样作图其形状未变，而且方法简便。

2. 平面体正等轴测图的画法

画平面体轴测图的基本方法是坐标法，根据平面体各角点的坐标值确定形体上各特征点轴测投影，然后依次连接，即得到平面体的轴测图。

（1）棱柱的正等轴测图

四棱柱的正等轴测图，其作图方法及步骤如图 3-5 所示。

从图 3-5 可知：轴测图上的各点一般由三条线相交而得，而各个交角是由三个面构成，掌握此特点，对作轴测图是有益的；为了使轴测图更直观，图中虚线一般不画。

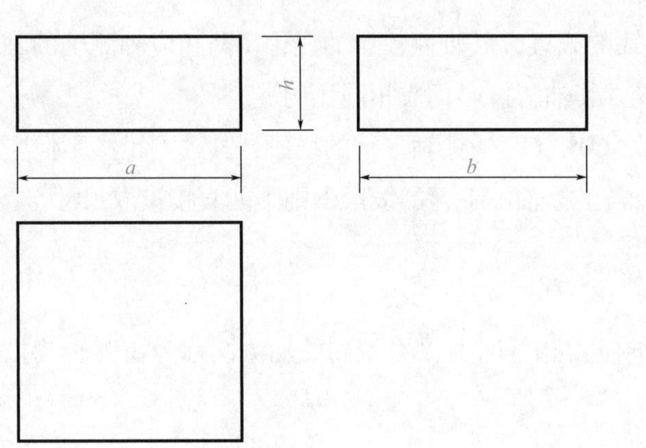

(a) 先分析图形的特征和尺寸，掌握形体的方位

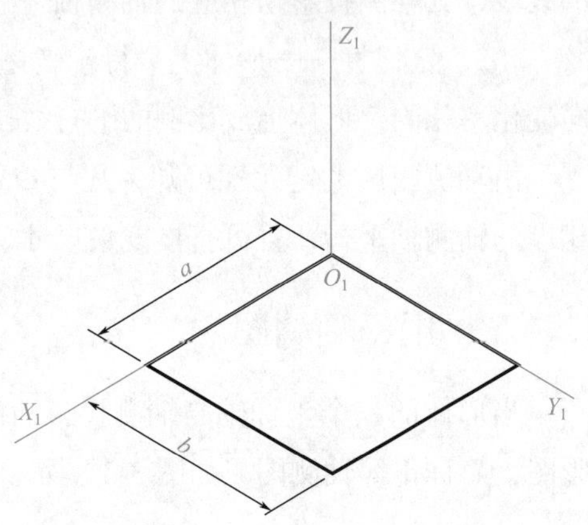

(b) 按照要求绘制轴测轴，以及平面图长度a和宽度b的轴测投影

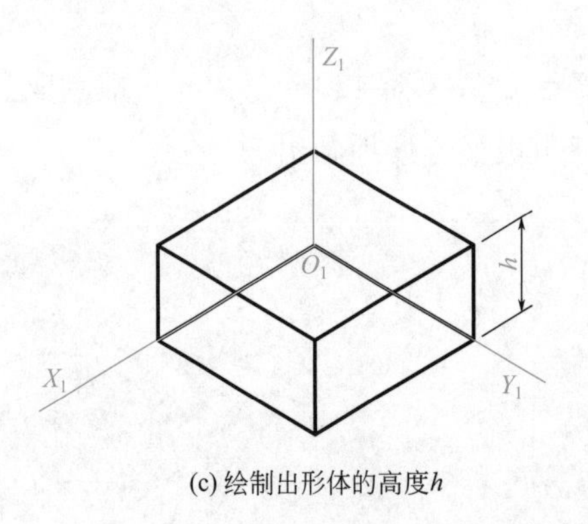

(c) 绘制出形体的高度h

(d) 整理图形

图 3-5　四棱柱的正等轴测图

（2）棱锥的正等轴测图

正五棱锥正等轴测图的作图方法及步骤如图 3-6 所示。

① 先在正五棱锥的正投影图上确定坐标轴，取其底面中心点为坐标原点，如图 3-6（a）所示；

② 根据正五边形底面的五个角点 1、2、3、4、5 各自的坐标或尺寸画出底面的正等轴测图，如图 3-6（b）所示；

③ 根据锥顶 S 点与底面中心 O 点连线是铅垂线且与 O_1Z_1 轴重合，量取锥高尺寸定出 S 点，连接 S 点与底面五个角点的连线，得到正五棱锥的五根侧棱线的正等轴测图，如图 3-6（c）所示；

④ 擦除按投影方向的所有不可见轮廓线和辅助线，加深可见轮廓线，即成正五棱锥的正等轴测图，如图 3-6（d）所示。

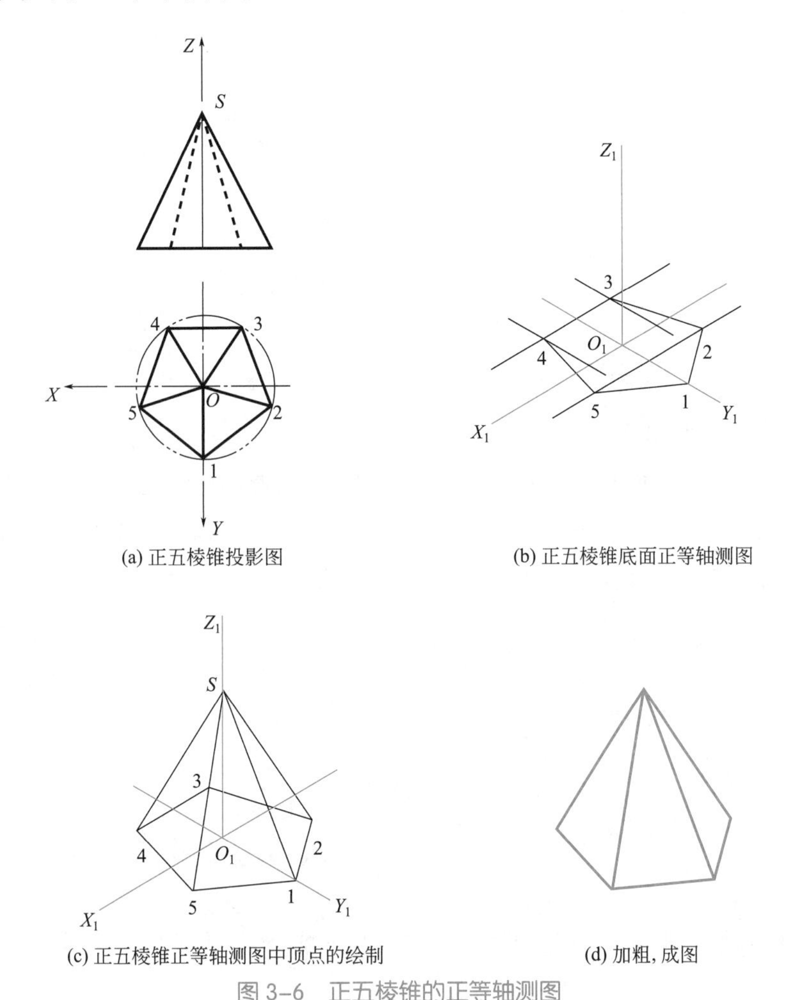

图 3-6　正五棱锥的正等轴测图

（3）棱台的正等轴测图

四棱台的正等轴测图的作图方法及步骤如图 3-7 所示。

① 坐标原点选在台体下底面中心，如图 3-7（a）所示；

② 画棱台下底面矩形的正等轴测图，如图 3-7（b）所示；

③ 自 O_1 沿 O_1Z_1 轴量取台高 h，定出顶面中心 O_2，作 $O_2X_2//O_1X_1$，$O_2Y_2//O_1Y_1$，得到移心后的新坐标系 $O_2X_2Y_2Z_1$，再在新坐标系中作出顶面矩形的正等轴测图，如图 3-7（b）所示；

④ 连接四条侧棱线得到棱台的正等轴测图，如图 3-7（c）所示；擦除按投影方向的所

有不可见轮廓线和辅助线，加深可见轮廓线，如图 3-7（d）所示。

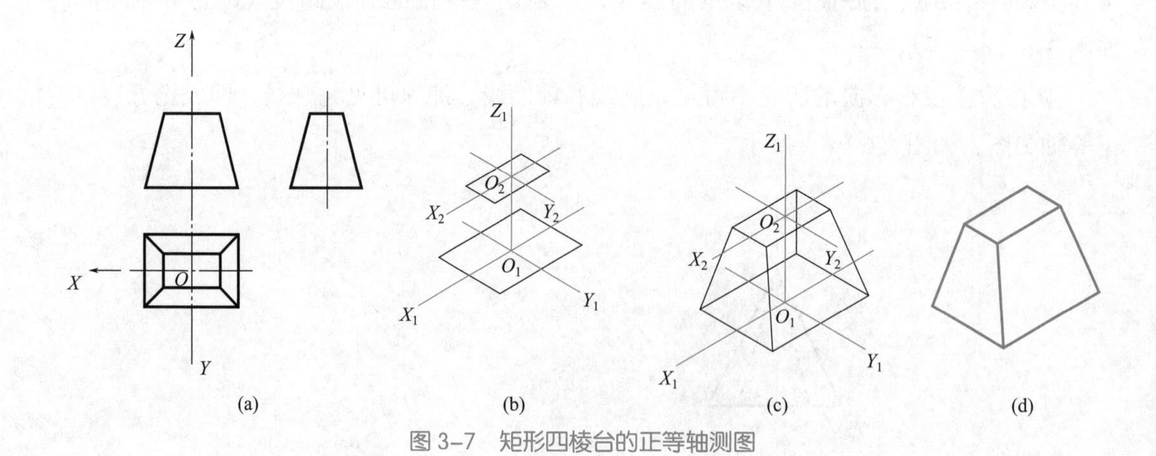

图 3–7 矩形四棱台的正等轴测图

3. 曲面体正等轴测图的画法

（1）圆的正等轴测图

与投影面平行的圆或圆弧，其正等轴测图是椭圆或椭圆弧。由于三个坐标平面与轴测投影面倾角相等，因此，三个坐标面上的椭圆作法相同。工程上常用四心近似画法（又称菱形法）作圆的轴测图。现以水平圆为例，其作图方法及步骤如图 3-8 所示。

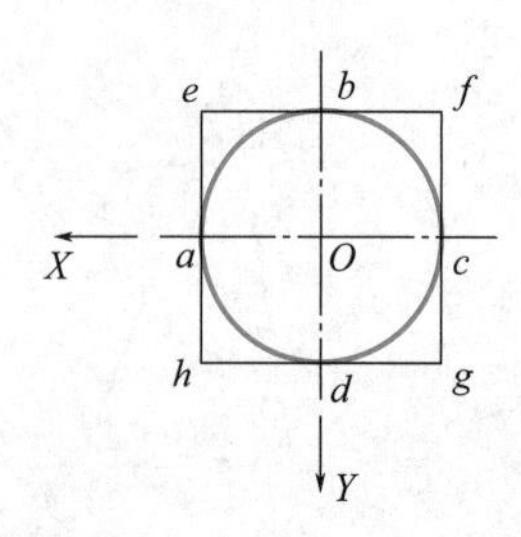

(a) 取圆的外切正方形*efgh*，与圆切于*abcd*四点

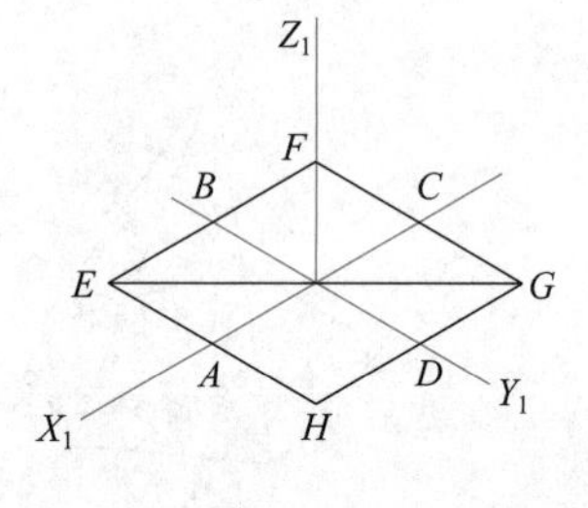

(b) 作外切正方形的正等轴测图(菱形)

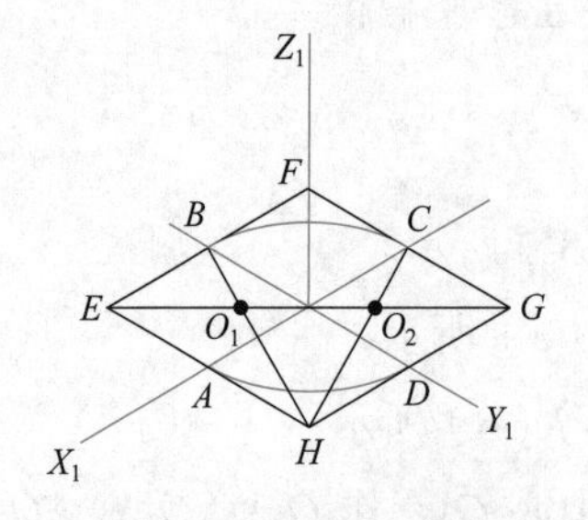

(c) 连接HB、HC交菱形长对角线于O_1、O_2点，以H、F为圆心、HB为半径画大弧$\overset{\frown}{BC}$、$\overset{\frown}{AD}$

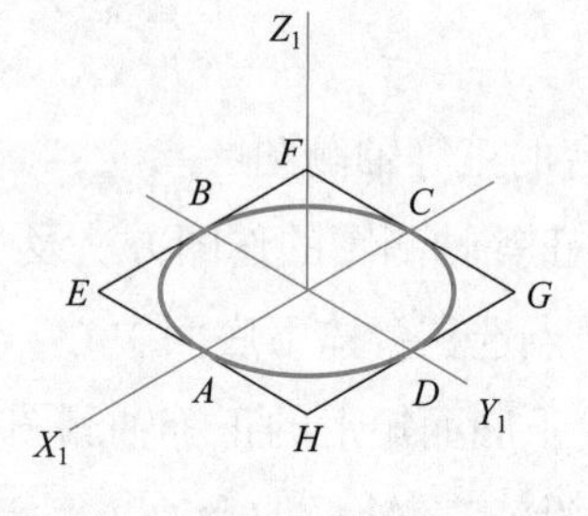

(d) 以O_1、O_2为圆心、O_1A为半径画小弧$\overset{\frown}{AB}$、$\overset{\frown}{CD}$，则四段圆弧构成近似椭圆

图 3–8 辅助菱形法作水平圆的正等轴测图

图 3-9 所示为底面平行于 H、V、W 三个投影面的圆的正等轴测图。椭圆的长轴在菱形的长对角线上，而短轴在菱形的短对角线上。注意，如果形体上的圆不平行于坐标面，则不能用辅助菱形法作正等轴测图。

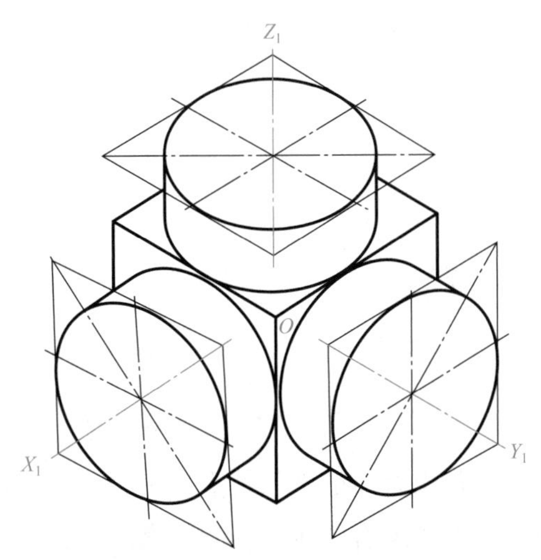

图 3-9　平行于三个坐标面的圆的正等轴测图

如果形体上的圆不平行于坐标平面，则不能用辅助菱形法作图。

（2）圆柱的正等轴测图

由图 3-10（a）可知，圆柱的轴线是铅垂线，上、下底面是水平面，即圆面位于 XOY 坐标面内，取下底圆心为原点，根据圆柱的直径和高度，完成圆柱的正等轴测图。作图步骤如图 3-10 所示。

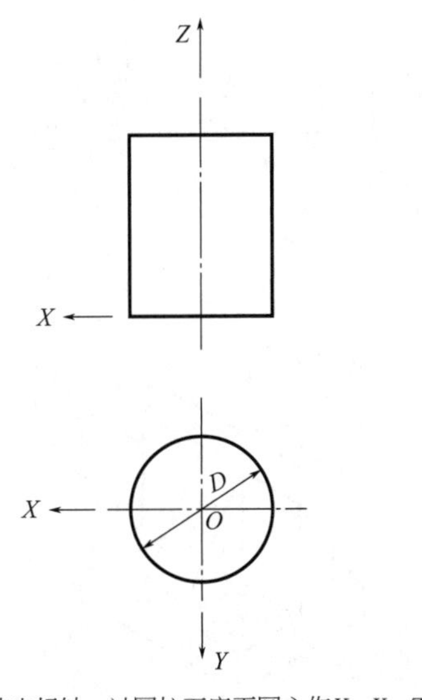

(a) 选坐标轴，过圆柱下底面圆心作X、Y、Z轴

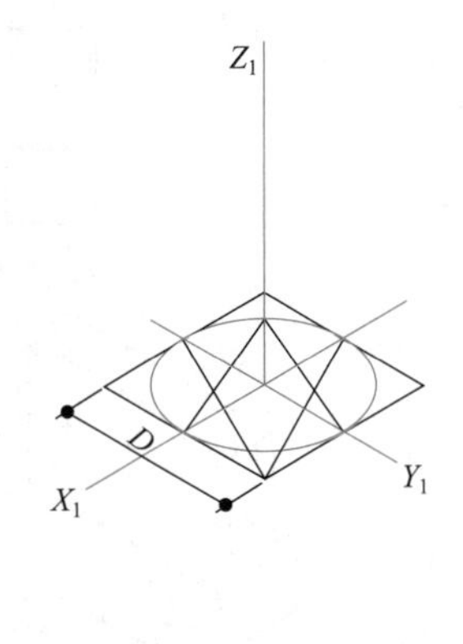

(b) 根据圆柱直径画出下底面椭圆

图 3-10

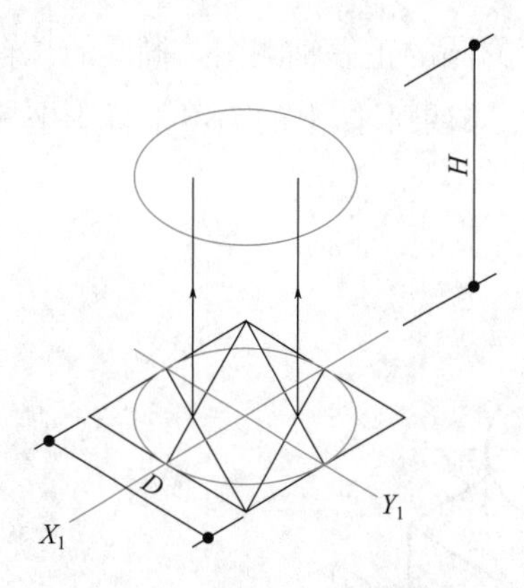

(c) 平移法画出上底面椭圆

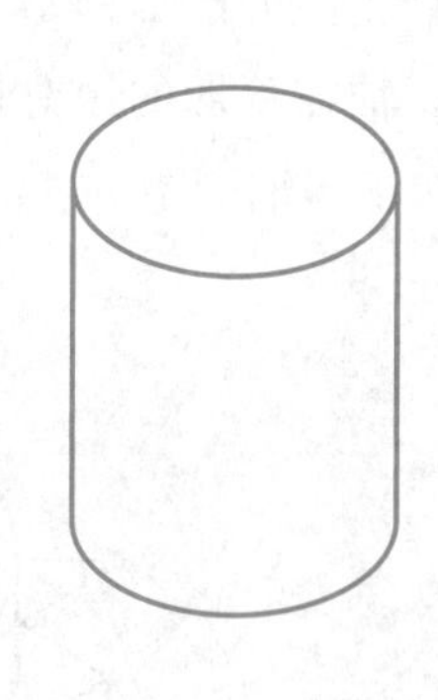

(d) 作两椭圆的外公切线，擦除不可见线，整理加深

图 3-10 平移法画圆柱的正等轴测图

4. 组合体正等轴测图的画法

画组合体的轴测图，需根据组合体的形状特点、组合形式，选择合适的作图方法。一般有叠加和挖切方法。因此，在画组合体正等轴测图之前，先应通过形体分析，了解组合体各组成部分的相对位置和组合方式，然后根据其相互位置关系，按照从大到小、从总体轮廓到局部细节的顺序，逐个作出其正等轴测图，最后处理好交线，整理加深即可。

（1）叠加法 当组合体是由若干基本体叠加而成时，作图方法适用叠加法。

【例 3-1】画出组合体的正等轴测图，如图 3-11 所示。

分析：由组合体已知的三面投影图可知，该组合体由两个基本体叠加而成，所以适用叠加法完成其正等轴测图。

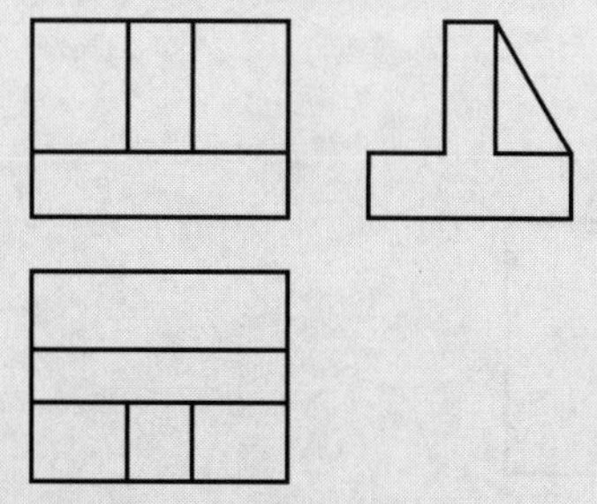

(a) 选坐标轴，确定作图顺序和形体尺寸

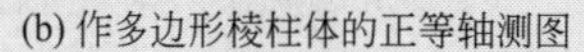

(b) 作多边形棱柱体的正等轴测图

(c) 作出三棱柱体的正等轴测图

图 3-11 叠加法画组合体的正等轴测图

（2）切割法　当组合体是由基本体切割而成时，先画出成型前基本体的轴测图，然后按其截平面的位置，逐个切去多余部分，处理好交线，完成组合体的轴测图。

【例 3–2】画出组合体的正等轴测图，如图 3-12 所示。

分析：由组合体已知的三面投影图可知，该组合体是四棱柱由八个截平面经三次切割而形成，所以适用切割法完成其正等轴测图。

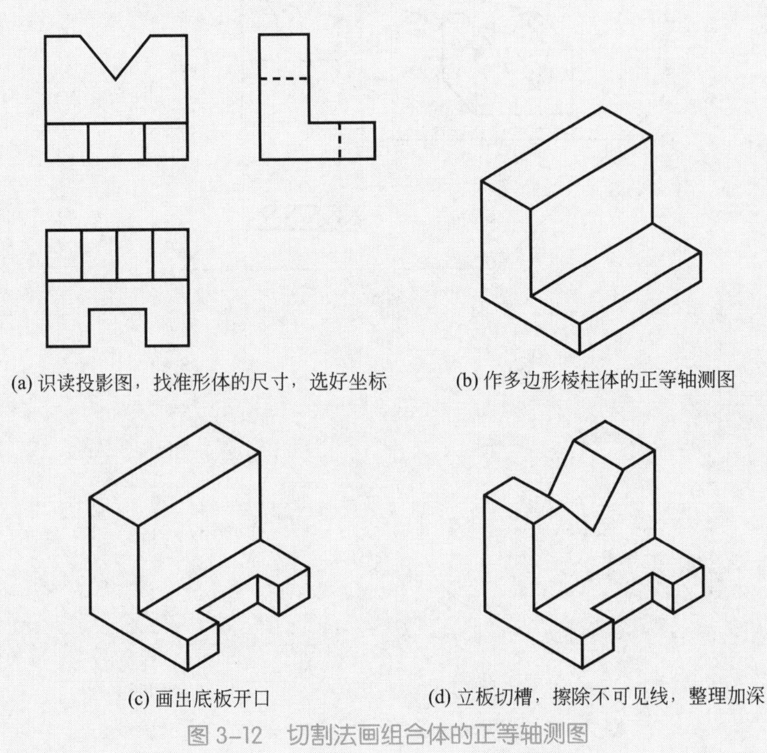

(a) 识读投影图，找准形体的尺寸，选好坐标　(b) 作多边形棱柱体的正等轴测图

(c) 画出底板开口　(d) 立板切槽，擦除不可见线，整理加深

图 3–12　切割法画组合体的正等轴测图

有时，一个组合体是由几种形式组合而成的。在这种情况下，可根据上述两种画组合体轴测图的方法，综合运用来作图。

综上，正等轴测图作图方便，易于度量，尤其是柱类形体和两个或三个坐标面上均带有圆形结构者更适宜采用。

三、斜轴测图

立体主要面与轴测投影面平行，而使投影方向倾斜于投影面，即得到斜轴测投影图，简称斜轴测图，如图 3-13 所示。

1. 轴间角及轴向变化率

斜轴测图的轴间角$\angle X_1O_1Z_1=90°$，轴向变化率 $p=r=1$。又因投影方向可为多种，故 Y 轴的投影方向和变化率也有多种。为了作图简便，常取 O_1Y_1 轴与水平线成 45°，正面斜轴测图的轴间角和轴向变化率：当 $q=1$ 时，作出的轴测图称正面斜等轴测图（简称斜等轴测图），如图 3-14 所示；若取 $q=1/2$ 时，作出的轴测图称正面斜二轴测图（简称斜二轴测图），如

图 3-15 所示。斜轴测图能反映正面实形，作图简便，直观性较强，因此用得较多。

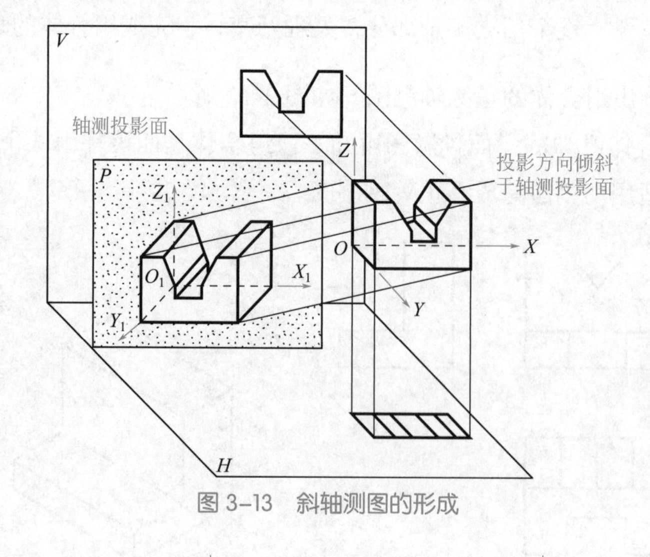

图 3-13　斜轴测图的形成

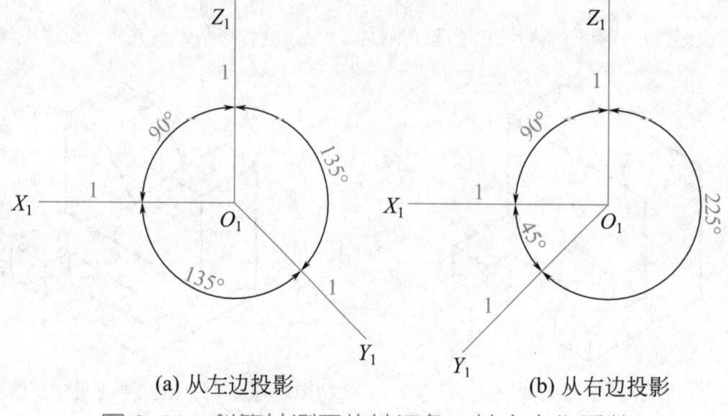

图 3-14　斜等轴测图的轴间角、轴向变化系数

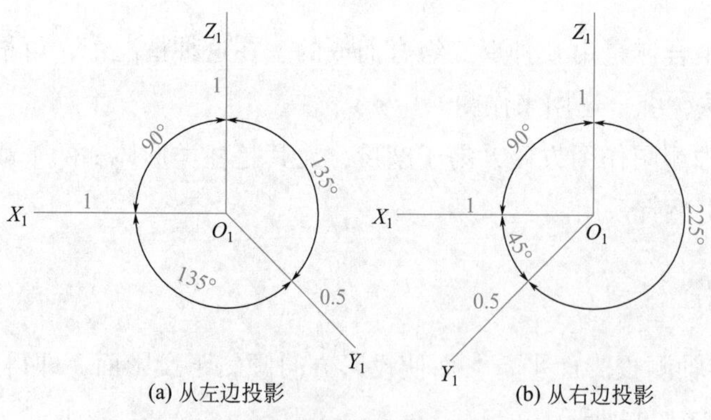

图 3-15　斜二轴测图的轴间角、轴向变化系数

2. 正面斜轴测图的画法

【例 3-3】绘制图 3-16 所示形体的斜等轴测图。

分析：由形体已知的三面投影图可知，该形体总体是呈棱柱形状的，正面图形最为复杂，可先在 $X_1O_1Z_1$ 面画出（即抄绘出）正面形状，然后每个角点沿 O_1Y_1 轴平移一个棱柱的棱长尺寸，连接各点，擦除不可见线即可。

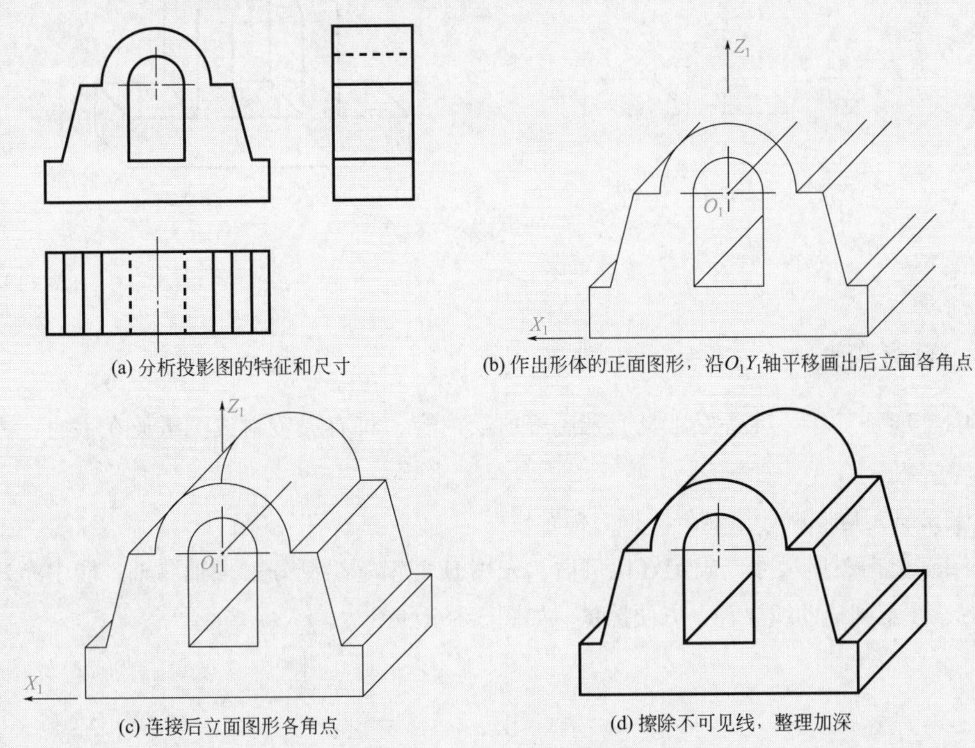

图 3-16　形体的斜等轴测图

【例 3-4】绘制图 3-17 所示形体的斜二轴测图。

分析：由形体已知的三面投影图可知，该形体总体是呈棱柱形状的，正面图形最为复杂，可先在 $X_1O_1Z_1$ 面画出（即抄绘出）正面形状，然后每个角点沿 O_1Y_1 轴平移半个棱柱的棱长尺寸，连接各点，擦除不可见线即可。画的同时注意和图 3-16 对比，斜等轴测图的不同之处。

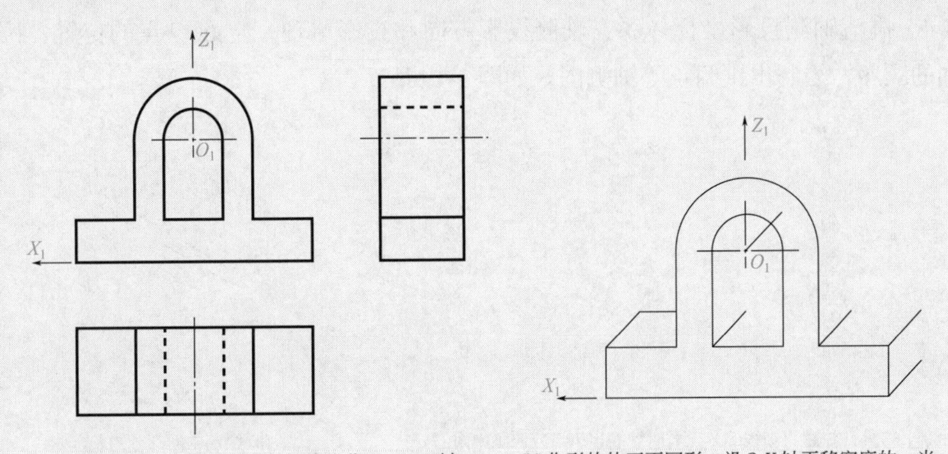

图 3-17

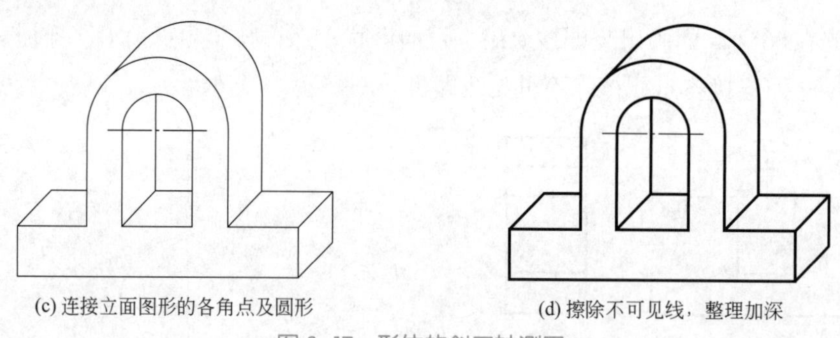

(c) 连接立面图形的各角点及圆形

(d) 擦除不可见线，整理加深

图 3–17　形体的斜二轴测图

任务实施

（1）准备工作。准备好工具，熟悉好所绘内容，将有关资料或图纸放在手边，方便查阅。

（2）确定好图幅，绘制好图框、标题栏。

（3）根据图形尺寸，确定好比例后，先用 H 型铅笔绘制好三根轴测轴，居中布好图形位置，注意画辅助线要轻，方便擦拭。如图 3-18 所示。

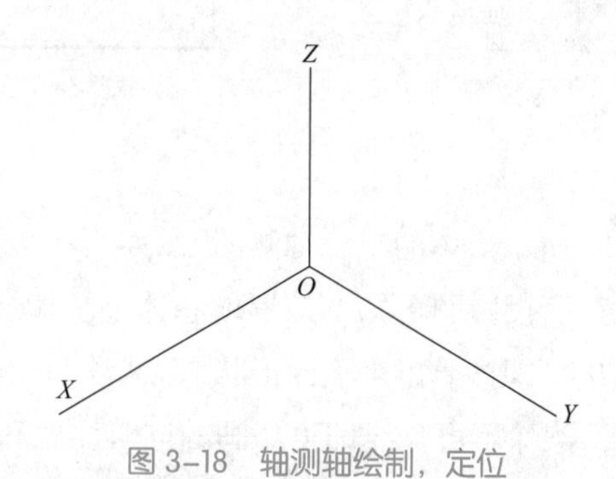

图 3–18　轴测轴绘制，定位

（4）搞清轴测投影坐标体系、轴测投影方向和投影原理，定好 O 点的位置，按照形体叠加的顺序，绘制出拱门正等轴测图。如图 3-19 所示。

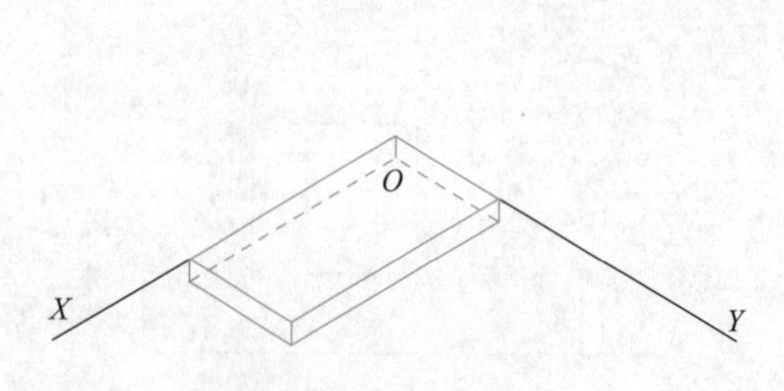

(a) 绘制上部长方体，注意将虚线部分先暂时绘制出来，方便画中间部分

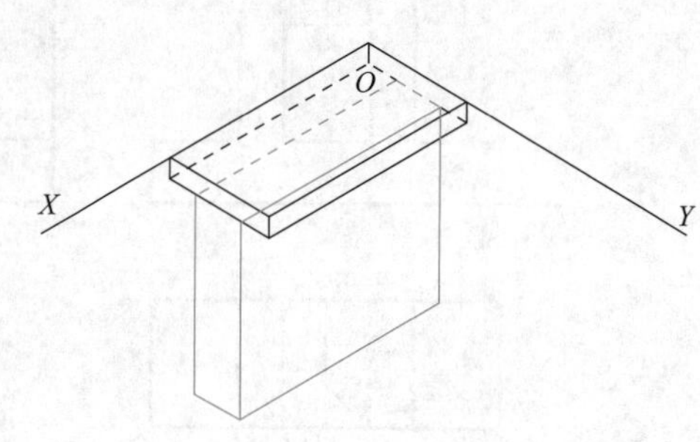

(b) 绘制中间部分的长方体

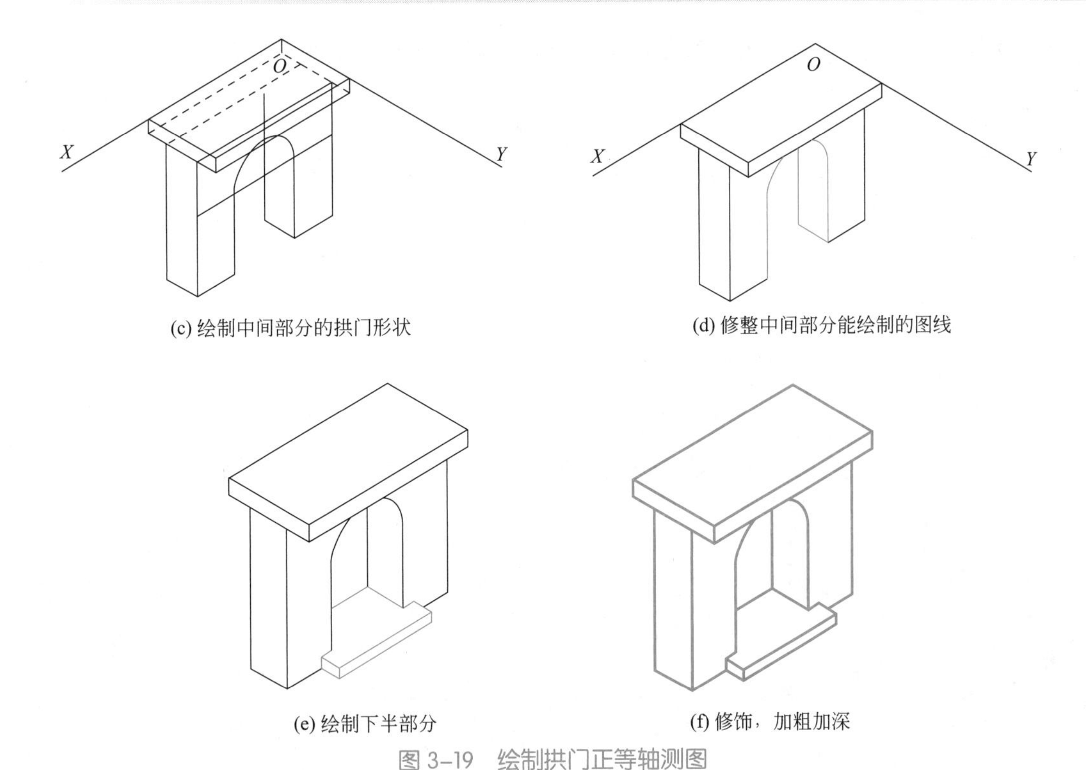

(c) 绘制中间部分的拱门形状　　(d) 修整中间部分能绘制的图线

(e) 绘制下半部分　　(f) 修饰，加粗加深

图 3-19　绘制拱门正等轴测图

能力训练题

识图与绘图能力训练

1. 根据所给的两面投影图，补充完第三个投影图并绘制其正等轴测图。

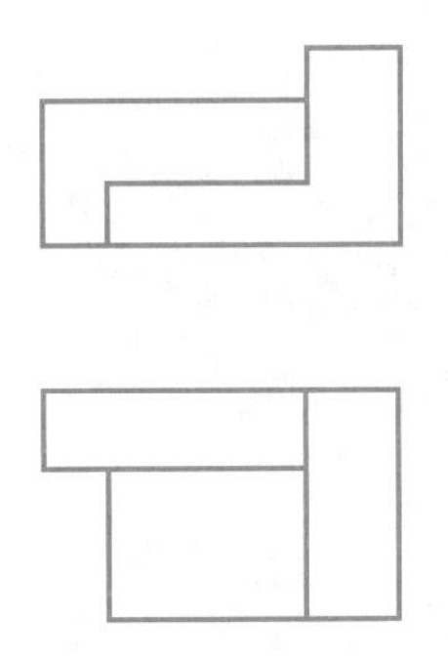

2. 根据所给的两面投影图，补充完第三个投影图并绘制其正等轴测图。

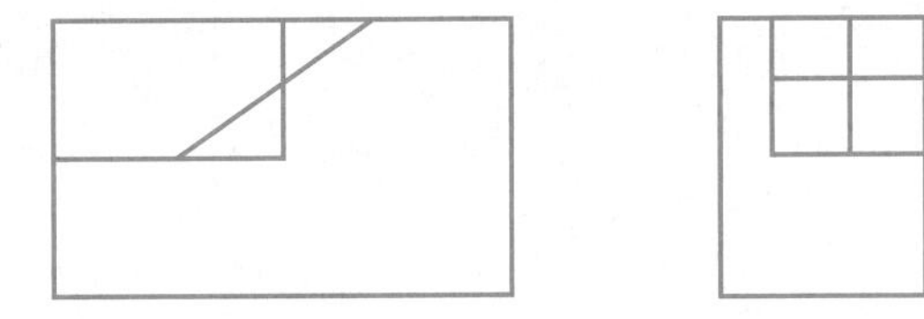

3. 根据所给的两面投影图，补充完第三个投影图并绘制其正等轴测图。

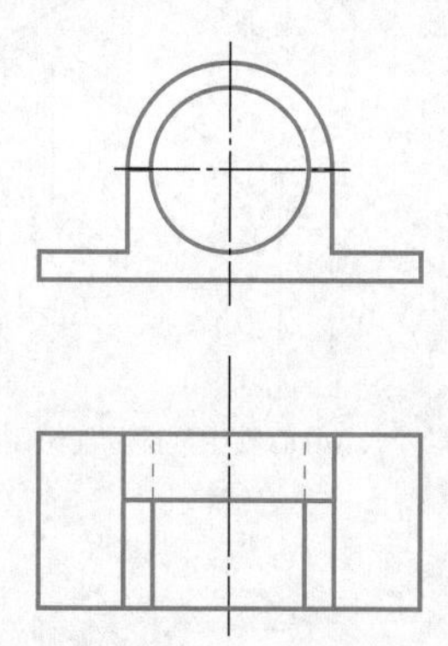

4. 根据所给的三面投影图，补充完投影图中的漏线，并绘制其正等轴测图。

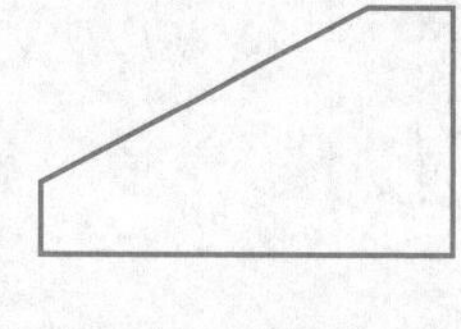
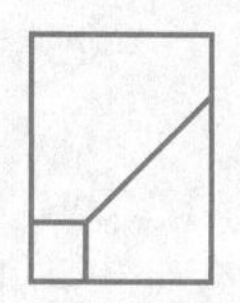
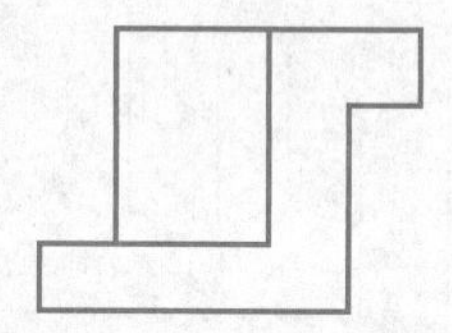
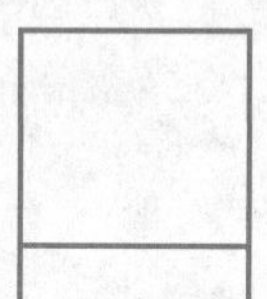
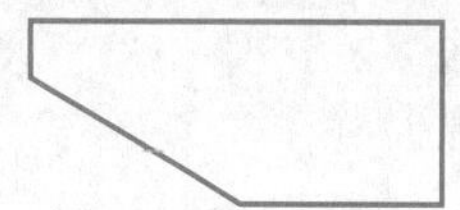
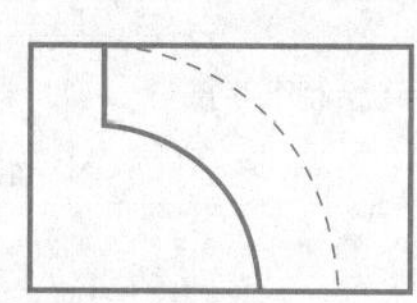

5. 根据所给的投影图，补充侧立面图，并绘制斜轴测图。

（1）

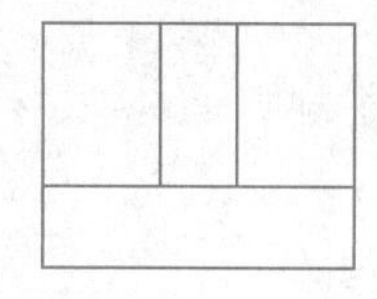
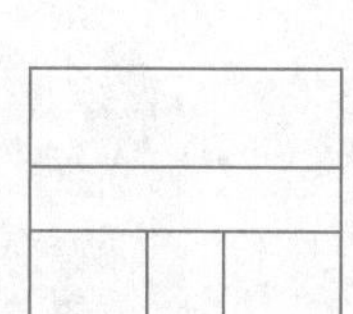

（2）

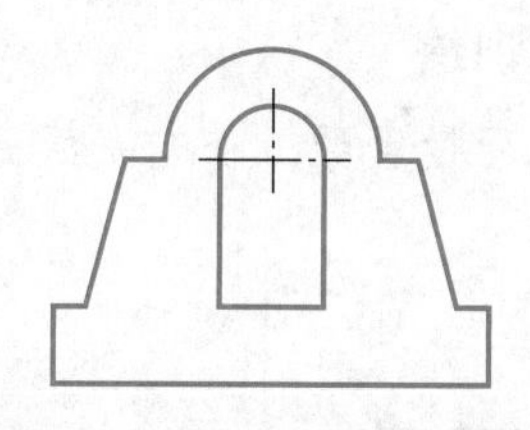
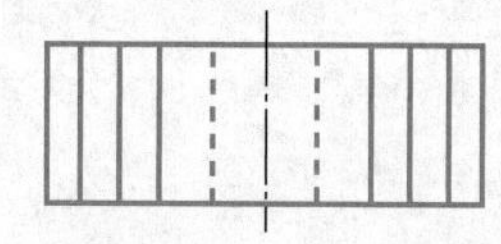

（3）

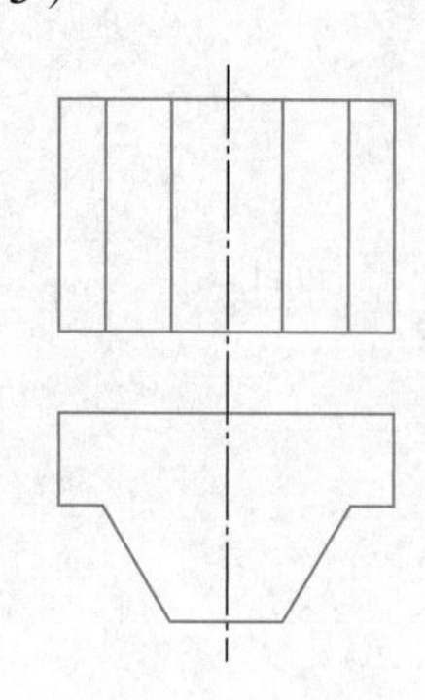

（4）

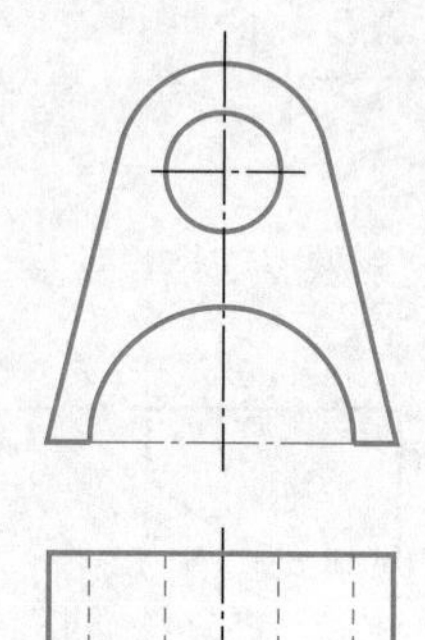

任务二
CAD 绘制拱门立体模型

任务提出

根据图 3-20 拱门投影图，在 AutoCAD 2018 三维建模中绘制拱门的立体模型。

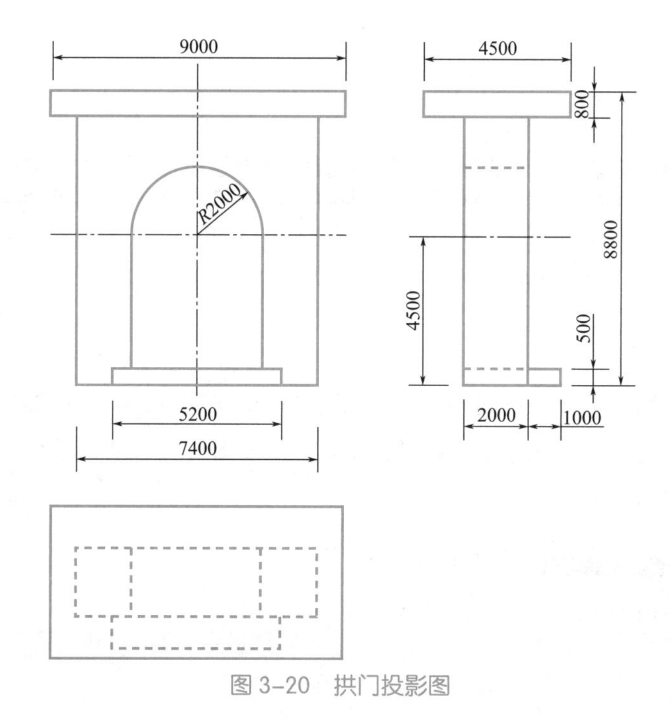

图 3-20　拱门投影图

任务分析

如图 3-20 所示为拱门投影图，该构件可以看成由几个棱柱体叠加而成。要用 CAD 软件建立拱门三维模型，首先要熟悉三维绘图界面，学会在绘制过程中观察模型，能用基本三维命令绘制三维实体，还可以对其进行布尔运算等编辑操作。

必备知识

一、三维建模界面

在 AutoCAD 2018 中绘制三维实体之前，首先要进入三维建模界面。点击【工作空间】

工具栏中的下拉按钮，选择【三维建模】，或者点击下拉菜单【工具】→【工作空间】→【三维建模】，就会出现如图 3-21 所示的【三维建模】界面。

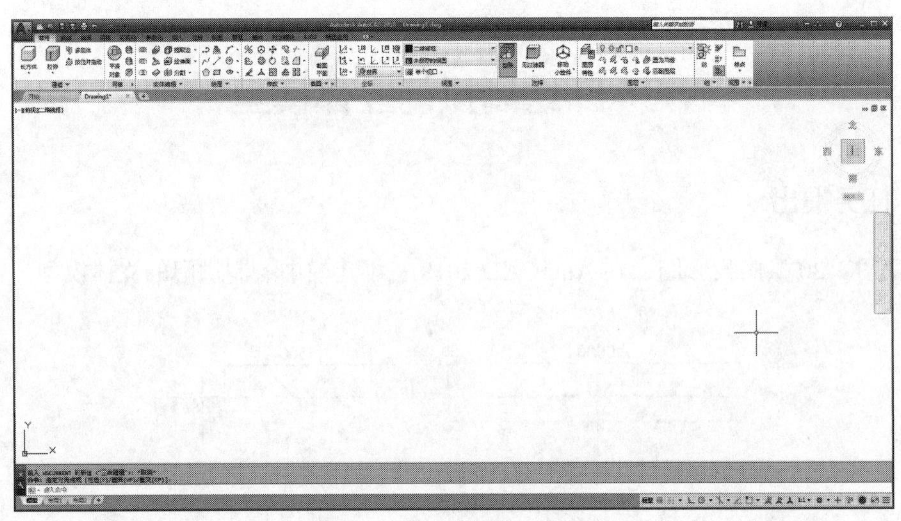

图 3-21 【三维建模】界面

二、三维动态观察

三维导航工具允许用户从不同的角度、高度和距离查看图形中的对象。使用下拉菜单【视图】→【动态观察】或【三维导航】工具栏，可以对三维图形进行动态观察、回旋、调整距离、缩放和平移，如图 3-22 所示。

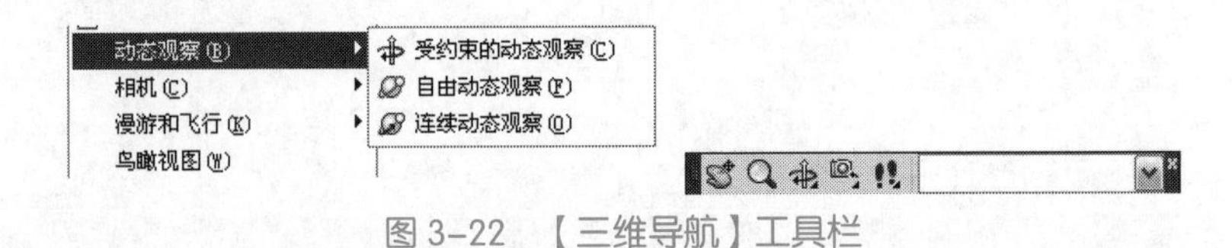

图 3-22 【三维导航】工具栏

（1）受约束的动态观察　沿 *XY* 平面或 *Z* 轴约束三维动态观察。启动方法：

- 下拉菜单:【视图】→【动态观察】→【受约束的动态观察】
- 工具条:【三维导航】→【受约束的动态观察】按钮
- 命令行: 3DORBIT

（2）自由动态观察　不参照平面，在任意方向上进行动态观察。沿 *XY* 平面和 *Z* 轴进行动态观察时，视点不受约束。启动方法：

- 下拉菜单:【视图】→【动态观察】→【自由动态观察】
- 命令行: 3DFORBIT

（3）连续动态观察　连续地进行动态观察。在要使连续动态观察移动的方向上单击并拖动，然后释放鼠标按钮，轨道沿该方向继续移动。启动方法：

- 下拉菜单：【视图】→【动态观察】→【连续动态观察】
- 命令行：3DCORBIT

三、创建基本实体

三维实体创建的方法有以下三种：

① 利用 AutoCAD 2018 提供的基本实体（例如长方体、圆锥体、球体等）创建简单实体。

② 沿路径将二维对象拉伸，或者将二维对象绕轴旋转。

③ 将利用前两种方法创建的实体进行布尔运算，生成更复杂的实体。

三维实体的显示形式有三维线框、二维线框、三维隐藏、真实和概念五种，可以在【视觉样式】工具栏或面板选项的【视觉样式】中进行切换。在本模块中采用“概念”视觉样式。

1. 长方体

长方体由底面和高度定义。长方体的底面总与当前 UCS 的 *XY* 平面平行。可以用以下几种方法创建长方体：

- 【建模】工具栏或【三维制作】面板：
- 下拉菜单：【绘图】→【建模】→【长方体】
- 命令行：box

【例 3–5】创建一个长 40、宽 20、高 25 的长方体，如图 3-23 所示。

点击下拉菜单：【绘图】→【建模】→【长方体】，命令行提示如下：

```
命令：box        //启动【长方体】命令
指定第一个角点或 [中心（C）]://鼠标点击一个角点
指定其他角点或 [立方体（C）/长度（L）]：L
                              //输入L，选择长度
指定长度：<正交 开> 40        //输入矩形长度
指定宽度：20                  //输入矩形宽度
指定高度或 [两点（2P）]：25  //输入矩形高度
```

图 3–23　长方体

2. 圆柱体

圆柱体或椭圆柱体是以圆或椭圆作底面来创建，圆柱的底面位于当前 UCS 的 *XY* 平面上。创建圆柱体的方法有：

- 【建模】工具栏或【三维制作】面板：

- 下拉菜单:【绘图】→【建模】→【圆柱体】
- 命令行:cylinder

【例 3-6】创建一个底面半径为 20、高 50 的圆柱体，如图 3-24 所示。

点击下拉菜单:【绘图】→【建模】→【圆柱体】，命令行提示如下:

命令 : _cylinder
指定底面的中心点或 [三点（3P）/ 两点（2P）/ 切点、切点、半径（T）/ 椭圆（E）]:
指定底面半径或 [直径（D）]: 20
指定高度或 [两点（2P）/ 轴端点（A）] <25.0000>: 50

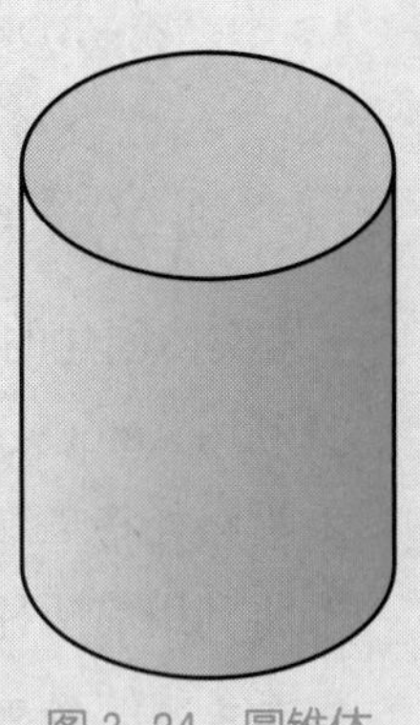

图 3-24 圆锥体

3. 圆锥体

圆锥体由圆或椭圆底面以及垂足在其底面上的锥顶点定义，在默认情况下，圆锥体的底面位于当前 UCS 的 *XY* 平面上。圆锥体的高可以是正的也可以是负的，且平行于 *Z* 轴。顶点决定了圆锥体的高和方向。创建圆锥体的方法有:

- 【建模】工具栏或【三维制作】面板:
- 下拉菜单:【绘图】→【建模】→【圆锥体】
- 命令行:cone

【例 3-7】创建一个底面半径为 20、高 50 的圆锥体，如图 3-25 所示。

点击下拉菜单:【绘图】→【建模】→【圆锥体】，命令行提示如下:

命令 : _cone
指定底面的中心点或 [三点（3P）/ 两点（2P）/ 切点、切点、半径（T）/ 椭圆（E）]:
指定底面半径或 [直径（D）] <20.0000>: 20
指定高度或 [两点（2P）/ 轴端点（A）/ 顶面半径（T）] <50.0000>:

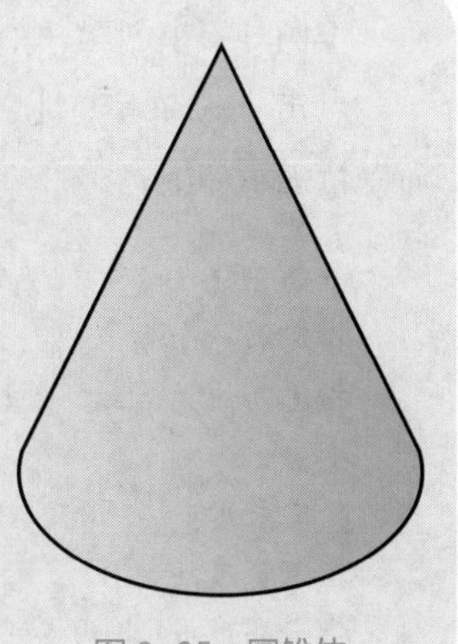

图 3-25 圆锥体

4. 球体

球体由中心点和半径或直径定义，球体的纬线平行于 *XY* 平面，中心轴与当前 UCS 的 *Z* 轴方向一致。启动球体命令的方法有:

- 【建模】工具栏或【三维制作】面板：
- 下拉菜单：【绘图】→【建模】→【球体】
- 命令行：sphere

【例 3-8】创建一个半径为 20 的球体，如图 3-26 所示。

点击下拉菜单：【绘图】→【建模】→【球体】，命令行提示如下：

```
命令：sphere
指定中心点或 [三点(3P)/两点(2P)/切点、切点、半径(T)]:
指定半径或 [直径(D)] <20.0000>: 20
```

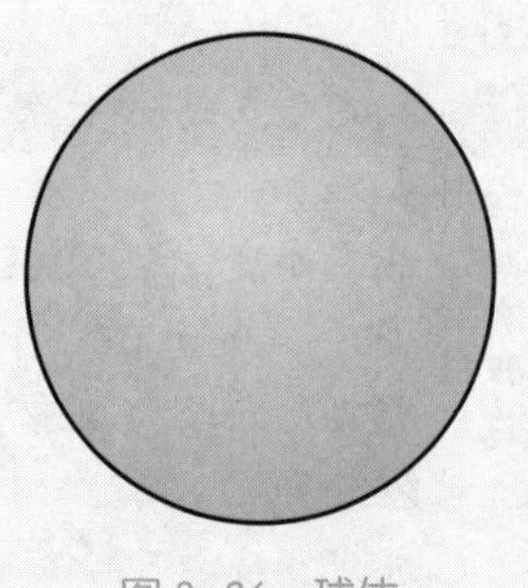

图 3-26　球体

5. 楔体

楔体的底面平行于当前 UCS 的 *XY* 平面，其倾斜面正对第一个角。它的高可以是正数也可以是负数，并与 *Z* 轴平行。启动楔体命令的方法有：

- 【建模】工具栏或【三维制作】面板：
- 下拉菜单：【绘图】→【建模】→【楔体】
- 命令行：wedge

【例 3-9】创建一个长 40、宽 25、高 15 的楔体，如图 3-27 所示。

点击下拉菜单：【绘图】→【建模】→【楔体】，命令行提示如下：

```
命令：wedge
指定第一个角点或 [中心(C)]:
指定其他角点或 [立方体(C)/长度(L)]: L
指定长度 <40.0000>: 40
指定宽度 <20.0000>: 25
指定高度或 [两点(2P)] <50.0000>: 15
```

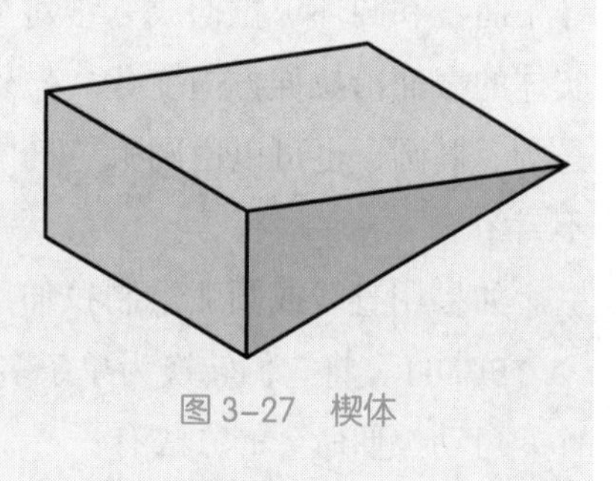

图 3-27　楔体

6. 多段体

多段体的底面平行于当前 UCS 的 *XY* 平面，它的高可以是正数也可以是负数，并与 *Z* 轴平行，在默认情况下，多段体始终具有矩形截面轮廓。启动多段体命令的方法有：

- 【建模】工具栏或【三维制作】面板：
- 下拉菜单：【绘图】→【建模】→【多段体】
- 命令行：polysolid

【例 3-10】创建一段高度为 60、宽度为 6 的多段体，如图 3-28 所示。

点击下拉菜单：【绘图】→【建模】→【多段体】，命令行提示如下：

```
命令 :polysolid 高度 = 80.0000, 宽度 = 5.0000,
对正 = 居中
指定起点或 [对象(O)/高度(H)/宽度(W)/对正(J)]
<对象>: h
指定高度 <80.0000>: 60
高度 = 60.0000, 宽度 = 5.0000, 对正 = 居中
指定起点或 [对象(O)/高度(H)/宽度(W)/对正(J)]
<对象>: w
指定宽度 <5.0000>: 6
高度 = 60.0000, 宽度 = 6.0000, 对正 = 居中
指定起点或 [对象(O)/高度(H)/宽度(W)/对正(J)] <对象>:
指定下一个点或 [圆弧(A)/放弃(U)]:
指定下一个点或 [圆弧(A)/放弃(U)]:
指定下一个点或 [圆弧(A)/闭合(C)/放弃(U)]:
```

图 3-28 多段体

四、拉伸和旋转创建实体

1. 创建拉伸实体

创建拉伸实体就是将二维的闭合对象（如多段线、多边形、矩形、圆、椭圆、闭合的样条曲线和圆环）拉伸成三维对象。在拉伸过程中，不但可以指定拉伸的高度，还可以使实体的截面沿拉伸方向变化。另外，还可以将一些二维对象沿指定的路径拉伸。路径可以是圆、椭圆，也可以由圆弧、椭圆弧、多段线、样条曲线等组成。路径可以封闭，也可以不封闭。

如果用直线或圆弧绘制拉伸用的二维对象，则需要将它们转换成面域或用【连接】命令“PEDIT”将它们转换为单条多段线，然后再利用【拉伸】命令进行拉伸。

启动拉伸命令的方法有：

- 【建模】工具栏或【三维制作】面板：
- 下拉菜单：【绘图】→【建模】→【拉伸】
- 命令行：extrude

【例 3-11】将图 3-29（a）所示矩形拉伸成图 3-29（b）所示的棱台体。

点击下拉菜单：【绘图】→【建模】→【拉伸】，命令行提示如下：

```
命令 : extrude
当前线框密度 :  ISOLINES=4
选择要拉伸的对象 : 找到 1 个
```

选择要拉伸的对象：
指定拉伸的高度或 [方向（D）/ 路径（P）/ 倾斜角（T）] <15.0000>: t
指定拉伸的倾斜角度 <0>: 15
指定拉伸的高度或 [方向（D）/ 路径（P）/ 倾斜角（T）] <15.0000>: 80

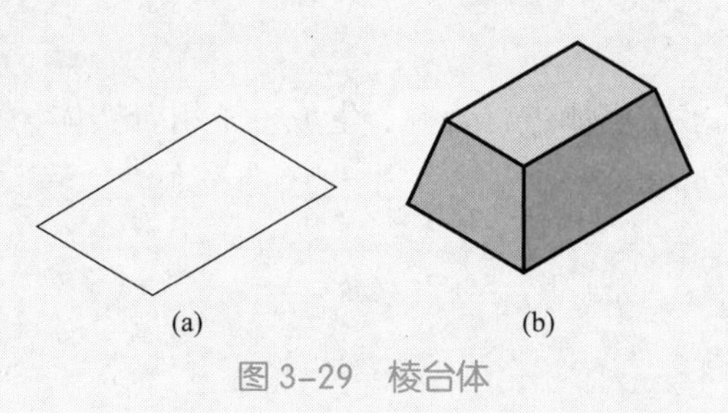
(a)　(b)

图 3-29　棱台体

2. 创建旋转实体

创建旋转实体即是将一个二维封闭对象（例如圆、椭圆、多段线、样条曲线）绕当前 UCS 坐标系的 X 轴或 Y 轴并按一定的角度旋转成实体。也可以绕直线、多段线或两个指定的点旋转对象。启动旋转命令的方法有：

- 【建模】工具栏或【三维制作】面板：
- 下拉菜单：【绘图】→【建模】→【旋转】
- 命令行：revolve

【例 3-12】将图 3-30（a）所示图形旋转，生成图 3-30（b）所示的圆墩。

点击下拉菜单：【绘图】→【建模】→【旋转】，命令行提示如下：

命令：revolve　　// 启动【旋转】命令
当前线框密度：ISOLINES=4
选择要旋转的对象：找到 1 个　　// 选择要旋转的对象
选择要旋转的对象：
指定轴起点或根据以下选项之一定义轴 [对象（O）/X/Y/Z] < 对象 >:
　　// 点击轴起点
指定轴端点：　　// 点击轴端点
指定旋转角度或 [起点角度（ST）] <360>:　　// 输入旋转角度

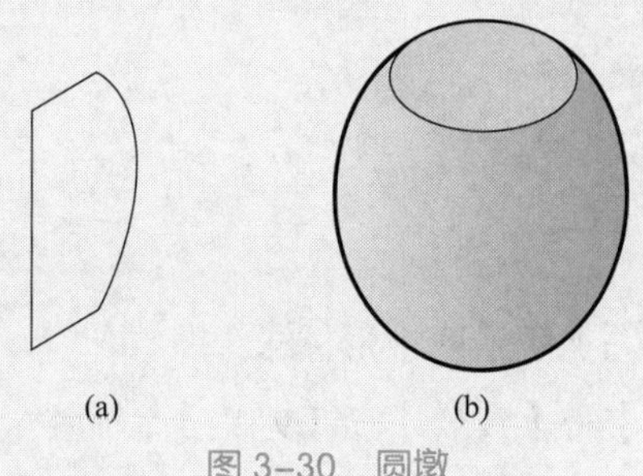
(a)　(b)

图 3-30　圆墩

五、三维实体布尔运算与编辑

在实际操作中，经常需要将简单的三维实体进行编辑以形成较为复杂的三维实体。布尔运算是常用的编辑方法，有求并集、求差集和求交集三种。

1. 求并集

求并集，即将两个或多个实体进行合并，生成一个组合实体，实际上就是实体的相加。有以下几种途径来启动求并集命令：

- 【建模】工具栏【三维制作】面板：
- 下拉菜单：【绘图】→【建模】→【并集】
- 命令行：union

【例 3-13】将图 3-31（a）所示两个形体求并集，形成图 3-31（b）所示的形体。

点击下拉菜单：【绘图】→【建模】→【并集】，命令行提示如下：

```
命令：union                          // 启动【并集】命令
选择对象：找到 1 个                   // 选中圆柱体
选择对象：找到 1 个，总计 2 个         // 选中长方体
```

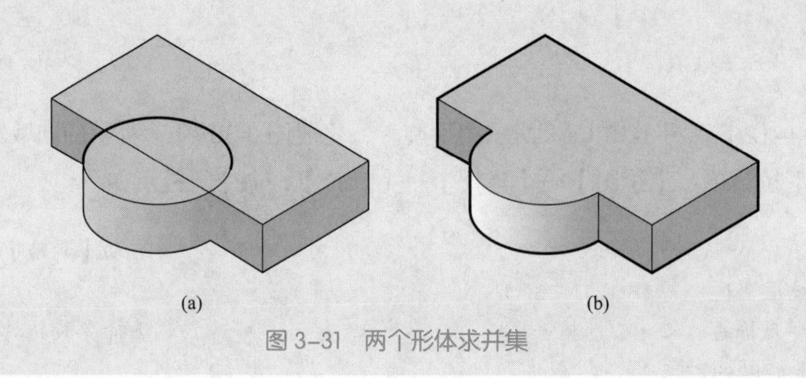

(a) (b)

图 3-31 两个形体求并集

2. 求差集

求差集，即从一个实体中减去另一个（或多个）实体，生成一个新的实体。其执行途径如下：

- 【建模】工具栏【三维制作】面板：
- 下拉菜单：【绘图】→【建模】→【差集】
- 命令行：subtract

【例 3-14】将图 3-32（a）所示两个形体求差集。

点击下拉菜单：【绘图】→【建模】→【差集】，命令行提示如下：

```
命令： subtract 选择要从中减去的实体、曲面和面域...      //启动【差集】命令
选择对象：找到 1 个                                   //选择被减对象
选择对象：
选择要减去的实体、曲面和面域...                        //选择要减对象
选择对象：找到 1 个
```

如果先选择长方体作为被减实体，再选择圆柱体作为要减去的实体，结果如图 3-32（b）所示；如果先选择圆柱体作为被减实体，再选择长方体作为要减去的实体，结果如图 3-32（c）所示。

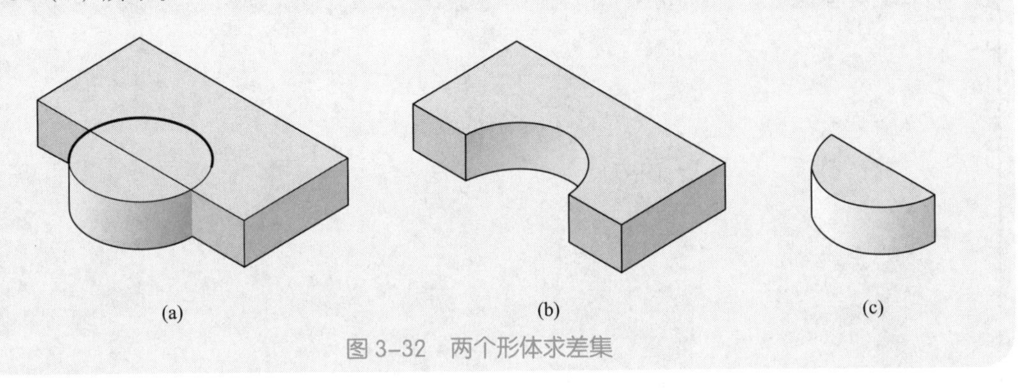

图 3-32　两个形体求差集

3. 求交集

求交集，是将两个或多个实体的公共部分构造成一个新的实体。其执行方法有：

- 【建模】工具栏或【三维制作】面板：
- 下拉菜单：【绘图】→【建模】→【交集】
- 命令行：intersect

【例 3-15】将图 3-33（a）所示两个形体求交集，形成图 3-33（b）所示的形体。

点击下拉菜单：【绘图】→【建模】→【交集】，命令行提示如下：

```
命令： intersect                          //启动【交集】命令
选择对象：找到 1 个                        //选择圆柱体
选择对象：找到 1 个，总计 2 个              //选择长方体，回车
```

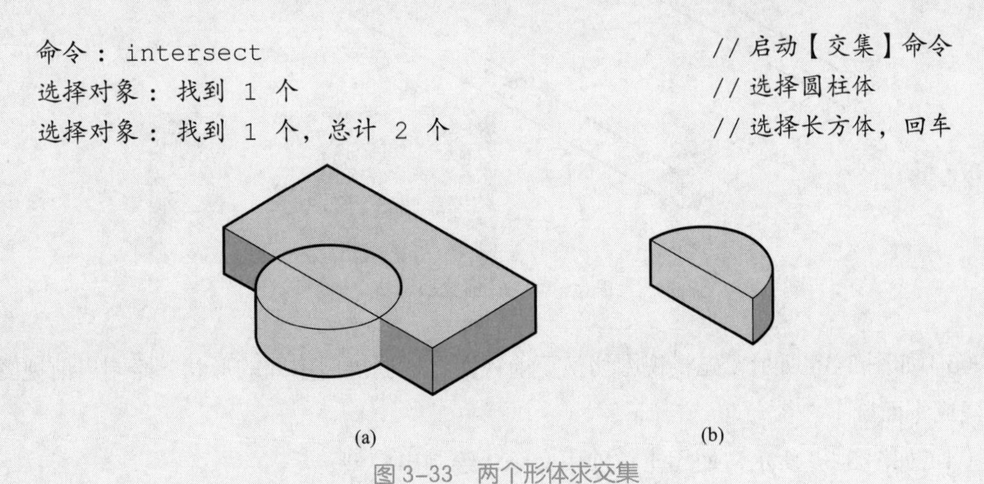

图 3-33　两个形体求交集

任务实施

（1）如图 3-34 所示，进入【三维建模】界面。点击【工作空间】工具栏中的下拉按钮，选择【三维建模】。并点击【可视化】中【视图】里面的【西南等轴测】，切换坐标为三维坐标。

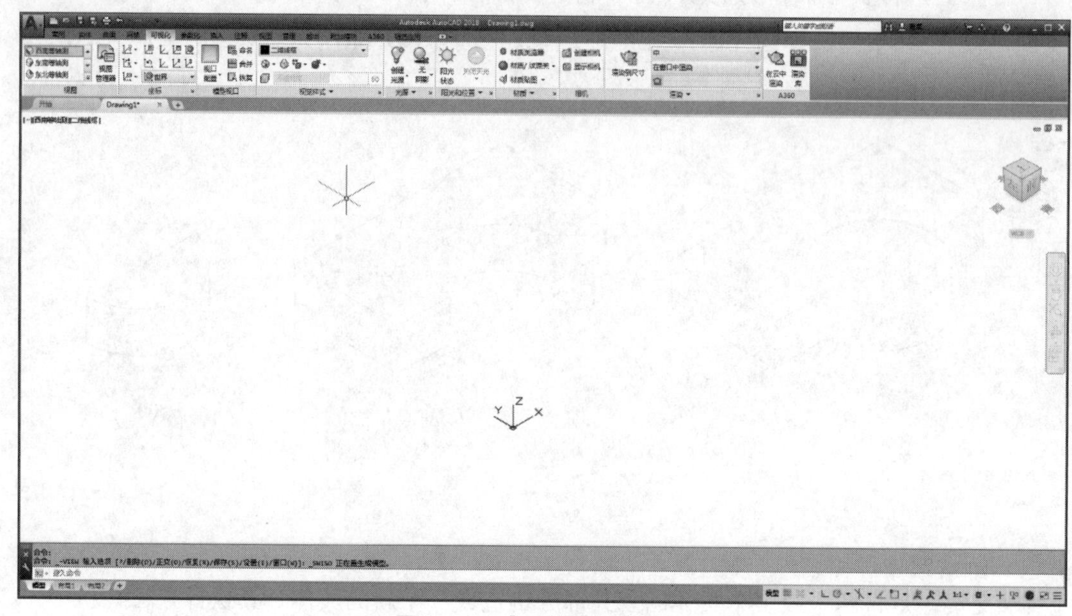

图 3–34 【三维建模】界面

（2）如图 3-35 所示，利用【长方体】命令，将拱门上部的长方体模型绘制出来。

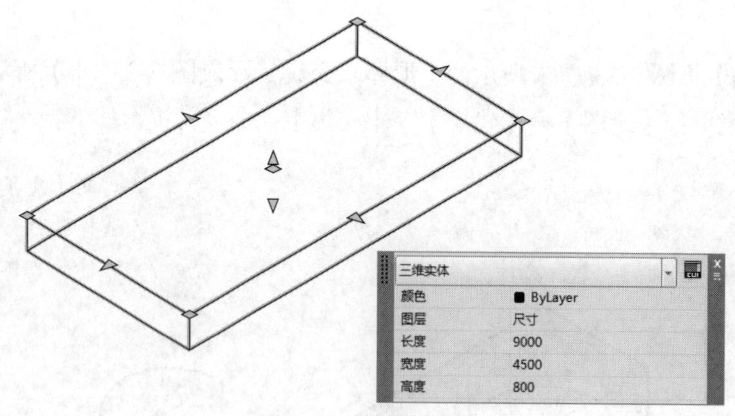

图 3–35 绘制长方体

（3）如图 3-36 所示，先将视图切换至前视图，根据拱门中间的形状，绘制出前视图，并创建成【面域】。

（4）如图 3-37 所示，使用【拉伸】命令，绘制出模型。

图 3-36　利用【面域】绘制模型

图 3-37　利用【面域】和【拉伸】建模

（5）绘制下部的长方体模型。如图 3-38 所示。

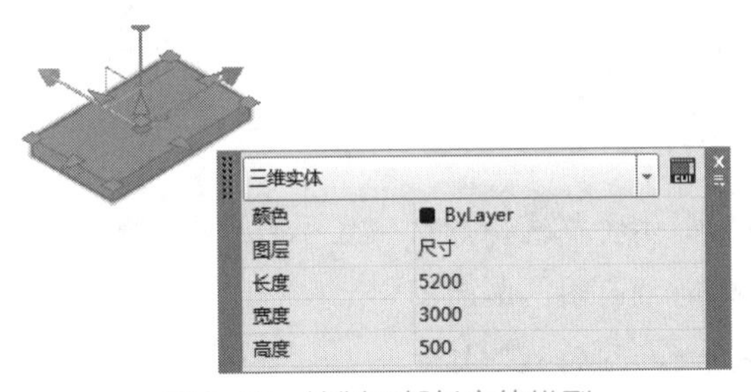

图 3-38　绘制下部长方体模型

（6）如图 3-39 所示，将前几步中的各个模型，按照尺寸要求进行移动，注意辅助线的位置。

（7）如图 3-40 所示，利用【并集】命令使各个模型成为一个整体。

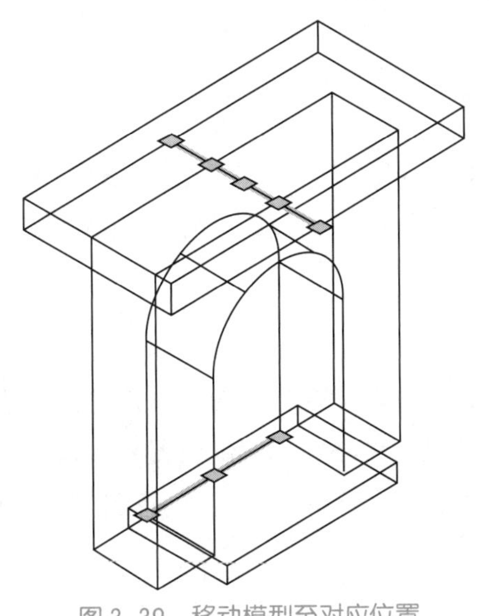

图 3-39　移动模型至对应位置

图 3-40　拱门立体模型

模块四 工程形体的表达

知识目标

了解剖面图和断面图的基本概念和分类

了解并掌握剖面图和断面图绘制的基本规定

掌握形体剖面图、断面图剖切符号的组成及表达的意义

理解剖面图和断面图的区别

掌握剖、断面图的绘制方法

能力目标

能正确、合理地根据形体特征选择剖切位置和剖面图、断面图的类型

能正确绘制工程形体的剖面图、断面图

能正确绘制剖面图、断面图的剖切标注

任务一 绘制检查井剖面图

任务提出

检查井三面投影图如图 4-1 所示，在 A3 图纸上，取合适的比例，绘制检查井正面全剖图和侧面半剖面图。要求在水平投影图上正确标注剖切符号，合理布局并标注尺寸。

任务分析

图 4-1 检查井为一结构复杂的混合式组合体，绘制该检查井剖面图，首先，要进行组合体投影图分析，能根据三面投影图识读出形体；其次，必须了解剖面图的概念，采取合适的剖切方式；然后，必须掌握形体剖面图的剖切标注、剖面图的绘制方法和表达规则，熟练应用制图标准绘制出形体剖面图。

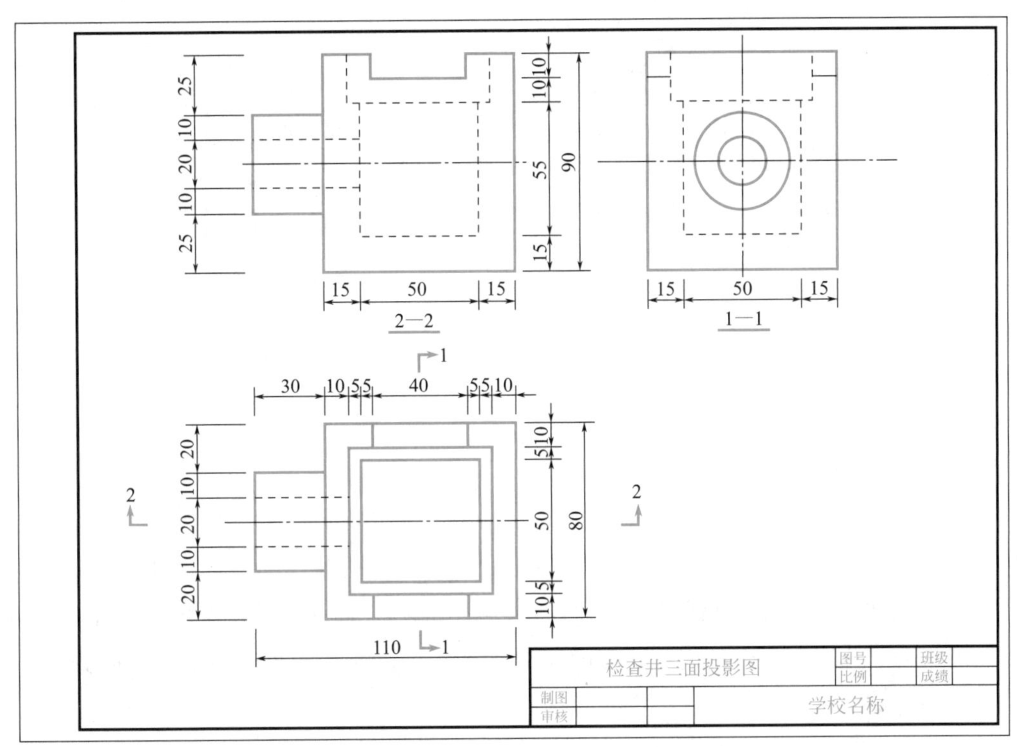

图 4-1　检查井三面投影图

必备知识

一、剖面图的基本概念

假想用剖切平面在适当的位置将物体剖开，移去观察者和剖切平面之间的部分，并把剩余部分向投影面作正投影，并在物体的截面（剖切平面与物体接触部分）上画出工程材料图例，此时所得到的图形称剖面图。如图 4-2 所示的涵洞洞身，当采用投影图表示时，图中虚线很多，给读图带来了不便。因此可以采用剖面图表示，如图 4-3 所示。

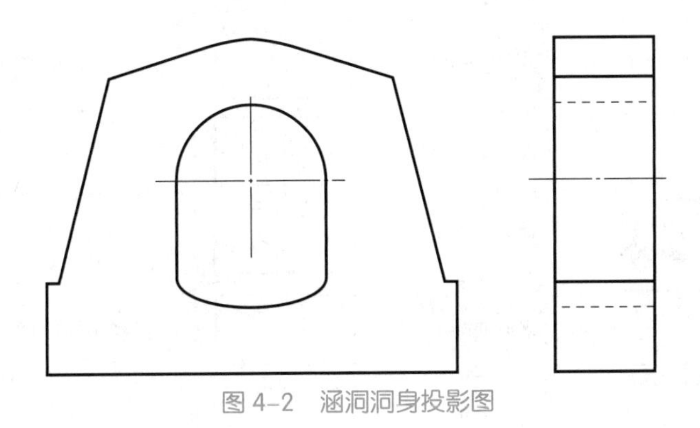

图 4-2　涵洞洞身投影图

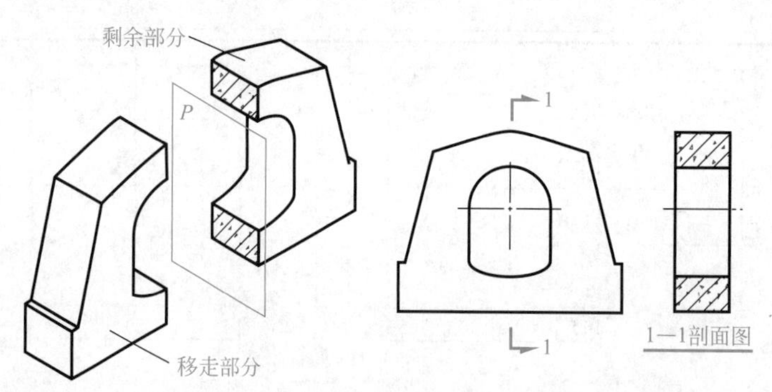

图 4-3 涵洞洞身剖面图的形成

二、剖面图的画法及标注

1. 确定剖切平面位置

为了使剖面图能更好地反映物体内部的实形，剖切平面应和投影面平行，并且尽可能地通过物体上的孔、洞、槽的中心，如图 4-3 所示，图中剖切平面 *P* 平行于 *W* 面。

2. 画剖面图

剖面图中所画的是物体上被截切后所剩余的部分，它包括断面的投影和剩余部分的轮廓线投影两部分内容。物体的剖切是假想得到的，因此，在画物体的其他投影图时，仍按完整的形状画出。

3. 画出工程材料图例

在剖面图中，需在截面上画出工程材料图例（表 4-1 摘选了一些常用的工程材料图例）。当材料不确定时，可用 45° 细实线表示。

表 4-1 常用工程材料图例（摘选）

材料名称	图例	材料名称	图例	材料名称	图例
自然土壤		水泥稳定土		细粒式沥青混凝土	
夯实土壤		水泥稳定砂砾		粗粒式沥青混凝土	
天然砂砾		水泥稳定碎砂砾		金属	
浆砌片石		钢筋混凝土		橡胶	
干砌片石		水泥混凝土		木材横断面	
石灰土		石灰粉煤灰		木材纵断面	

4. 剖面图的标注

剖面图的标注由以下三个部分组成。

（1）剖切位置线　剖切位置线用来表示剖切平面所在的位置，用长度为 8 ～ 10mm 的粗实线绘制，且不得与视图上的其他图线相接触。

（2）投射方向线　投射方向线应垂直于剖切位置线，它用来表示剖面图的投影方向。投射方向线长度应短于剖切位置线，宜由 6 ～ 8mm 的粗实线绘制，末端绘制一单边实心箭头。

剖切位置线和投射方向线组合在一起，即构成制图标准中的剖面剖切符号。

（3）剖面图编号　剖切符号的编号宜采用阿拉伯数字，按顺序由左至右、由下至上连续编排，并应注写在剖视方向线的端部。需要转折的剖切位置线，应在转角的外侧加注与该符号相同的编号。在相应的剖面图上需注出“×－× 剖面”字样。为了简化图纸，有时“剖面”二字可以省略不写。

三、注意事项

（1）剖切是假想的　由于剖面图中的剖切是假想的，形体并非真的被切去，所以不能影响其他视图的完整性。

（2）线型　在剖面图中，剖切到的断面轮廓用粗实线绘制，投影部分的轮廓线则用中粗实线绘制。

（3）防止漏线　画剖面图时，应仔细分析形体的形状和内部结构的投影特征。剖切之后可见部分的轮廓线都必须画出，不得遗漏。图 4-4 中漏线部分是初学者容易出错的地方。

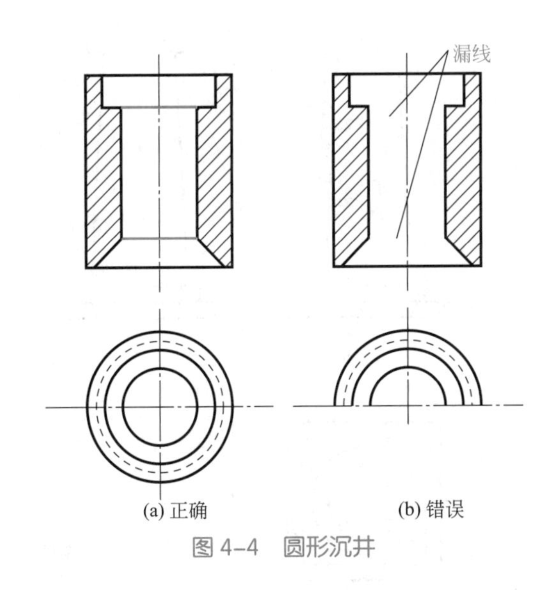

图 4-4　圆形沉井

（4）剖面图中不画虚线　为了保持图面清晰，通常剖面图中不画虚线。只画剖开后看得见的部分。

四、常用的几种剖切方法

1. 用一个剖切面剖切

（1）用一个剖切面把物体完全剖开得到的剖面图称全剖面图，简称全剖。如图 4-5 所示。

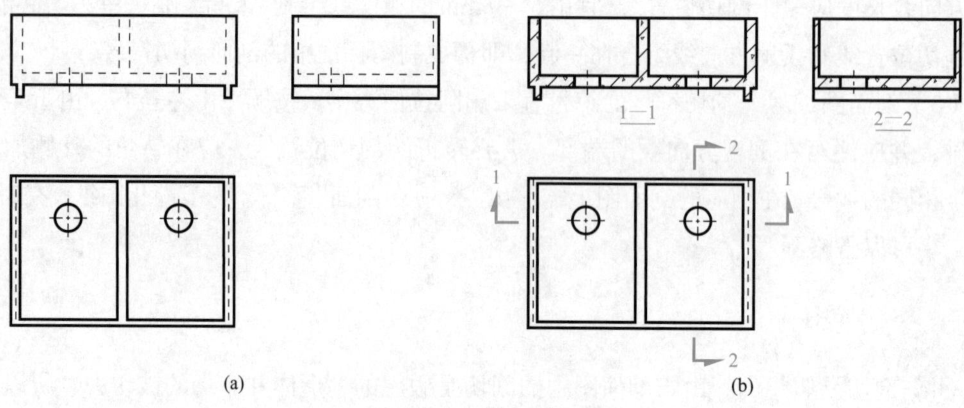

图 4-5　水池全剖面图

全剖多用于物体的投影图不对称时，对于外形简单且在其他投影图中外形已表达清楚的物体，虽其投影图对称也可画成全剖。

（2）当物体具有对称平面且外形又较复杂时，可以以中心对称线为界，一半画成剖面图，另一半仍保留外形投影图，这种画法称半剖面图，简称半剖。如图 4-6 所示。

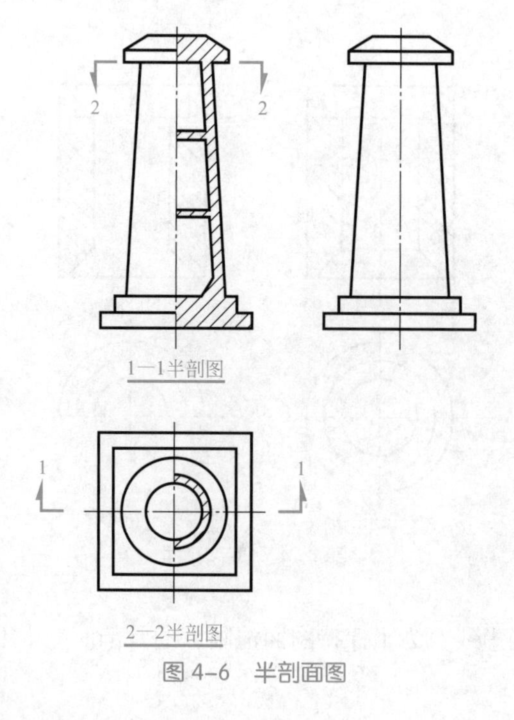

图 4-6　半剖面图

作半剖面图时，应注意以下几点：

① 半剖面图与半投影图以单点长画线为分界线，剖面部分一般画在垂直对称线的右侧或水平对称线的下方。

② 由于物体的内部形状已经在半剖面表达清楚，在另一半投影图上就不必再画出虚线。

③ 半剖面图中剖切符号的标注与全剖面图相同。

2. 用两个或两个以上平行的剖切面剖切

（1）当物体上的孔或槽无法用一个剖切面同时将其切开时，可采用两个或两个以上相互平行的剖切面将其剖开，这样得出的剖面图称阶梯剖面图，简称阶梯剖。如图 4-7 所示。

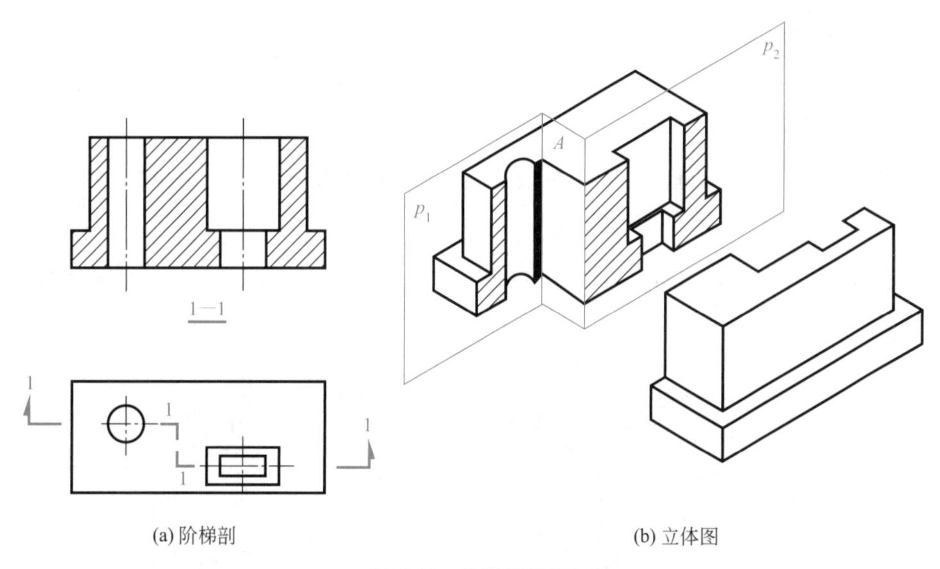

(a) 阶梯剖　　(b) 立体图

图 4–7　阶梯剖面图

画阶梯剖面图时应注意以下几点：

① 在剖面图上不画出剖切平面转折棱线的投影，而看成由一个剖切面全剖开形体所得到的图。

② 剖切位置线的转折处不应与图上的轮廓线重合、相交。

③ 必须标注剖切符号，在转折处为了不与其他图线混淆，应在转角的外侧加注相同的编号。

（2）局部剖、分层剖　如需表达物体内部形状的某一部分时，可采用局部剖切方法，即用剖切面剖开物体的局部得到的剖面图称为局部剖面图，简称局部剖。在专业图中也常用来表示多层结构的材料和构造，按结构层次逐层用细波浪线分开，这种局部剖面图又称为分层剖面图，如图 4-8 是表示路面各结构层的局部剖面图。

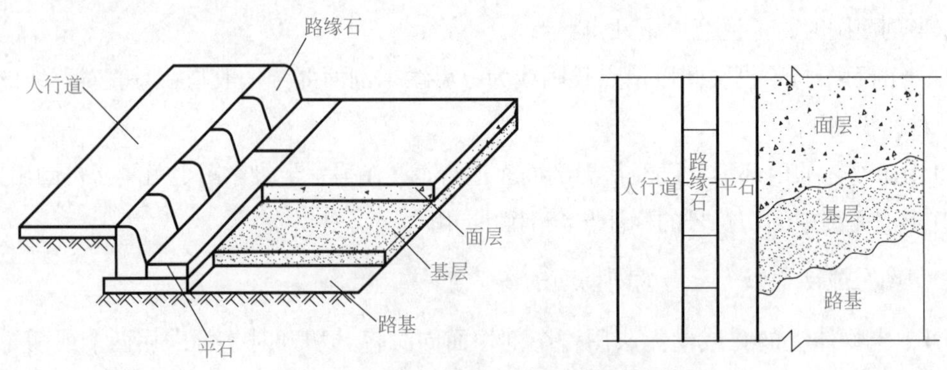

图 4-8 城市道路路面各结构层的局部剖面图

在局部剖面中，已剖与未剖部分的分界线用细波浪线表示，细波浪线不能与其他图线重合，且应画在物体的实体部分。局部剖可以不标注尺寸。

任务实施

（1）根据任务给出的检查井三面投影图，想象检查井的立体形状，如图 4-9（a）所示。

（2）对检查井进行正立面全剖，如图 4-9（b）所示，侧立面半剖，如图 4-9（c）所示。

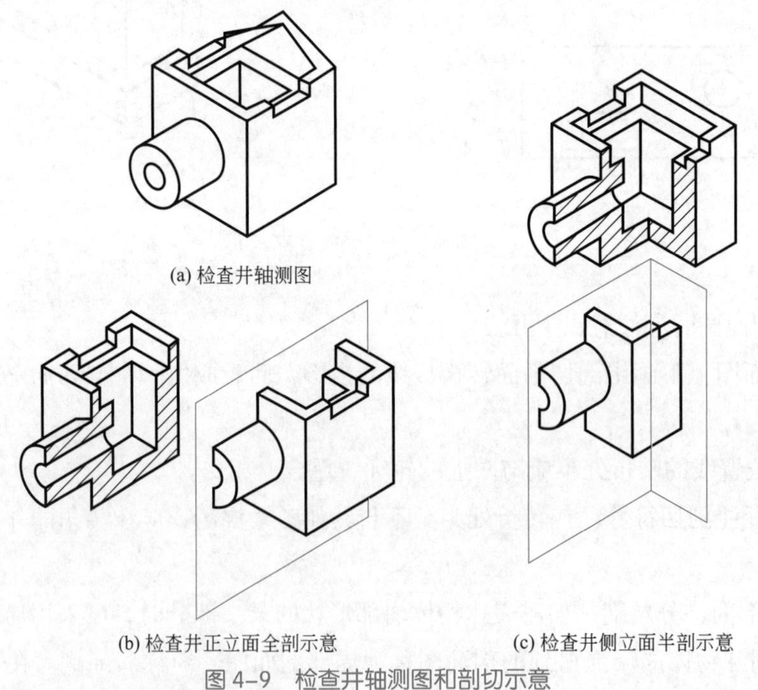

(a) 检查井轴测图

(b) 检查井正立面全剖示意

(c) 检查井侧立面半剖示意

图 4-9 检查井轴测图和剖切示意

（3）根据所学剖面图知识，绘制出正立面全剖图和侧立面半剖图，如图 4-10 所示。

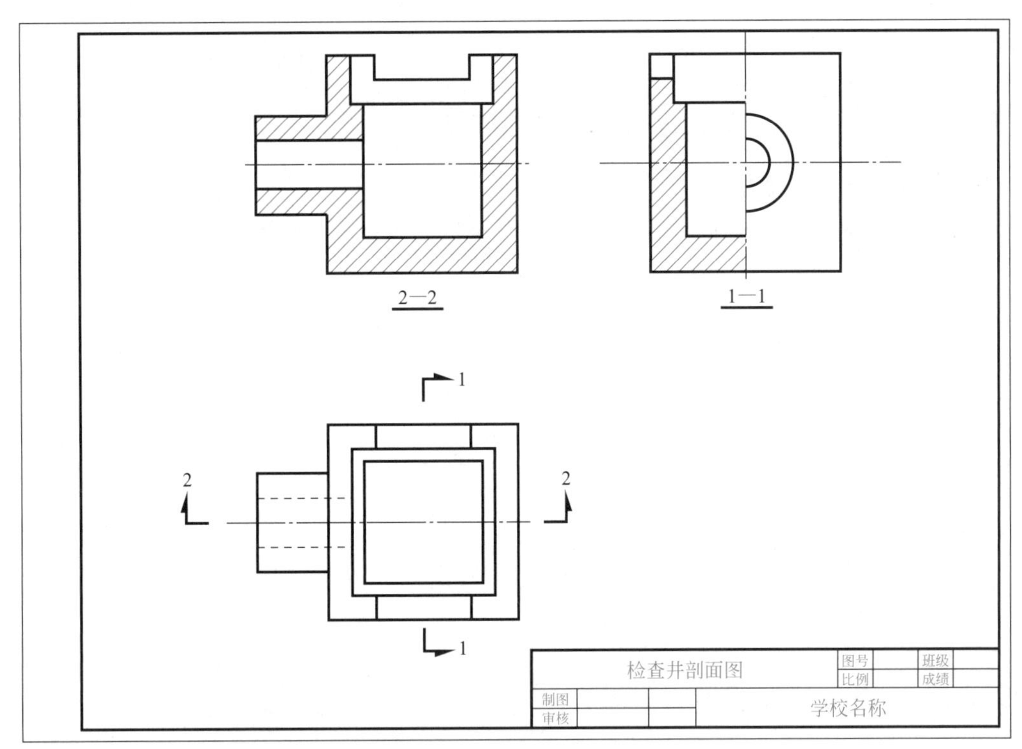

图 4-10　绘制检查井剖面图

（4）利用所学的尺寸标注知识，准确地对图形进行尺寸标注，如图 4-11 所示。

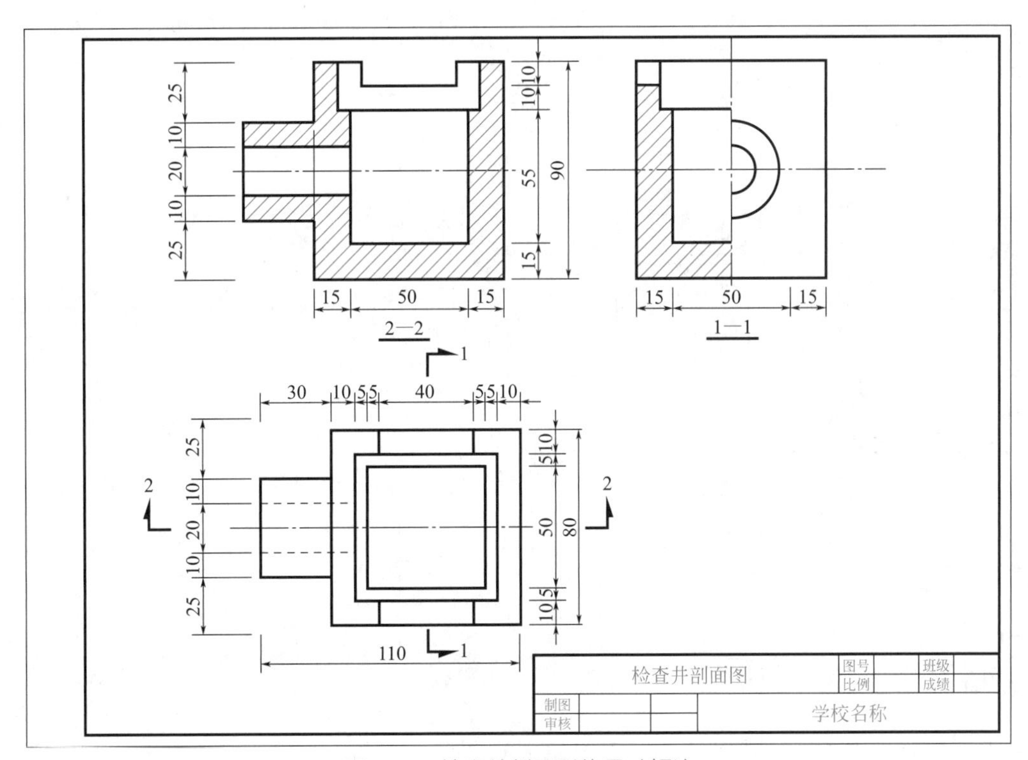

图 4-11　检查井剖面图的尺寸标注

能力训练题

识图与绘图能力训练

1. 根据三面投影图，作 1—1 剖面图。

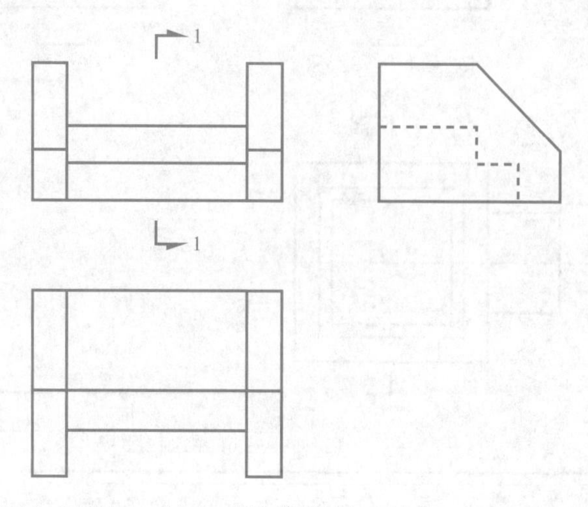

2. 根据所给立体图和投影图，补充形体的投影，并作 1—1、2—2 剖面图。

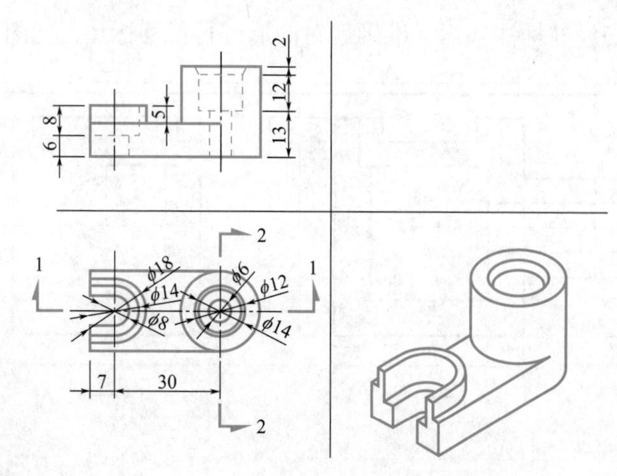

3. 作形体的半剖图。

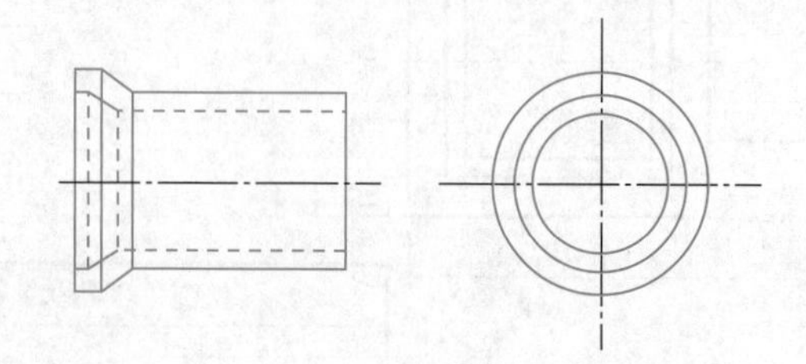

4. 根据所给的图形，绘制 1—1、2—2 的半剖图和全剖图。

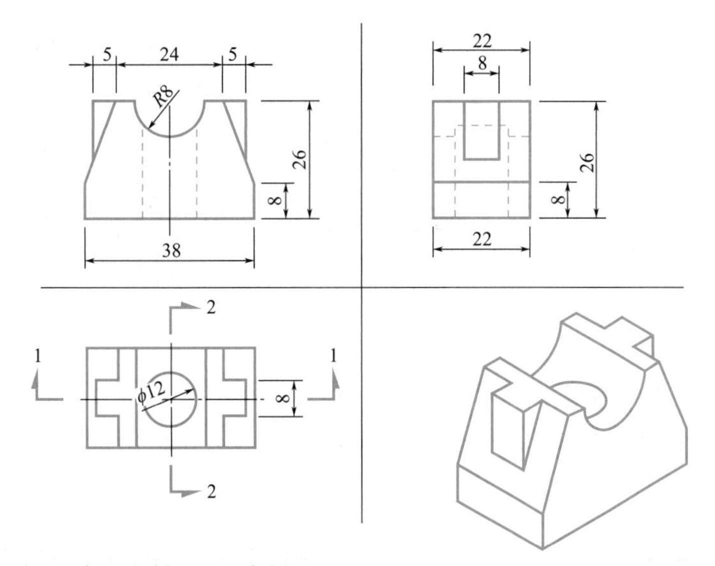

5. 根据所给的图形，绘制 1—1 的剖面图。

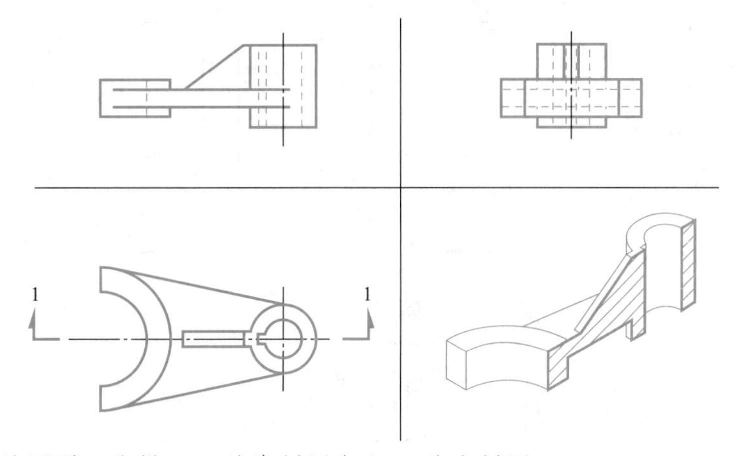

6. 根据所给图形，绘制 1—1 的半剖图和 2—2 的全剖图。

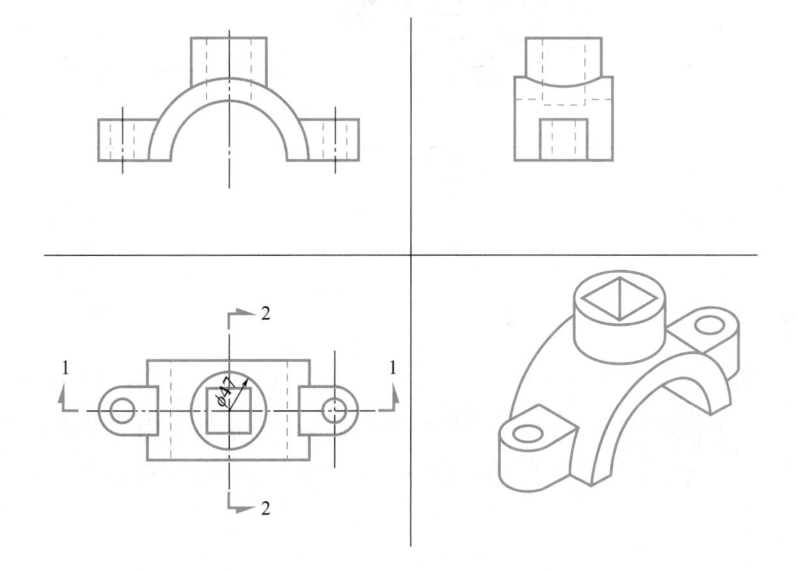

任务二 CAD 绘制检查井剖面图

任务提出

识读如图 4-12 所示检查井剖面图，用 CAD 在 A3 图纸上按 1∶1 比例绘制检查井水平面投影图、正立面全剖图和侧立面半剖图，要求在水平投影图上正确标注剖切符号并编号，合理进行图纸布局并标注尺寸。

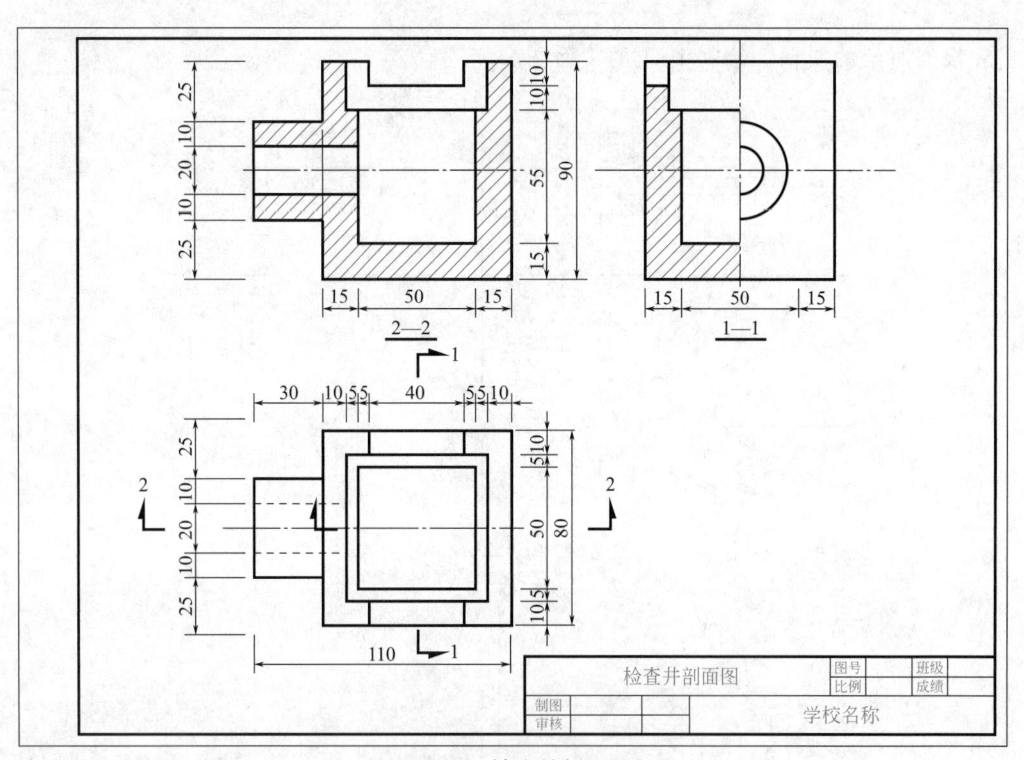

图 4–12 检查井剖面图

任务分析

如图 4-12 所示，该检查井为一结构复杂的混合式组合体，绘制该检查井剖面图，首先，要了解剖面图的概念，掌握剖面图的绘制方法和表达规则；其次，用 CAD 绘制该剖面图，除了能熟练应用前面所学的绘图、修改命令，还应掌握图案填充命令绘制剖面图中的图例。

必备知识

一、图案填充

在绘制构件的剖面图时，经常需要在剖面区域绘制构件的材料图例符号。【图案填充】可以帮助用户将选择的图案填充到指定的区域。

执行【图案填充】命令的方式有：

- 下拉菜单：【绘图】→【图案填充】
- 工具栏按钮：
- 命令行：bhatch
- 快捷命令：H

执行上述命令后，会弹出如图 4-13 所示的【图案填充和渐变色】对话框。该对话框有【图案填充】、【渐变色】两个选项卡。如果要填充渐变色，【渐变色】选项卡可以用来对渐变色样式及配色进行设置。

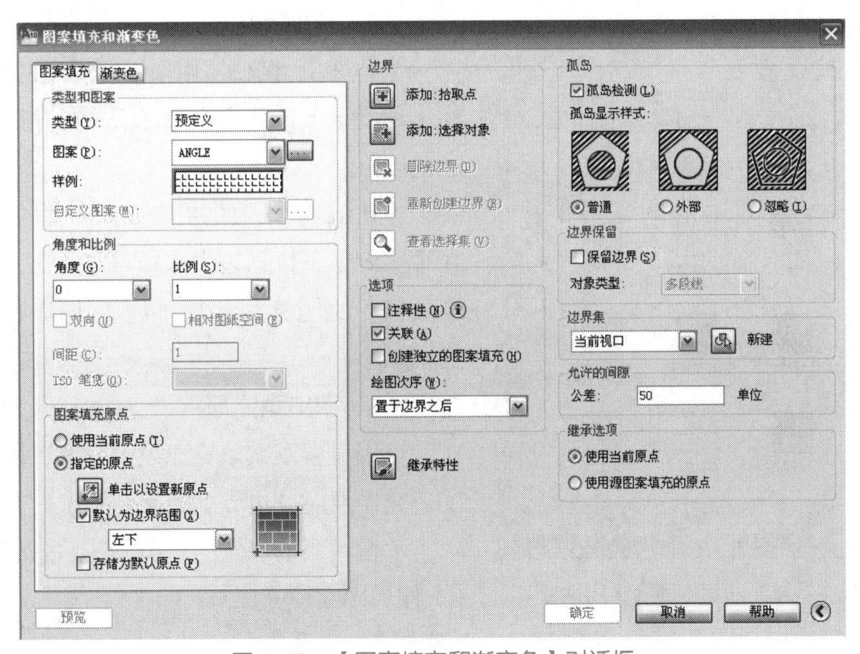

图 4-13　【图案填充和渐变色】对话框

【图案填充】选项卡是用来设置填充图案的类型、图案、角度、比例等特性。对话框中各功能选项的含义如下。

（1）类型和图案

【类型】：单击【类型】下拉列表，有“预定义”“用户定义”“自定义”三种图案填充类型。

- 预定义：AutoCAD 已经定义的填充图案。
- 用户定义：基于图形的当前线型创建直线图案。
- 自定义：按照填充图案的定义格式定义自己需要的图案，文件的扩展名为“.PAT”。

【图案】：单击【图案】下拉列表，罗列了 AutoCAD 已经定义的填充图案的名称，对于初学者来说，这些英文名称不易记忆与区别。这时，可以单击后面的按钮，会弹出如图 4-14 所示的【填充图案选项板】对话框。对话框将填充图案分成四类，分别列于四个选项卡当中。其中，【ANSI】是美国国家标准学会建议使用的填充图案；【ISO】是国际标准化组织建议使用的填充图案；【其他预定义】是世界许多国家通用的或传统的符合多种行业标准的填充图案；【自定义】是由用户自己绘制定义的填充图案。【ANSI】、【ISO】和【其他预定义】三类填充图案，在选择“预定义”类型时才能使用。

【样例】：【样例】显示框用来显示选定图案的图样，它是一个图样预览效果。在显示框中单击一下，也可以调用如图 4-14 所示的【填充图案选项板】对话框。

【自定义图案】：只有选择“自定义”类型时才能使用，在显示框中显示自定义图案的图样。

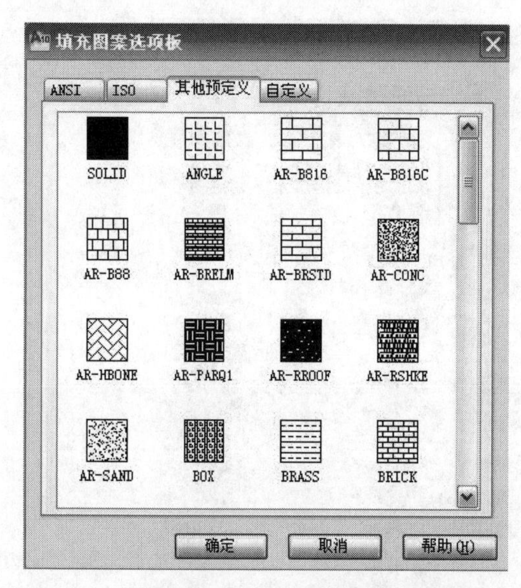

图 4-14 【填充图案选项板】对话框

（2）角度和比例

【角度】：该项是用来设置图案的填充角度。在【角度】下拉列表中选择需要的角度或填写任意角度。

【比例】：该项是用来设置图案的填充比例。在【比例】下拉列表中选择需要的比例或填写任意数值。比例值大于 1，填充的图案将放大，反之则缩小。

（3）图案填充原点

可以设置图案填充原点的位置，因为许多图案填充需要对齐边界上的某一个点。

“使用当前原点”：可以是当前的原点（0，0）作为图案填充原点。

“指定的原点”：可以通过指定点作为图案填充原点。

（4）边界

在边界区域，有“拾取点”“选择对象”等按钮。

“拾取点”：通过光标在填充区域内任意位置单击来使 AutoCAD 系统自动搜索并自动填充边界。方法为单击“添加：拾取点”左侧的按钮，根据命令行提示在图案填充区域内的任意位置单击来确定填充边界。

“选择对象”：通过拾取框选择对象并将其作为图案填充的边界。方法为单击“添加：

选择对象”左侧的按钮，根据命令行提示选择对象来确定填充边界。

“删除边界”：该项可以对封闭边界内检验到的孤岛执行忽略样式。方法为在使用“拾取点”按钮确定填充边界后，单击“删除边界”按钮，【边界图案填充】对话框暂时消失，在绘图区域选择孤岛边界，回车后又会出现【边界图案填充】对话框，然后单击确定按钮，则孤岛予以忽略。

“查看选择集”：单击“查看选择集”按钮，【边界图案填充】对话框暂时消失，在绘图区域显示已选择的图案填充边界，如果检查所选边界无误，回车后又会出现【边界图案填充】对话框，然后单击确定按钮进行图案填充。

二、特性匹配

将选定对象的特性应用于其他对象。可应用的特性类型包含颜色、图层、线型、线型比例、线宽、打印样式、透明度和其他指定的特性。

执行【特性匹配】命令的方式有：

- 下拉菜单：【修改】→【特性匹配】
- 工具栏按钮：
- 快捷命令：MA

运行命令后，将显示以下提示：

“目标对象”：指定要将源对象的特性复制到其上的对象。

“设置”：显示【特性设置】对话框，从中可以控制要将哪些对象特性复制到目标对象。默认情况下，选定所有对象特性进行复制。

任务实施

（1）如图 4-15 所示，先用 CAD 抄绘好检查井三面投影图。

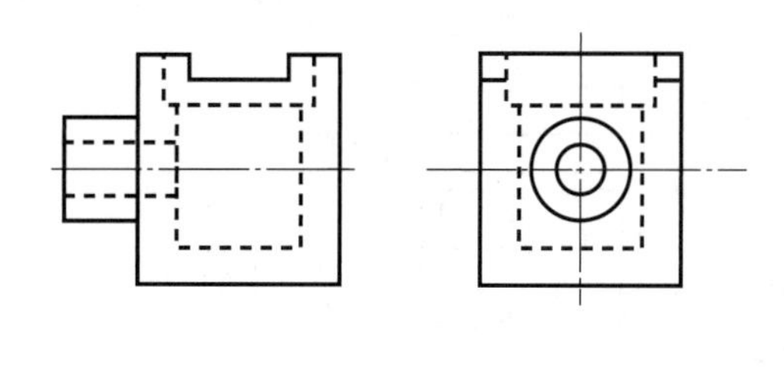

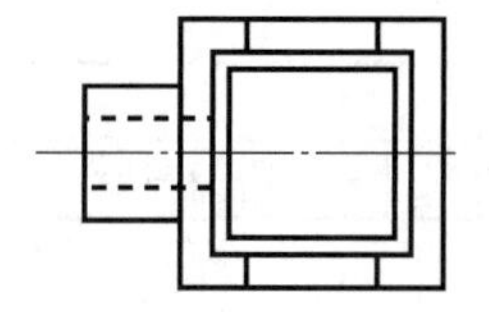

图 4–15　用 CAD 抄绘检查井三面投影图

（2）如图 4-16 所示，在水平面投影图上正确标注剖切符号并编号。

（3）如图 4-17 所示，根据所学剖面图知识，绘制出正立面全剖图和侧立面半剖图，利用图案填充命令，选择好图例进行填充，注意图例比例。

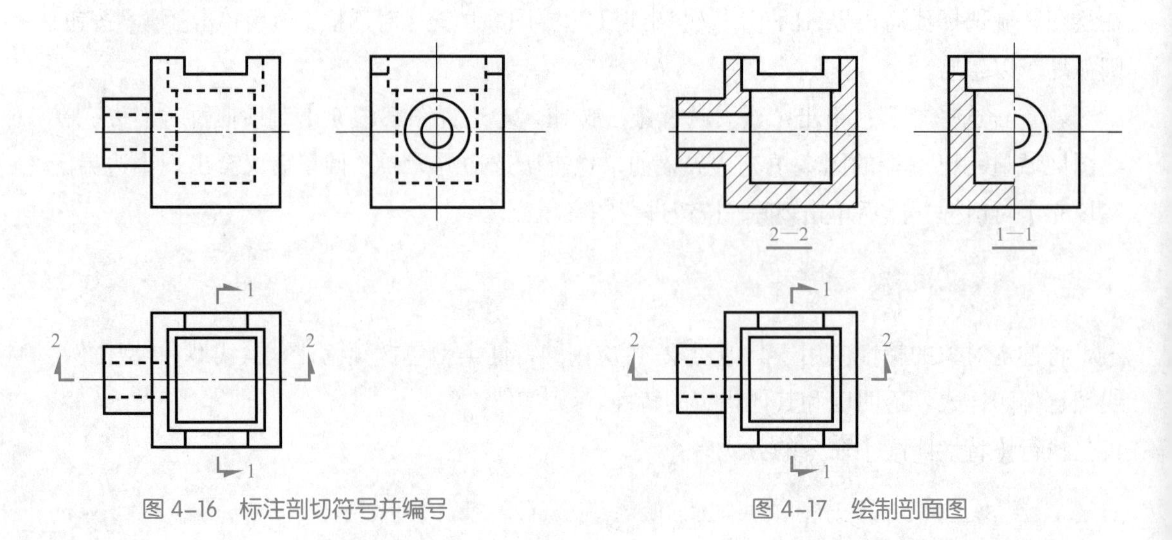

图 4-16　标注剖切符号并编号　　　　图 4-17　绘制剖面图

（4）如图 4-18 所示，利用所学的尺寸标注知识，准确地对图形进行尺寸标注。并利用移动命令放入 A3 图框中。

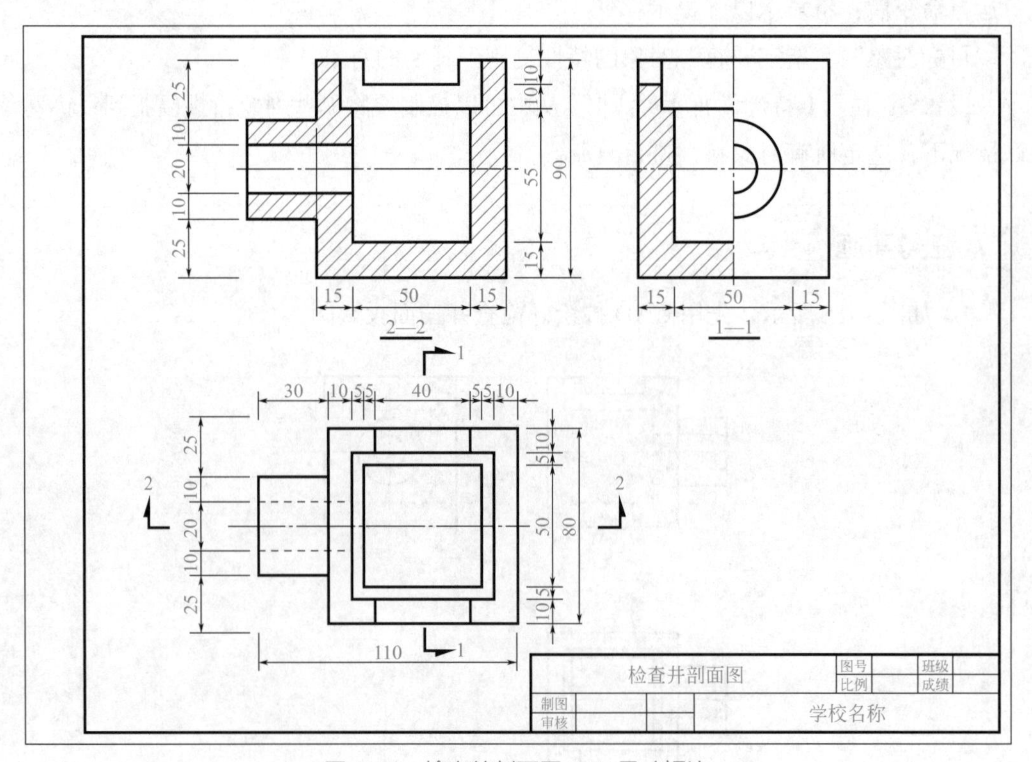

图 4-18　检查井剖面图 CAD 尺寸标注

任务三
绘制墩帽断面图

任务提出

绘制图 4-19 墩帽指定断面图。

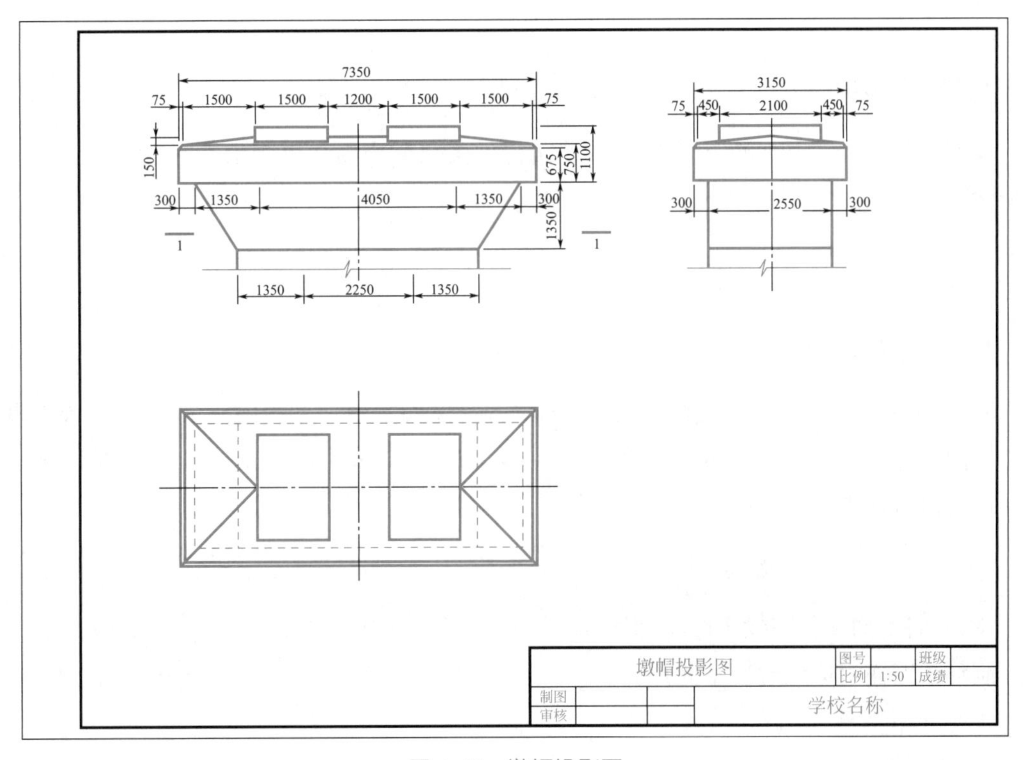

图 4–19　墩帽投影图

任务分析

如图 4-20 所示，根据墩帽的立体模型，结合所给的示意图，发现在绘制断面图时，要注意轮廓尺寸的变化。为了准确表达墩帽不同位置的截面形状，可以绘制墩帽指定断面图。要完成本任务，必须掌握断面图的绘制方法，区别剖面图、断面图的不同。

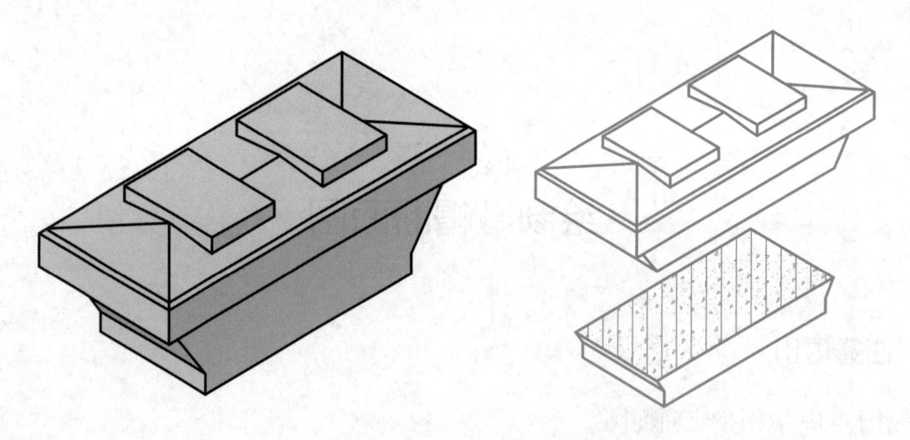

图 4-20 墩帽立体图

必备知识

即假想用一个剖切平面，将形体或建筑构件某部分切断，仅画出截断面的投影，这种图形称为断面图。

一、断面图的画法及标注

1. 断面图标注

断面图只需标注剖切位置线（长 6 ～ 10mm 的粗实线），并用编号的注写位置来表示投影方向，还要在相应的断面图上注出“×—× 断面”字样。为了简化图纸，有时“断面”二字也可以省略不注。

2. 断面图的种类及画法

（1）将断面图画在投影图轮廓线外的适当位置，称为移出断面。

画移出断面时应注意以下几点。

① 断面轮廓线为粗实线。

② 移出断面可画在剖切位置线的延长线上，也可画在投影图的一端，如图 4-21 所示。

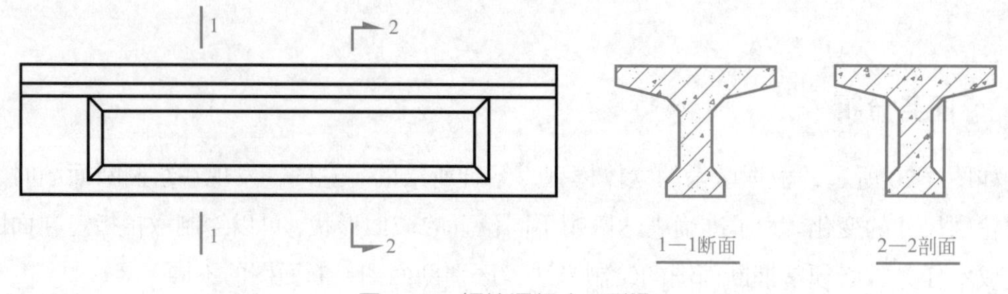

图 4-21 钢筋混凝土 T 形梁

③ 作对称物体的移出断面，可以仅画出剖切位置线，物体不对称时，除注出剖切位置线，还需注出数字以示投影方向。

④ 物体需作多个断面时，断面图应排列整齐。

（2）将断面图画在物体投影的轮廓线内，称重合断面。如图 4-22 所示。

画重合断面时应注意以下几点。

① 重合断面的轮廓线一般用细实线画出。

② 当图形不对称时，需注出剖切位置线，并注写数字以示投影方向。

③ 当断面轮廓线与投影轮廓线重合时，投影图的轮廓线需要完整地画出，不可间断。

（3）布置在投影图中断处的断面称为中断断面。如图 4-23 所示，槽钢的断面图画在槽钢投影图的中断处，不用标注剖切位置和编号，并用折断线表示断裂处。这种断面图常用来表示较长且只有单一断面的杆件及型钢。

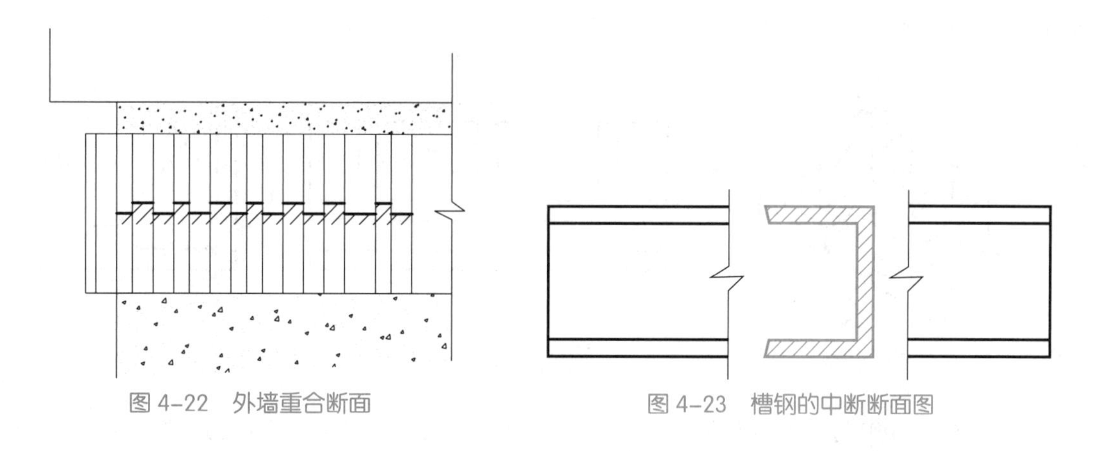

图 4-22　外墙重合断面　　图 4-23　槽钢的中断断面图

二、剖面图、断面图的区别

1. 剖切符号的区别

断面图的投影方向，由编号的注写位置决定；剖面图的投影方向是用剖切方向线来表示。

2. 绘制图样内容的区别

断面图与剖面图比较，断面图仅画出了切口的形状，而剖面图还要绘出可见部分的投影线。

因此，在选用时要根据具体的需要来定。当需要表达构件的形状及其内部构造时，可以用剖面图；当只需要表达构件的横截面形状的变化时，可选用断面图。

三、绘制剖面图、断面图的注意事项与方法

在绘制剖面图、断面图时，为了使图形表达更为清晰明了，除了严格遵守投影规律外，还应遵守国标对剖面图、断面图表达的一些规定。

绘制剖面图、断面的注意事项与方法如下。

(1)较大面积的断面图绘制可以简化。如图 4-24 所示道路的横断面图，由于面积较大，可只在其断面轮廓线的边沿画材料图例线。

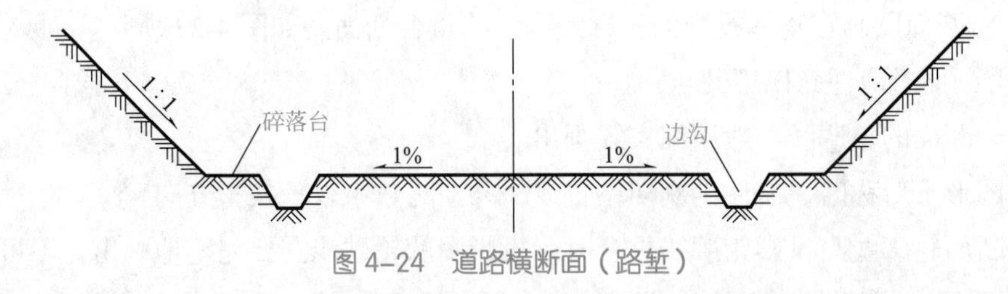

图 4-24 道路横断面（路堑）

（2）薄板、圆柱等构件（如梁的横隔板、桩、柱、轴等），凡剖切平面通过对称中心线或轴线时，尺寸较大的薄板、圆柱等均不画剖面线，但其他部分可以画上材料图例。如图 4-25 所示。

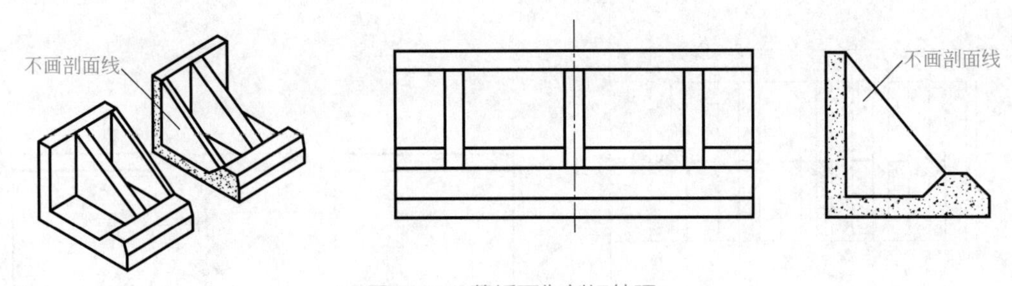

图 4-25 薄板不作剖切处理

（3）在工程中为了表示构筑物不同的工程材料，同一断面上应当用粗虚线画出材料分界线，并注明材料符号或文字说明，如图 4-26（a）所示挡土墙断面。对于两个或两个以上相邻构件的剖面，为了表示区别，剖面线应画成不同倾斜方向或不同的间隔。

（4）当剖面图中有部分轮廓线与该图的基本轴线成 45° 倾角时，可将剖面线画成与基本轴线成 30° 或 60° 角的倾角线，如图 4-26（b）所示。

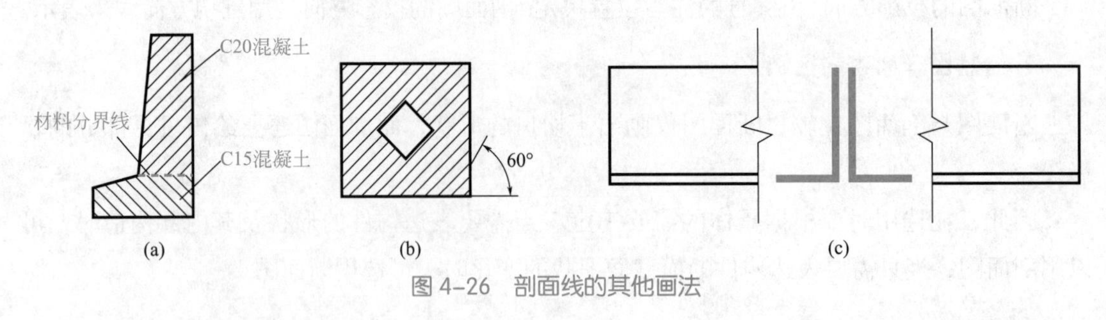

图 4-26 剖面线的其他画法

（5）在保证图形表达清楚的情况下，对于图样上实际宽度小于 2mm 的狭小面积的剖面，允许用涂色的办法来替代剖面线，也允许将全部面积涂黑，但涂黑的断面之间必须留出空隙，如图 4-26（c）所示。

（6）对称图形可采用绘制一半或 1/4 图形的方法表示，除总体布置图外，在图形的图名前，应标注“1/2”或“1/4”字样；也可以对称中心线为界，一半画外形构造图，另一半画断面图；也可以分别画两个不同的 1/2 断面。在对称中心线的两端，可标注对称符号。对称符号由两组两条间距 1 ～ 2mm、长约 10mm 的细实线组成，如图 4-27 所示。

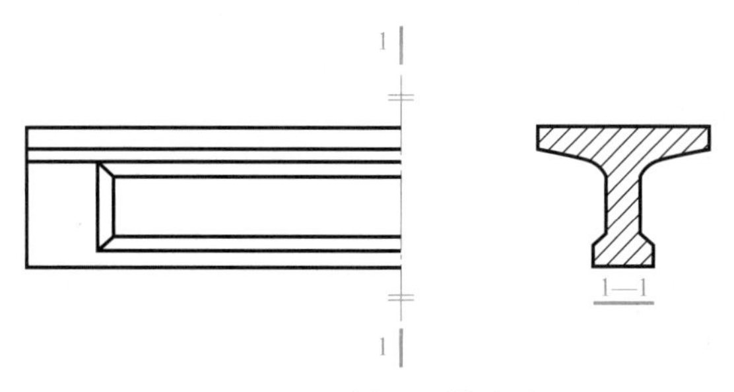

图 4-27　对称图形的表达

（7）在道路制图标准中，有画近不画远的习惯。对于剖面图的被剖切断面以外的可见部分，可以根据需要而决定取舍，这种图仍称为断面图，但不注明“断面”，仅注剖切编号字母，如图 4-28 所示。按理论其 *A*—*A* 剖面应画成图 4-28（b）的形式，但专业图通常用图 4-28（c）的形式来表示，不把端隔板画出来。

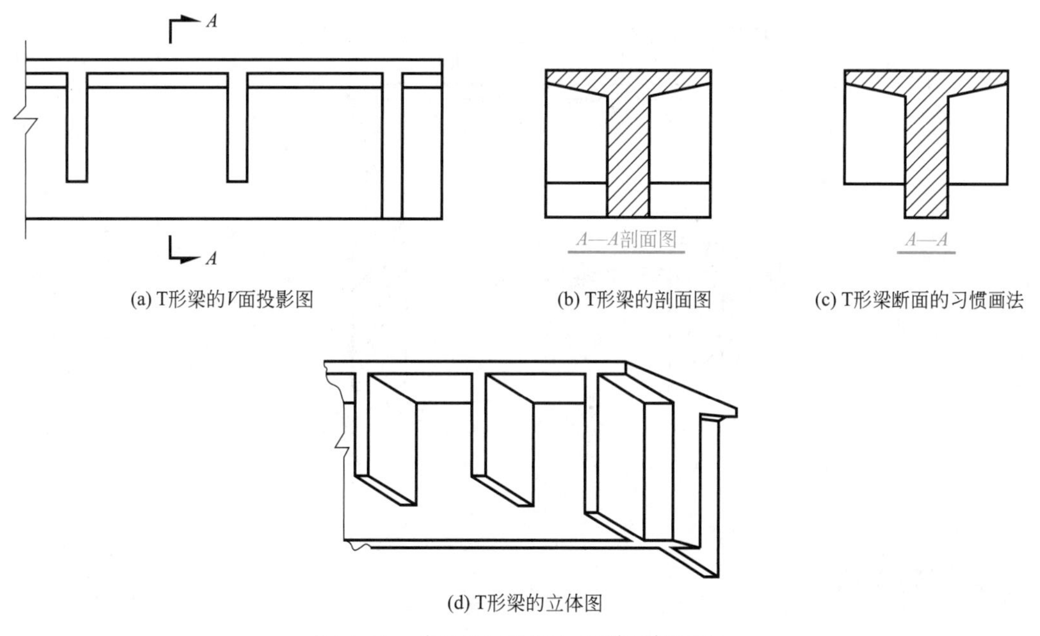

(a) T形梁的V面投影图　(b) T形梁的剖面图　(c) T形梁断面的习惯画法

(d) T形梁的立体图

图 4-28　断面图画近不画远的习惯画法

（8）当虚线表示被遮挡的复杂结构图时，应只绘制主要结构或离视图较近的不可见图线，如图 4-29 所示，U 形桥台的侧面图由沿桥台的前、后两个方向投影所得到的台前、台后两个图合并而成，为表示主要结构，避免重叠不清，虚线未画出。

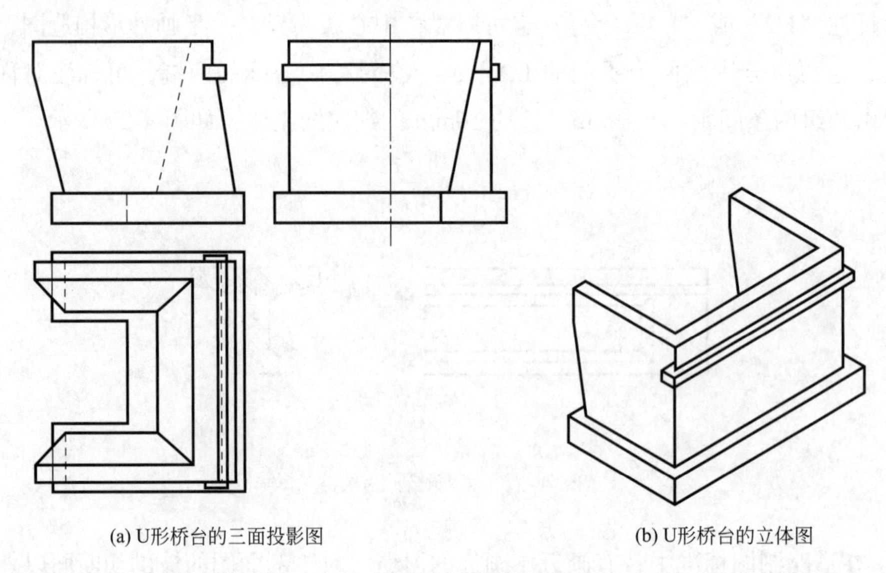

(a) U形桥台的三面投影图　　(b) U形桥台的立体图

图 4-29　U 形桥台

（9）当土体或锥坡遮挡视线时，可将土体看成透明的，使被遮挡部分成为可见，以实线表示。如图 4-30 所示，地面线以下的部分桩段按可见画出。

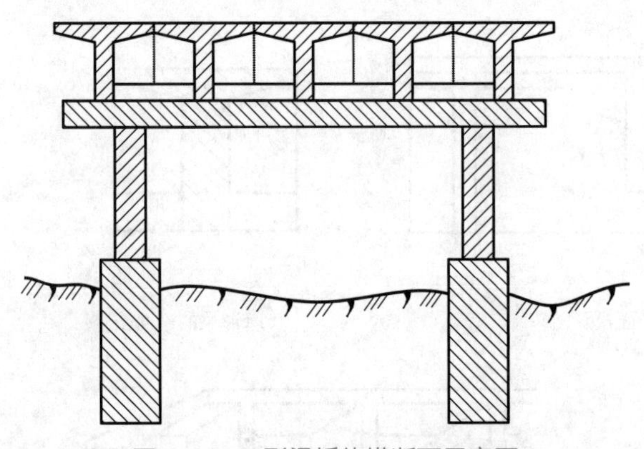

图 4-30　T 形梁桥的横断面示意图

任务实施

（1）如图 4-31 所示，利用前面学习的知识抄绘好投影图。

（2）如图 4-32 所示，根据所给的立体图提示，在 1—1 处的断面图可以看到是一个矩形。

（3）如图 4-33 所示，根据所学断面图知识，绘制出 1—1 断面图。

（4）如图 4-34 所示，利用所学的尺寸标注知识，准确地对图形进行尺寸标注。

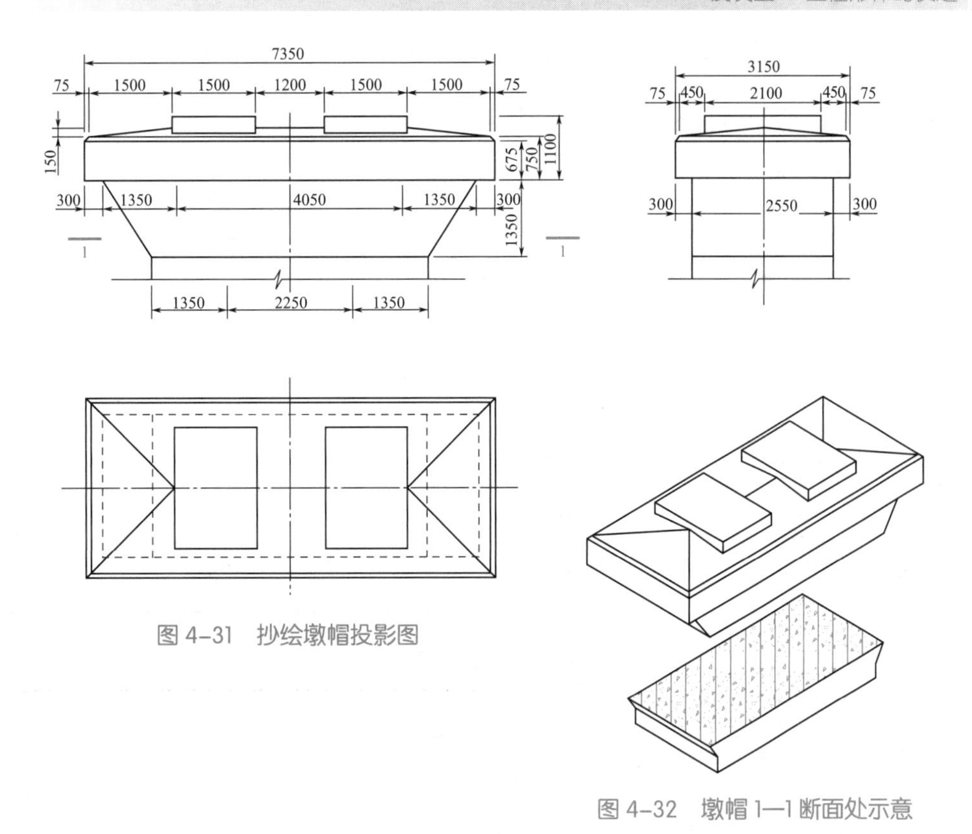

图 4-31 抄绘墩帽投影图

图 4-32 墩帽 1—1 断面处示意

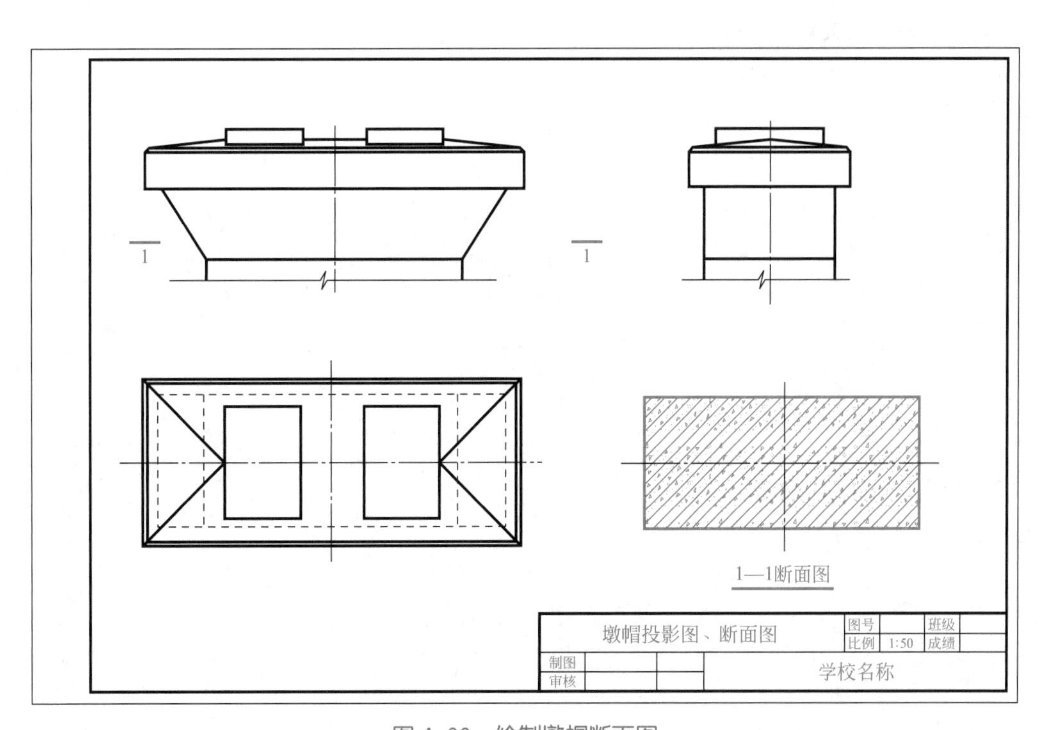

图 4-33 绘制墩帽断面图

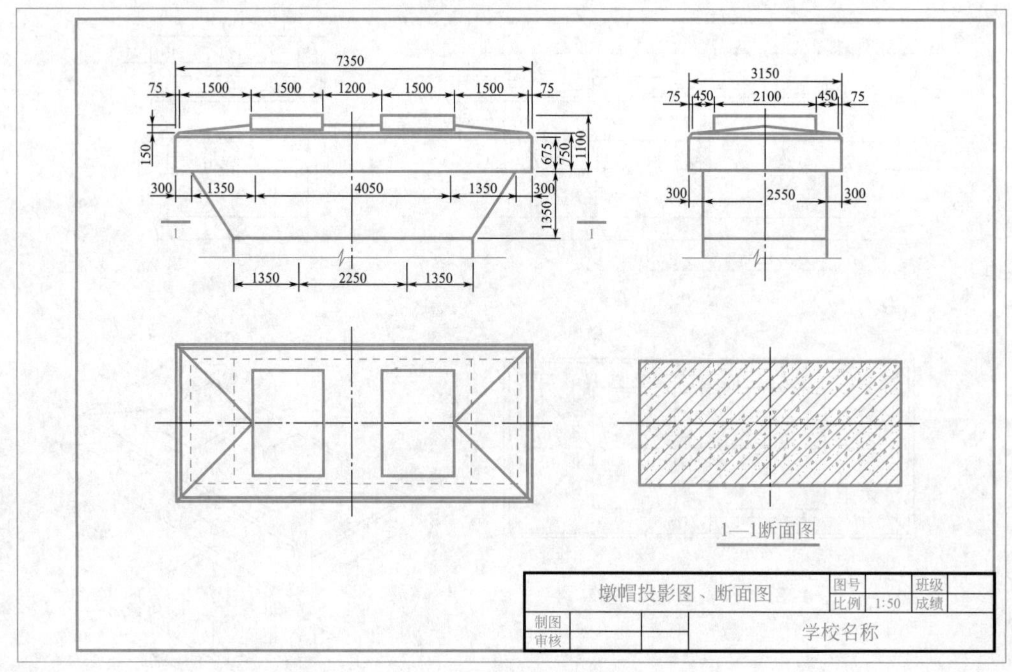

图 4-34　墩帽投影图和断面图的尺寸标注

能力训练题

识图与绘图能力训练

1. 绘制 1—1、2—2 的断面图和剖面图。

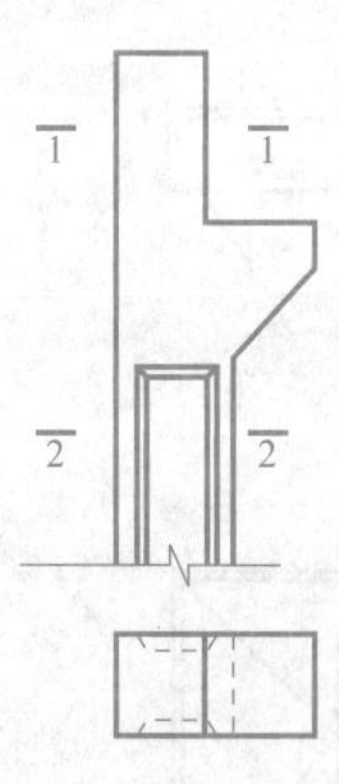

2. 绘制 1—1 的断面图。

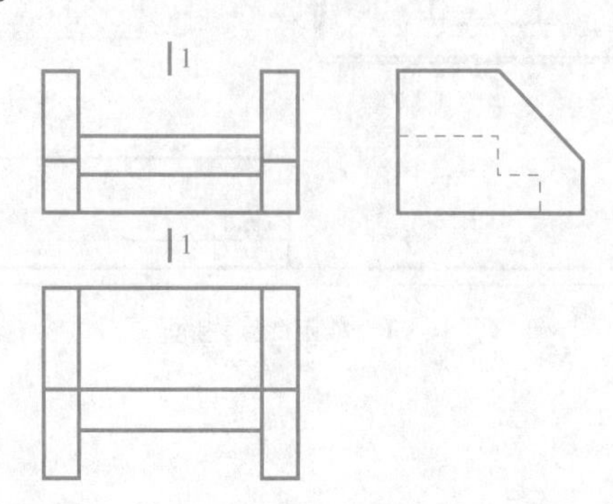

CAD 绘图能力训练题

根据所给图形，利用 CAD 熟练绘制。

1. 院落灯两面投影图。

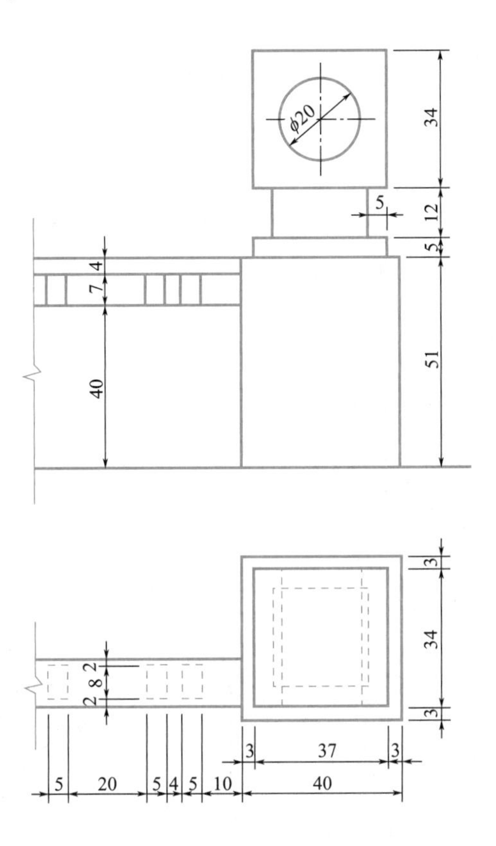

2. 房屋两面投影图。

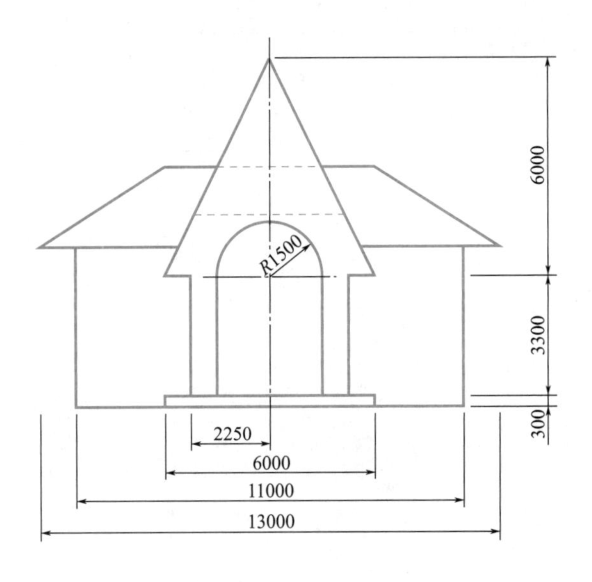

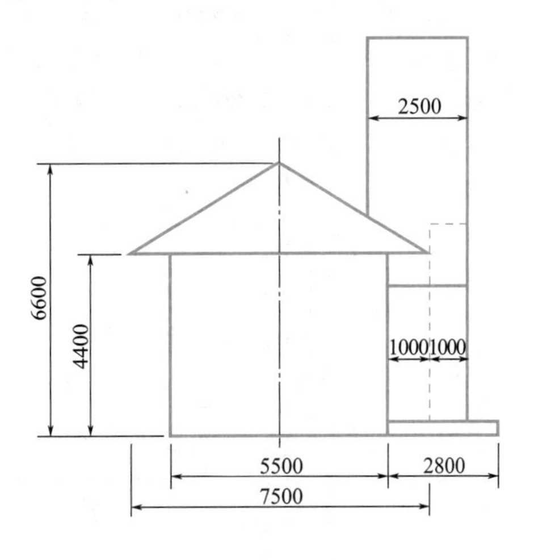

3. 拱门三面投影图，并绘制立体图。

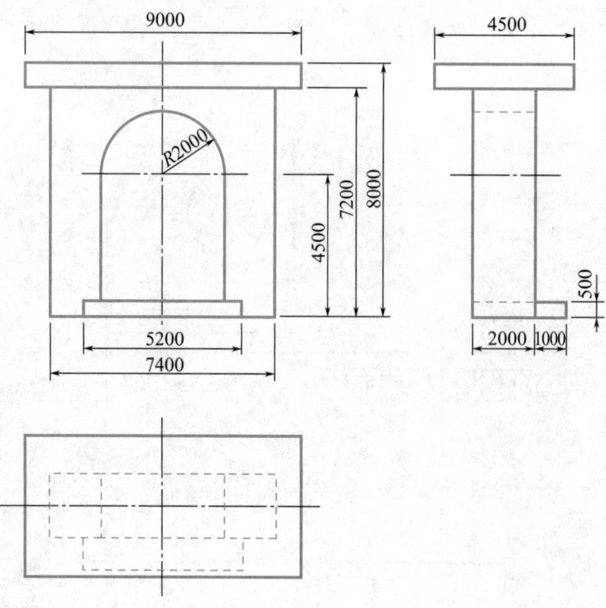

4. 抄绘 U 形桥台图。

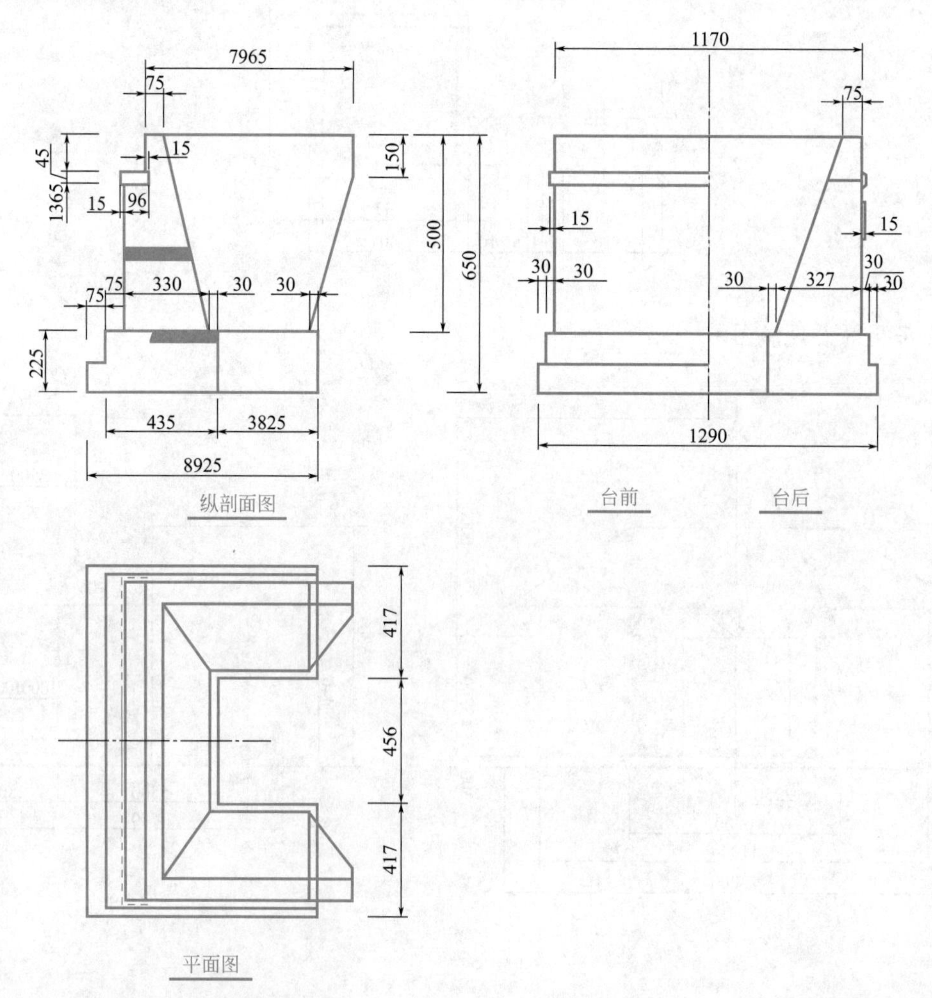

5. 抄绘下列图形。

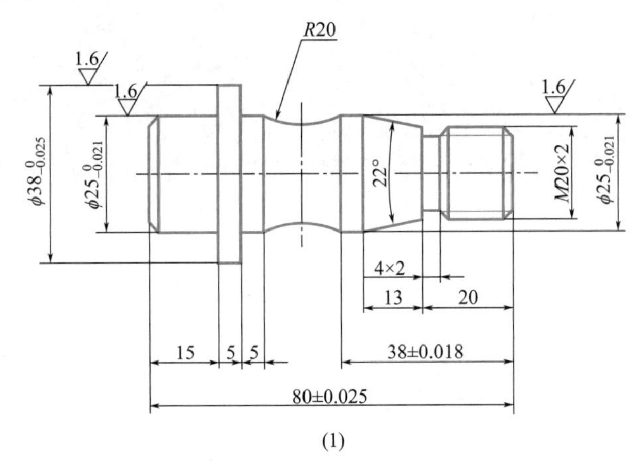
R20
1.6
1.6
1.6
φ38 0 -0.025
φ25 0 -0.021
22°
M20×2
φ25 0 -0.021
4×2
13
20
15
5
5
38±0.018
80±0.025

(1)

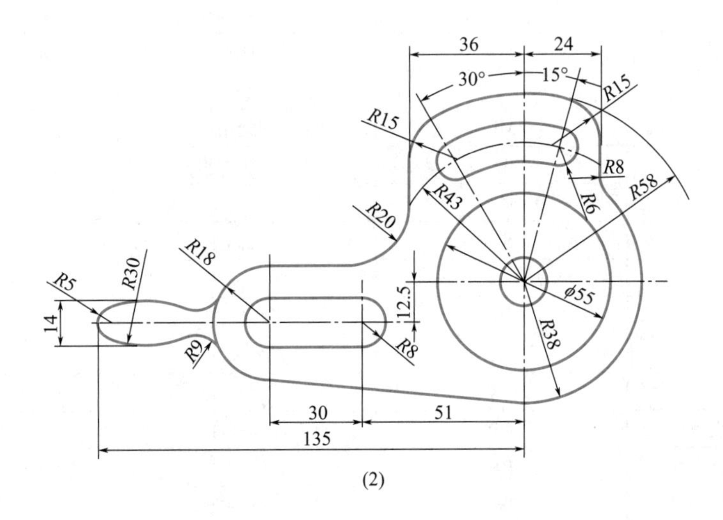
36
24
30°
15°
R15
R15
R8
R43
R6
R58
R20
R18
R30
R5
14
R9
12.5
R8
φ55
R38
30
51
135

(2)

附 录

附录 1　CAD 快捷键大全

命令	快捷键	命令	快捷键
直线	L	复制	CO
射线	XL	镜像	MI
多段线	PL	阵列	AR
多线	ML	偏移	O
矩形	REC	旋转	RO
圆	C	移动	M
圆弧	A	删除	E,DEL
椭圆	EL	分解	X
多行文本	MT	修剪	TR
单行文本	T	延伸	EX
块定义	B	拉伸	S
插入块	I	直线拉长	LEN
定义块文件	W	比例缩放	SC
块属性定义	ATT	打断	BR
定数等分	DIV	倒角	CHA
定距等分	ME	倒圆角	F
填充	H	多段线编辑	PE
属性匹配	MA	修改文本	ED
文字样式	ST	直线标注	DLI
图层操作	LA	对齐标注	DAL
线形	LT	半径标注	DRA
线形比例	LTS	直径标注	DDI
线宽	LW	角度标注	DAN
自定义 CAD 设置	OP	连续标注	DCO
重新生成	RE	标注样式	D
打印预览	PRE	修改特性	Ctrl + 1
帮助	F1	设计中心	Ctrl + 2
文本窗口	F2	打印文件	Ctrl + P
对象捕捉	F3	保存文件	Ctrl + S
栅格	F7	放弃	Ctrl + Z
对象捕捉设置	OS	打开工具栏选项板	Ctrl + 3
正交	F8	清理工作环境	Ctrl + 0

附录 2 图纸识读

1. 桥梁总体布置图的识读（附图 1）

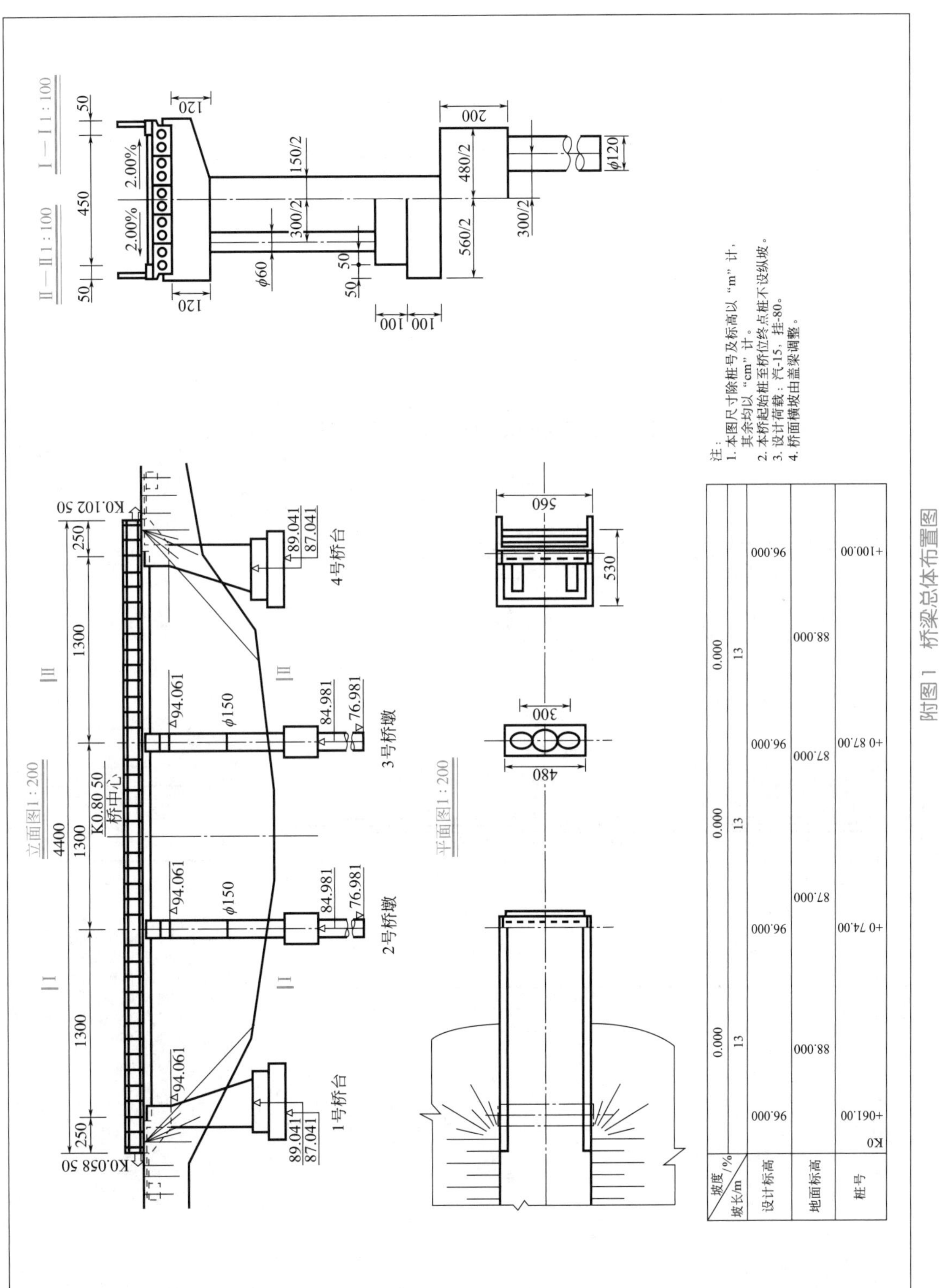

附图 1 桥梁总体布置图

2. 钢筋混凝土空心板和边板一般构造图的识读（附图 2）

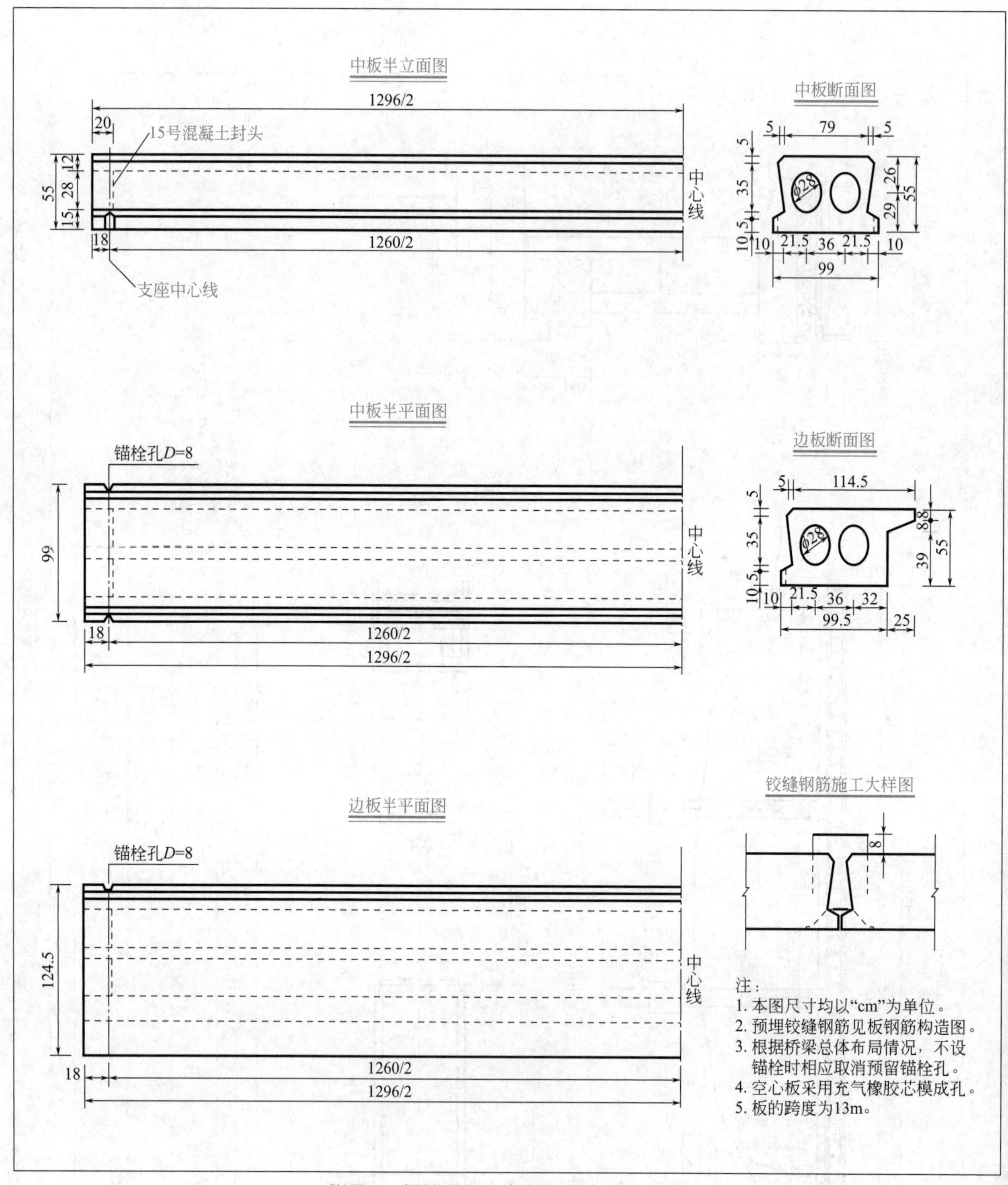

附图 2 钢筋混凝土空心板和边板构造图

3. 钢筋混凝土空心板结构图的识读（附图 3）

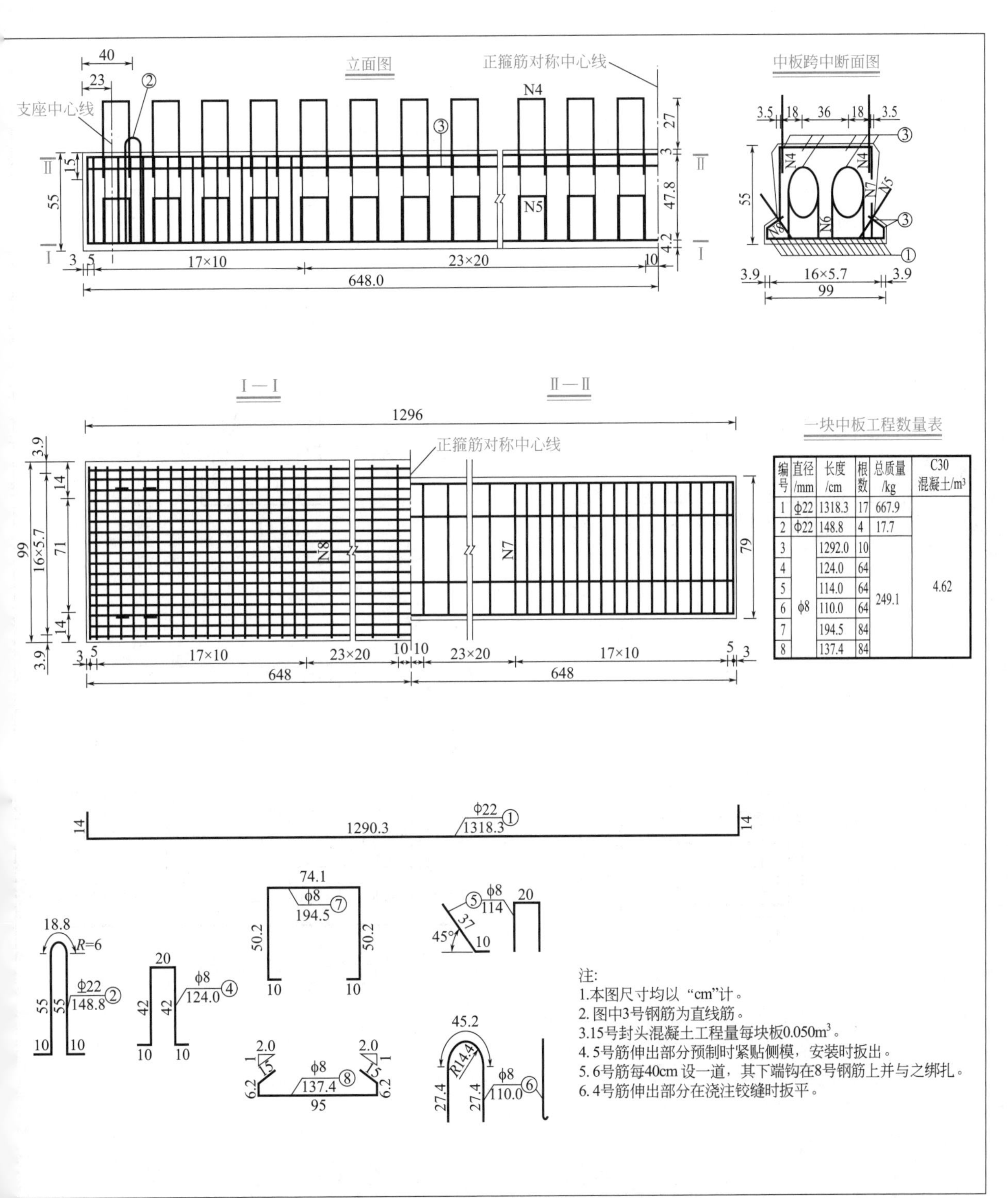

一块中板工程数量表

编号	直径/mm	长度/cm	根数	总质量/kg	C30混凝土/m³
1	Φ22	1318.3	17	667.9	4.62
2	Φ22	148.8	4	17.7	
3	Φ8	1292.0	10	249.1	
4		124.0	64		
5		114.0	64		
6		110.0	64		
7		194.5	84		
8		137.4	84		

附图 3　钢筋混凝土空心板结构图

4. 肋板式桥台构造图的识读（附图 4）

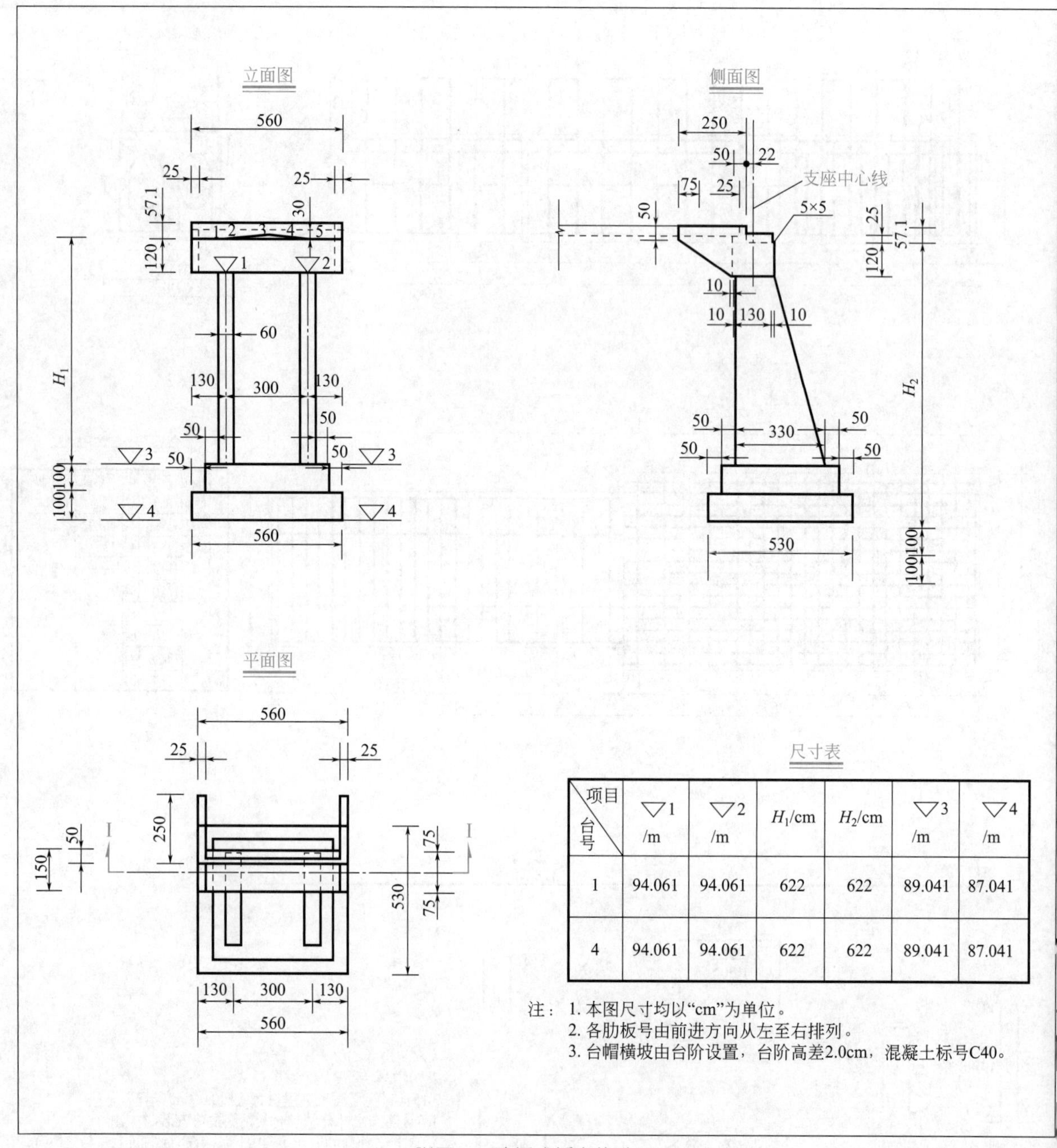

尺寸表

项目 台号	▽1 /m	▽2 /m	H_1/cm	H_2/cm	▽3 /m	▽4 /m
1	94.061	94.061	622	622	89.041	87.041
4	94.061	94.061	622	622	89.041	87.041

注：1. 本图尺寸均以“cm”为单位。
2. 各肋板号由前进方向从左至右排列。
3. 台帽横坡由台阶设置，台阶高差2.0cm，混凝土标号C40。

附图 4 肋板式桥台构造图

参考文献

[1] TB/T 10058—2015. 铁路工程制图标准 .

[2] GB/T 18229—2000. CAD 工程制图规则 .

[3] 刘靖 . 建筑制图与 CAD. 湖南：中南大学出版社 . 2013.

[4] 欧阳志 . 工程 CAD. 湖北：华中科技大学出版社 . 2018.

[5] 罗美莲 . 工程制图习题集与任务指导书 . 四川：西南交通大学出版社 . 2018.

[6] 刘靖，朱平 . 任务驱动教学法在《建筑制图基础与 CAD》中的设计与应用 . 职业教育研究，2012(12)：85-86.

[7] 刘靖，朱平 . 基于任务驱动的高职《建筑制图基础与 CAD》课程改革研究 . 科学时代，2015(13)：256-257.

[8] 欧阳志 .CAD 技术在建筑工程中的应用 . 科技创新导报，2018(19)：078.